Veröffentlichungen des Preußischen Meteorologischen Instituts

Herausgegeben durch dessen Direkter

H. v. Ficker

—————————— Nr. 326 ——————————

Abhandlungen Bd. VII. Nr. 7.

Die Verteilung des Luftdrucks über Europa und dem Nordatlantischen Ozean

dargestellt auf Grund zwanzigjähriger Pentadenmittel (1890—1909)

In amtlichem Auftrage bearbeitet

von

G. v. Elsner

Mit 76 Tafeln

Springer-Verlag Berlin Heidelberg
1925

Preis 16 Mark

ISBN 978-3-662-30289-7   ISBN 978-3-662-30322-1 (eBook)
DOI 10.1007/978-3-662-30322-1

1. Die Entstehung der Karten.

Die Darstellung der mittleren Luftdruckverteilung auf der Erdoberfläche entweder für die ganze Erde oder für einzelne Gebietsteile beschränkte sich bis vor zehn Jahren auf die Verwendung von Monats- und Jahresmittelwerten des Luftdrucks. So nützlich und lehrreich nun solche Karten auch sind, so reichen sie doch für manche Zwecke nicht aus, da durch die Zusammenfassung der Luftdruckbeobachtungen zu Monats- und Jahresmitteln das Bild der Luftdruckverteilung zu sehr verallgemeinert wird. Um z. B. feststellen zu können, inwieweit die augenblickliche Luftdruckverteilung von der für einen bestimmten Zeitpunkt als normal anzusehenden abweicht, braucht man Luftdruckkarten, die auf Mitteln für kürzere Zeiträume beruhen.

Am besten wäre es natürlich, wenn man Karten der mittleren Luftdruckverteilung für jeden einzelnen Tag zeichnen könnte. Diese Arbeit scheitert aber an dem äußerst umfangreichen Zahlenmaterial, das dabei bewältigt werden müßte. Man muß ja dabei bedenken, daß es bei der großen Veränderlichkeit des Luftdrucks in den höheren und auch noch in den mittleren Breiten einer langjährigen Reihe von Beobachtungen bedürfte, um mit ihrer Hilfe nur ein annäherndes Bild davon zu bekommen, was man als normale Luftdruckverteilung ansehen kann. Man wird sich also damit begnügen müssen, die mittlere Luftdruckverteilung höchstens für Fünftagsperioden darzustellen, wie man sich ja auch mit Vorliebe zur Darstellung des jährlichen Ganges der Temperatur der Pentadenmittel bedient, da man auf diese Weise schon vermittelst einer geringeren Zahl von Beobachtungsjahren ein hinlänglich deutliches Bild des jährlichen Temperaturganges und seiner Unregelmäßigkeiten erhält.

Es ist daher ein besonderes Verdienst des früheren Direktors des Preußischen Meteorologischen Instituts, Geheimen Regierungsrats Professor Dr. Hellmann, daß er beim Entwurf des Planes der Bearbeitung einer Klimatologie von Deutschland, um den jährlichen Verlauf der Witterung näher zu begründen, den Entschluß faßte, Pentadenkarten der mittleren Luftdruckverteilung herstellen zu lassen. Mit der Ausführung dieser Arbeit betraute er den Verfasser, der sie mit Hilfe einiger ihm beigegebenen Rechenkräfte in jahrelanger, durch den Krieg und seine Folgen stark verzögerter Arbeit durchgeführt hat.

In der richtigen Erkenntnis, daß die Witterung über Europa in hohem Maße von der Luftdruckverteilung über dem nordatlantischen Ozean und besonders von der Lage der sogenannten Aktionszentren abhängig ist, beschloß Herr Hellmann, die Darstellung der Luftdruckverteilung nicht nur auf das übliche Gebiet der europäischen Wetterkarten zu beschränken, sondern sie auch auf den nordatlantischen Ozean auszudehnen. Die Möglichkeit dazu gewährten die von dem Königl. Dänischen Meteorologischen Institut und der Deutschen Seewarte herausgegebenen täglichen Wetterkarten für den nordatlantischen Ozean, die, soweit sie den Ozean selbst betreffen, auf Schiffsbeobachtungen beruhen.

Um die Luftdruckwerte für bestimmte Punkte des Ozeans zu erhalten, als welche hier die Schnittpunkte der geographischen Koordinaten von 5 zu 5 oder von 10 zu 10° gewählt wurden, galt es also nur, die für diese Punkte gültigen Luftdruckwerte den Karten zu entnehmen und zu Pentadenmitteln zusammenzufassen. Zum Glück war es aber nicht nötig, diese sehr langwierige Arbeit im Berliner Meteorologischen Institut auszuführen, da das Königlich Dänische Institut diese Auswertungen der Karten bereits vorgenommen hatte, um mit ihrer Hilfe die den täglichen Wetterkarten zur Ergänzung beigegebenen zusammenfassenden Monatskarten herzustellen. Einer an das Dänische Institut zu Beginn des Jahres 1914 gerichteten Bitte, uns diese Auswertungen leihweise zu überlassen, wurde von ihm bereitwilligst entsprochen, wofür ihm das Preußische Meteorologische Institut zu besonderem Danke verpflichtet ist. Wir erhielten zuerst die Werte aus den Jahren 1890 bis 1908 und später die anfänglich noch nicht vorliegenden aus dem Jahre 1909, sodaß das Material gerade 20 Jahre umfaßte. Obwohl auch aus früherer Zeit Auswertungen vorlagen, waren diese wegen ihrer starken Lückenhaftigkeit für unsere Zwecke leider nicht verwendbar.

Die dem Berliner Meteorologischen Institut zur Verfügung gestellten Luftdruckwerte sind 77 Koordinatenschnittpunkten auf dem Ozean entnommen, die aber nicht gleichmäßig verteilt sind. Die Zahl der Punkte verringert sich nämlich von Norden nach Süden, da auch die Veränderlichkeit des Luftdrucks in der gleichen Richtung erheblich abnimmt, im Süden also weniger Punkte für eine gleichmäßig genaue Darstellung der Luftdruckverteilung erforderlich sind, als im Norden.

Auch für das Festland sollten die Luftdruckwerte nach dem ursprünglichen Plane in ähnlicher Weise aus den Wetterkarten des nordatlantischen Ozeans durch Auswertung entnommen werden. Schon nach kurzer Zeit stellte es sich aber heraus, daß der mit der Arbeit beauftragte Rechner diese Aufgabe nicht durchführen konnte, da seine Augen versagten. Unter diesen Umständen blieb nichts anderes übrig, als auf die Beobachtungen an den meteorologischen Stationen zurückzugreifen, und zwar schien es am einfachsten, die in den Wetterkarten enthaltenen, bereits auf Meereshöhe reduzierten Luftdruckwerte zu verwenden.

Bei der Auswahl der Stationen war zu beachten, daß sie während der ganzen 20 Jahre beobachtet haben mußten, abgesehen vielleicht von kurzen Unterbrechungen, für die sich die fehlenden Werte leicht aus den Wetterkarten durch Interpolation ergänzen ließen. Ferner mußte das Stationsnetz enger als auf dem Ozean gewählt werden; denn es war nicht ausgeschlossen, daß die Beobachtungen mancher Stationen einer Korrektion bedurften, weshalb eine Kontrolle durch Nachbarstationen erforderlich war. Endlich konnte man aber auch annehmen, daß bei der starken Gliederung Europas die Verteilung von Land und Wasser auch einen Einfluß auf die Verteilung des Luftdrucks ausüben würde. Wenn diese Einflüsse, die sich vielleicht nur durch eine Störung des Isobarenverlaufs geltend machten, auch auf den Karten wirklich bemerkbar sein sollten, so durfte die Zahl der Stationen nicht zu gering sein. Nach diesen Gesichtspunkten wurden 128 Stationen aus den Wetterkarten der europäischen Länder und Algeriens ausgewählt, wozu sich dann noch als Station im äußersten Norden von Skandinavien Vardö gesellte, für die die Luftdruckwerte den Norwegischen Jahrbüchern entnommen wurden.

Jede Karte beruht also auf 206 Pentadenluftdruckmitteln, die aus mehr als 1½ Millionen einzelnen Luftdruckwerten berechnet sind.

Aus der beigefügten Tafel Nr. 76 ist die Verteilung der Stationen zu ersehen. Gewisse Ungleichmäßigkeiten auf dem Festlande sind auf den Mangel geeigneter Stationen in den Wetterkarten zurückzuführen.

Die verwendeten Beobachtungen sind durchweg mit Schwerekorrektion versehen. Da in den Wetterkarten früherer Jahre die Beobachtungen ohne Schwerekorrektion enthalten sind, mußte für jedes Land erst festgestellt werden, seit wann die Korrektionen angebracht sind, was bisweilen Schwierigkeiten machte.

Beim Zeichnen der Karten stellte es sich oft heraus, daß die Pentadenluftdruckmittel einzelner Stationen im Vergleich zur Umgebung zu hoch oder zu niedrig waren. Trat eine solche Abweichung bei einer Station nur vereinzelt auf, so mußte untersucht werden, ob nicht ein Schreib- oder Rechenfehler vorlag. Zeigten sich dagegen die Abweichungen dauernd im gleichen Sinne, dann mußte an die Werte eine nachträgliche Korrektion angebracht werden, die sich meist genügend sicher feststellen ließ.

Zuweilen kam es auch vor, daß die Abweichungen nur in bestimmten Jahreszeiten, im Sommer oder im Winter auftraten. Sie standen dann offenbar in Beziehung zu der durch die Land- und Wasserflächen beeinflußten Temperaturverteilung und waren als reell anzusehen. Würde man das Stationsnetz auf dem Festlande nicht genügend dicht gewählt haben, so wären manche Einzelheiten in der Luftdruckverteilung nicht zur Darstellung gekommen.

Natürlich stellte es sich erst nach und nach durch die beim Kartenzeichnen gewonnenen Erfahrungen heraus, welche Abweichungen als Fehler und welche als reell anzusehen waren. Daher mußten beständig nachträgliche Verbesserungen an den Isobaren angebracht werden. Es ist aber zu hoffen, daß der Verlauf der Isobaren, wie er sich jetzt in den Karten darstellt, dem wahren Bilde der mittleren Luftdruckverteilung in der hier behandelten Periode möglichst nahe kommt.

Aus der Art des zur Herstellung der Karten verwendeten Beobachtungsmaterials geht hervor, daß die Pentadenmittel nicht aus Tagesmitteln des Luftdrucks gewonnen sind, sondern nur aus den Mitteln einer Terminbeobachtung. Sowohl die Wetterkarten des nordanlantischen Ozeans wie die Wetterkarten der Länder, die hier Verwendung fanden, beziehen sich auf den Morgentermin. Dieser fällt allerdings nicht ganz einheitlich auf dieselbe Stunde, sondern schwankt zwischen 7 und 8 Uhr, doch ist der Einfluß, den diese Zeitunterschiede auf die Pentadenmittel ausüben, nicht von Bedeutung.

Im Verlauf dieser Arbeit erschienen ganz unabhängig von einander mehrere ähnliche Darstellungen der Luftdruckverteilung auf Grund von Pentadenmitteln, woraus man wohl den Schluß ziehen darf, daß tatsächlich ein Bedürfnis für solche Karten vorlag.

Im Jahrgang 1915 der Landwirtschaftlichen Jahrbücher (S. 789—821) veröffentlichte nämlich O. Freybe eine Abhandlung: »Verteilung und Änderung des mittleren Luftdrucks über Europa nach Tagfünften« und im Jahre 1920 E. Alt ohne Kenntnis der an etwas versteckter Stelle stehenden und daher nicht genügend beachteten Darstellung von Freybe im meteorologischen Jahrbuch der Bayrischen Landeswetterwarte für das Jahr 1919 (Anhang 5) eine ähnliche Arbeit mit dem Titel: »Die Luftdruckverteilung über Europa, dargestellt nach Pentadenmitteln«. Die von den beiden Verfassern gegebenen Karten umfassen aber, wie schon aus den Titeln hervorgeht, nur das Gebiet von Europa, bei Freybe sogar mit Ausschluß von Südeuropa, während die vorliegende Arbeit sich über ein weit größeres Gebiet erstreckt. Die hier veröffentlichten Karten geben nämlich ein Bild der Luftdruckverteilung von ganz Europa bis zur Küste von Algerien und vom nordatlantischen Ozean zwischen 70° und 10° nördl. Br. Im Osten umfassen sie noch einen Teil von Sibirien und im Westen den nordwestlichen Teil von Nordamerika. Sie bieten also die Möglichkeit, Vergleiche anzustellen mit den in den täglichen Wetterberichten der Deutschen Seewarte enthaltenen Karten für den Termin 2ª, die die Luftdruckverteilung für ungefähr dasselbe Gebiet darstellen.

Die Freybeschen Karten beruhen auf den Beobachtungen von 59 Stationen aus den Jahren 1891 bis 1910, die von Alt auf den Beobachtungen von 32 Stationen aus den Jahren 1881 bis 1910. Die von Freybe benutzte Periode deckt sich also nahezu mit den hier verwendeten Jahren 1890 bis 1909, während Alt über 10 Jahre mehr verfügte. Es ist sehr zu bedauern, daß es nicht möglich war, auch unserer Arbeit eine etwas längere Periode zugrunde zu legen. Aber als sie begonnen wurde, lag, wie schon erwähnt, noch nicht einmal der Jahrgang 1909 der Wetterkarten des nordatlantischen Ozeans vor. Da die Jahrgänge vor 1890 für uns nicht brauchbar waren, hätten wir also noch lange warten müssen, bis wir über ein Material von vielleicht 25 bis 30 Jahren verfügten. Vermutlich wäre dann die Arbeit überhaupt nicht beendet worden, da durch die Folgen des Krieges dem Meteorologischen Institut die erforderlichen Arbeitskräfte verloren gingen. So mußte man sich also mit dem Erreichbaren begnügen.

Freybe hat auf seinen Pentadenkarten neben den Isobaren auch noch Linien gleicher Luftdruckänderung von Pentade zu Pentade gezeichnet. So wünschenswert eine solche Darstellung ist, schien es doch nicht zweckmäßig, das Bild der ohnehin, besonders im Winter sich oft sehr stark zusammendrängenden Isobaren noch durch sie kreuzende Änderungslinien zu verwirren. Besondere Änderungskarten zu zeichnen, wie dies Alt teilweise getan hat, verbot sich wegen der erheblichen Erhöhung der Druckkosten. Das bloße Zahlenmaterial für die Änderungen, das berechnet vorliegt, zu veröffentlichen, erschien zwecklos, da es doch keinen genügenden Überblick gewährt. So sind nur die Isobaren von 5 zu 5 mm stärker ausgezogen worden, sodaß man bei einem Vergleich zweier auf einander folgenden Karten ohne große Mühe wenigstens einen Überblick über die Änderung des Isobarenbildes von einer Pentade zur andern erhält.

Es muß hier noch auf eine andere wichtige Abhandlung hingewiesen werden, die während der Bearbeitung dieser Karten erschien, nämlich auf die von A. Defant über »Die Verteilung des Luftdrucks auf dem nordatlantischen Ozean und den anliegenden Teilen der Kontinente auf Grund der Beobachtungsergebnisse der 25jährigen Periode 1881 bis 1905« (Wien 1905). Diese Arbeit enthält Monats- und Jahreskarten der Luftdruckverteilung für nahezu dasselbe Gebiet, welches unsere Pentadenkarten umfassen. Die beiden Arbeiten ergänzen sich also in sehr willkommener Weise, wenn auch die Beobachtungsperioden sich nur teilweise decken.

Durch das Erscheinen der angeführten Darstellungen der Luftdruckverteilung vor Herausgabe unserer Karten wurden nun zwar, wie schon angedeutet, diese keineswegs überflüssig, doch ist natürlich in den von den Verfassern beigefügten Texten vielerlei vorweggenommen, was hier hätte behandelt werden können. Wenn also Wiederholungen vermieden werden sollen, kann es sich nur darum handeln, das bereits Besprochene zu ergänzen.

Da in den Abhandlungen von Freybe und Alt nicht die den Karten zugrunde liegenden Zahlenwerte der Pentadenmittel abgedruckt sind, hier aber ein über einen sehr großen Erdraum sich erstreckendes zusammenhängendes Material von Luftdruckpentadenmitteln vorliegt, so dürfte wohl manchem seine Veröffentlichung willkommen sein, da sich vielleicht noch weitere Untersuchungen daran knüpfen lassen. In der dem Schlusse des Textes angefügten Tabelle 1 sind daher die benutzten Mittelwerte vollständig aufgeführt. Sie sind so geordnet, daß zuerst die für die Koordinatenschnittpunkte gültigen Pentadenmittel abgedruckt sind, und zwar nacheinander für jeden Breitengrad von 70° bis 10° N in einer von Westen nach Osten verlaufenden Reihenfolge. Hieran schließen sich die Landstationen, angeordnet in Streifen von 5 Grad Breitenunterschied. Innerhalb der Streifen sind wieder von Westen nach Osten verlaufend die zwischen zwei Meridianen von 5 zu 5 Grad liegenden Stationen zusammengefaßt und in dem Felde von Norden nach Süden angeordnet.

2. Der jährliche Gang des Luftdrucks.

Auf eine Beschreibung der Luftdruckverteilung und ihrer Änderungen im Laufe des Jahres an der Hand der Karten kann hier Verzicht geleistet werden, da einerseits Alt in seiner Abhandlung eine solche für das Gebiet von Europa bereits gegeben hat und andererseits in der Arbeit von Defant gleichfalls eine eingehende Besprechung der Luftdruckverhältnisse im Bereich des ganzen Kartengebiets, allerdings nur für die einzelnen Monate enthalten ist. Eine nochmalige Erörterung dieser Frage an dieser Stelle empfiehlt sich daher nicht, da sie nur zu Wiederholungen führen müßte. Wer ein Interesse daran hat, auf die während der einzelnen Pentaden sich vollziehenden Änderungen näher einzugehen, kann dies leicht auf Grund der Karten selbst tun. Auch Alt hat übrigens darauf Verzicht geleistet, die von Pentade zu Pentade vor sich gehenden Änderungen in der Luftdruckverteilung eingehend zu verfolgen, sondern sich im allgemeinen damit begnügt, sie für ungefähr einen Monat umfassende Zeitabschnitte zu schildern. Dagegen sollen einige Ergänzungen über den jährlichen Gang des Luftdrucks den in der Abhandlung von Alt darüber enthaltenen Ausführungen auf Grund der hier veröffentlichten Pentadenmittel hinzugefügt werden.

Der jährliche Gang des Luftdrucks ist, entgegengesetzt dem der Lufttemperatur, eine recht verwickelte und mannigfaltige Erscheinung, die stark von dem Luftaustausch zwischen höheren und niederen Breiten und der Verteilung von Land und Wasser abhängig ist. Alt hat den jährlichen Gang über Europa auf Grund der Pentadenmittel der von ihm benutzten 32 Stationen untersucht und ist dabei zu dem Ergebnis gelangt, daß sich 5 Typen unterscheiden lassen.

Bei dem ersten, den er den »nordeuropäischen« nennt, fallen bei großer Beweglichkeit der Kurven, besonders im Herbst und Winter, die tiefsten Werte des Luftdrucks auf den Winter, die höchsten auf das Ende des Frühjahrs und den Frühsommer.

Die zweite Stationsgruppe umfaßt den Osten Europas und wird daher die »kontinentale« genannt. Bei ihr liegen bei ruhigerem Verlauf der Kurven die tiefsten Barometerstände im Sommer, die höchsten im Winter.

Der dritte Typus ist der »südwesteuropäische«. Die Kurven zeigen bei geringer Beweglichkeit ein deutliches Frühjahrsminimum und ein ausgesprochenes Januarmaximum. Während des Sommers und Herbstes hat der Luftdruck im allgemeinen schwach steigende Tendenz.

Endlich werden noch zwei Übergangsgruppen zwischen nord- und südwesteuropäischem und zwischen südwesteuropäischem und kontinentalem Typus unterschieden. Erstere zeigt zwei Maxima im Januar und Frühsommer und ein Minimum im Frühjahr, im Spätjahre aber einen dem nordeuropäischen Typus entsprechenden Gang. Letztere nähert sich dem kontinentalen Typus, weist aber das südwesteuropäische Frühjahrsminimum auf.

Im Nachfolgenden soll nun der tägliche Gang des Luftdrucks auf dem Ozean, sowie in denjenigen Gebieten des Festlandes geschildert werden, die nicht mehr in den Bereich der Altschen Karten fallen.

Einen Überblick über die Verhältnisse auf dem freien Atlantischen Ozean erhält man am besten, wenn man von seiner Mitte, also vom 30. und 40. Grad westl. L. ausgeht. Es muß aber vorausgeschickt werden, daß der jährliche Gang des Luftdrucks besonders in den nördlicheren Breiten infolge der starken Veränderlichkeit des Luftdrucks, über die später noch zu sprechen sein wird, bei Wahl einer anderen Beobachtungsperiode in den Einzelheiten sicher noch manche Abweichungen von dem hier geschilderten Verlauf zeigen dürfte. Doch kann man annehmen, daß in den großen Zügen das Bild des jährlichen Luftdruckganges durch die 20jährigen Mittel genügend sicher festgelegt ist. Wenn sich also hier ergibt, daß die Extreme des Luftdrucks auf bestimmte Pentaden fallen, so wird es bei dem häufigen Auftreten sekundärer Maxima und Minima, deren Höhe sich nicht selten nur wenig von der der Hauptextreme unterscheidet, nicht ausgeschlossen sein, daß bei Benutzung einer längeren Beobachtungsreihe die sekundären und die Hauptextreme bisweilen ihre Rolle vertauschen; doch wird trotzdem das ganze Bild des jährlichen Luftdruckganges im wesentlichen dasselbe bleiben.

Um in den folgenden Erörterungen die Pentaden nicht jedesmal ausführlich bezeichnen zu müssen, sollen sie immer nur nach dem gerade in die Mitte fallenden Tage benannt werden, sodaß also z. B. unter der Pentade vom 3. Januar die vom 1. bis 5. dieses Monats zu verstehen ist.

In 70° N-Br. und 30° W-L. fällt das Maximum in gleicher Höhe auf die Pentaden vom 3. und 18. Mai, das Minimum auf die vom 18. und 23. Januar. Daneben zeigen sich aber noch starke Luftdruckschwankungen von kurzer Dauer, zumal tiefe Einsenkungen der Kurven in den Pentaden vom 17. Februar und 3. April sowie vom 15. September und 14. November, worauf dann noch ein sekundäres Minimum am 19. Dezember folgt. Der Verlauf entspricht also nahe dem nordeuropäischen Typus von Alt. Gehen wir auf dem 70. Breitengrade weiter nach Osten, so bleibt der jährliche Gang zunächst nahezu der gleiche, bei 0° Länge schwächen sich aber die einzelnen starken Schwankungen etwas ab. Das Maximum fällt auf die Pentade vom 23. Mai, also unbedeutend später, das Hauptminimum unverändert auf den 23. Januar und das sekundäre Minimum auf den 9. Dezember, also etwas früher. Noch weiter östlich, in Vardö, zeigt sich das Maximum schon am 18. April, das Haupt- und das sekundäre Minimum am 28. Januar und am 29. November. Nach Westen hin bis zum 70. Längengrade bleiben die Verhältnisse ganz ähnlich denen auf dem 30. Längengrade.

Auf 60° Br. und 30° westl. L. ist der Verlauf der jährlichen Luftdruckkurve ebenfalls ähnlich wie auf dem 10 Grad weiter nördlich gelegenen Punkte. Das Maximum fällt auf die Pentade vom 18. Mai, das sekundäre Minimum im Dezember wird aber zum Hauptminimum und tritt in den Pentaden vom 9. und 14. auf, während das nur weniger tiefe Januarminimum in der Pentade vom 13. erscheint. Im übrigen sind die gleichen starken Einzelschwankungen wie auf dem 70. Breitengrade vorhanden. Weiter nach Osten auf dem 60. Breitengrade bleibt das Maximum zunächst noch in der Pentade vom 18. Mai, in Sumburgh-Head verschiebt es sich aber auf den 7. Juni. Das Dezemberminimum ändert seine Lage in der Pentade vom 9. nicht, wird aber im Vergleich zum sekundären Januarminimum tiefer. Letzteres tritt in Sumburgh-Head erst in der letzten Januarpentade auf. Die Einzelschwankungen verschieben sich etwas und treten zum Teil nicht mehr so stark hervor.

Nach Westen hin verlagert sich auf dem 60. Breitengrade das Maximum vom 18. Mai allmählich auf einen früheren Zeitpunkt und trifft auf dem 90. Längengrade schon auf den 14. März. Außerdem bildet sich in der Pentade vom 7. Februar vom 60. Längengrade ab ein sekundäres Maximum aus. Das Hauptminimum geht auf dem 40. und 50. Längengrade auf den 17. Februar über, wo sich weiter westlich und nördlich schon eine tiefe Einsenkung der Kurve befand. Das nahezu ebenso tiefe sekundäre Minimum im Dezember tritt ein wenig später ein als auf dem 30. Längengrade. Auf dem 60. Längengrade wird es aber wieder Hauptminimum und fällt auf die Pentade vom 24. Dezember. Noch weiter westlich verschiebt sich das Minimum rückwärts über den November nach dem Sommer. Auf dem 90. Längengrade erscheint es in der Pentade vom 27. Juli. Nach Westen hin erfährt also der jährliche Gang des Luftdrucks eine völlige Umgestaltung. Das Maximum verlagert sich, um dies noch einmal hervorzuheben, vom Mai auf den März bezw. den Februar und das Minimum vom Februar ebenfalls rückwärts auf Ende Juli. Es machen sich also mehr und mehr kontinentale Einflüsse geltend.

In 50° Breite findet man zwar in 30° Länge, abgesehen von einigen Verschiebungen, die meisten Hebungen und Senkungen der Luftdruckkurve wieder, die auf dem 60. Breitengrade in gleicher Länge zu bemerken waren, in ihrer Höhe und Tiefe stehen sie aber in einem anderen Verhältnis zu einander und der jährliche Gang ist merklich abgeschwächt. Das Maximum in der Pentade vom 13. Mai ist zu einem sekundären geworden; den höchsten Stand erreicht die Kurve am 1. August. Ein zweites nahezu ebenso hohes sekundäres Maximum fällt auf die Pentade vom 4. März, zu dem der Luftdruck von dem am 17. Februar eintretenden sekundären Minimum rasch ansteigt. Letzterem entsprechen starke Einsenkungen auf dem 60. und 70. Breitengrade. Vom 4. März an fällt dann der Luftdruck sogleich wieder stark ab bis zu einem sekundären Minimum in der Pentade vom 24. März. Das Hauptminimum zeigt sich in der Pentade vom 24. Dezember wie in 60° Breite und Länge.

Zehn Grad weiter östlich ist der jährliche Gang noch weniger ausgeprägt. Das Hauptmaximum fällt auf die Pentade vom 7. Juli, neben dem sich aber noch eine Anzahl sekundärer Maxima bemerkbar machen. Das Hauptminimum, dem noch mehrere Nebenminima zur Seite stehen, tritt in der letzten Pentade des Jahres ein. Noch weiter östlich, in Cherbourg, zeigt sich das Hauptmaximum in der letzten Januarpentade. Der Luftdruck sinkt dann bis zu den Monaten März und April und steigt darauf zu einem sekundären Maximum Mitte September an. Ein ungefähr ebenso hohes Nebenmaximum liegt in der Pentade vom 19. November und dazwischen Mitte Oktober ein starkes sekundäres Minimum. Endlich erscheint in der Pentade vom 9. Dezember das Hauptminimum, das auch 10° weiter nördlich festgestellt werden konnte. Dieser Verlauf der Luftdruckkurve bedeutet schon eine Annäherung an den südwesteuropäischen Typus von Alt.

Vom 30. Längengrade aus nach Westen ändert sich auf dem 50. Breitengrade im jährlichen Gange des Luftdrucks zunächst nur wenig. Auf dem 60. Längengrade, also an der nordamerikanischen Küste, ist aber von einem ausgesprochenen jährlichen Gange kaum noch die Rede. Den höchsten Stand erreicht der Luftdruck in der Pentade vom 28. April, doch hebt sich dieses Maximum nur sehr wenig hervor. Die tiefsten Luftdruckwerte weisen die Pentaden vom 17. Februar, 3. April und 24. Dezember auf, in denen auch weiter nördlich Tiefstände eintreten. Noch weiter westlich auf dem 80. und 100. Längengrade bemerkt man dann ein Sommerminimum in der Pentade vom 22. Juni, während der höchste Stand in 80° Länge auf den 4. März, in 100° Länge auf den 2. Februar fällt. Der jährliche Gang des Luftdrucks geht also in die kontinentale Form über, wie wir dies auch auf dem 60. Breitengrade sahen.

Auf dem 40. Breitengrade geht man am besten vom 40. Längengrade aus, da dieser jetzt ungefähr in der Mitte des Ozeans liegt. Hier bemerken wir ein Hauptmaximum im Sommer und zwar in der Pentade vom 12. Juli und ein Nebenmaximum, wie weiter nördlich, am 4. März. Das Hauptminimum fällt auf den 12. Februar und ein sekundäres auf den 24. März. In 20° westl. Länge ist zwar auch noch eine Luftdruckzunahme im Sommer vorhanden, der höchste Stand wird aber in steilem Anstiege in der letzten Januarpentade erreicht. Der tiefste Luftdruck tritt in der Pentade vom 4. November ein und ein nicht viel weniger tiefes Nebenminimum in der Pentade vom 19. März. An der Küste der Iberischen Halbinsel sehen wir in nahezu gleicher Breite, in Oporto, ein scharf ausgeprägtes Maximum wieder in der letzten Januarpentade und ebenso nahezu gleich tiefe, allerdings wenig hervortretende Minima in den Pentaden vom 19. März und 4. November. Der Anstieg des Luftdrucks zum Sommer ist nur unbedeutend. Noch weniger ist er bemerkbar im Innern der Halbinsel, in Madrid. Das Maximum entspricht dem in Oporto, der tiefste Luftdruck tritt in den Pentaden vom 13. und 28. April ein, doch ist er auch im Sommer nicht viel weniger tief. Der jährliche Gang des Luftdrucks in Madrid hat also etwas kontinentales Gepräge, zeigt aber auch in mancher Beziehung eine Annäherung an den südwesteuropäischen Typus von Alt, die in Oporto etwas stärker hervortritt. Westlich vom 40. Längengrade, in 40° Breite und 60° Länge verschiebt sich das Maximum auf Mitte September, das Minimum auf Anfang April, in 70° Länge das Maximum aber auf die Pentade vom 18. Januar, das Minimum auf die 2. Aprilpentade. Auch hier macht sich also eine allmähliche Umkehrung des Luftdruckganges bemerkbar.

In 30° Breite und 40° westl. L. fällt wieder das Maximum auf den Sommer, nämlich auf die letzte Junipentade, während ziemlich gleich tiefe Minima in den Pentaden vom 20. Oktober und 4. März eintreten. Zwischen beiden liegt ein Luftdruckanstieg im Winter ohne ausgesprochenes sekundäres Maximum. 20 Grad weiter östlich bleibt zwar der Luftdruckanstieg im Sommer bestehen, das Maximum Ende Juni ist aber nur noch ein sekundäres, während das Hauptmaximum auf die letzte Januarpentade und ein fast ebenso hohes Nebenmaximum auf die Pentade vom 14. Dezember fällt. Die beiden Minima bleiben nahezu unverändert.

In 60° westl. L. auf demselben Breitengrade ist der Luftdruckgang ähnlich dem in 40° L. Der höchste Druck tritt in der Pentade vom 12. Juli ein und ein Haupt- und ein Nebenminimum in den Pentaden vom 5. Oktober und 29. März. In 70° westl. L. bleibt zwar das Hauptmaximum im Sommer, nämlich in der Pentade vom 17. Juli bestehen, Nebenmaxima Anfang und Mitte Januar sind aber fast ebenso hoch. Der tiefste Druck tritt Anfang Oktober ein. Sekundäre Minima in der zweiten Maihälfte sind nur ganz flach. Im allgemeinen. verläuft der jährliche Gang des Luftdrucks auf dem 30. Breitengrade im Atlantischen Ozean, also ungefähr in der Gegend des Azorenmaximums, in einer doppelten Welle.

In 20° nördl. Br. und 40° westl. L. fällt der höchste Druck in die Pentaden vom 22. und 27. Juni, ähnlich wie auf dem 30. Breitengrade, der tiefste auf die Pentade vom 19. November. Auf ein sekundäres Maximum in der 4. Februarpentade folgen flache sekundäre Minima in den Pentaden vom 4. und 24. März. In 20° westl. L.

ist das Sommermaximum zu einem schwach angedeuteten Nebenmaximum geworden, während jetzt der höchste Druck in den Pentaden vom 18. Januar und 24. Dezember, der tiefste Mitte August eintritt. In 60° westl. L. ist dagegen der Luftdruckverlauf ähnlich wie in 40° L., nur haben Haupt- und Nebenmaximum, die in die gleichen Pentaden wie dort fallen und im übrigen wenig verschieden sind, ihre Rollen vertauscht. Das Hauptminimum erscheint etwas früher, in der ersten Novemberpentade, das Nebenminimum Mitte März. In 70° L. ist die Lage der Maxima nahezu dieselbe wie in 60° L., das Hauptminimum tritt aber schon Ende September, das schwache Nebenminimum in der Pentade vom 23. Mai ein.

Auf dem 10. Breitengrade ist der jährliche Luftdruckgang zwischen dem 30. und 50. Längengrade nahezu der gleiche. Das Maximum erscheint in der Pentade vom 22. Juni, das Minimum in der vom 19. November. Auch in 60° L. ist der Verlauf ganz ähnlich, nur ist ein zweites Maximum in der Pentade vom 17. Februar bemerkbar, wo sich auch weiter östlich ein ganz schwacher Luftdruckanstieg zeigt. In 20° westl. L. fällt der höchste Druck in die Zeit von Mitte Juni bis Anfang Juli, der tiefste in die Pentaden vom 9. März und 8. April. Das Minimum vom 19. November ist auch noch angedeutet, ebenso ein schwaches Nebenmaximum in der Pentade vom 24. Dezember.

Versuchen wir nun, die vorstehenden Darlegungen über den jährlichen Luftdruckverlauf auf dem nordatlantischen Ozean zusammenzufassen, so kommt man zu folgendem Ergebnis. Im Bereich des 70. und 60. Breitengrades findet sich in der Gegend des 30. Grades westl. L. ein ausgesprochenes Luftdruckmaximum im Mai, während die Hauptminima auf den Januar und Dezember fallen. Der jährliche Gang entspricht dem nordeuropäischen Typus nach Alt. Nach Osten hin bleibt der Luftdruckgang ähnlich, ebenso nach Westen hin auf dem 70. Breitengrade, während auf dem 60. der jährliche Gang mit der allmählichen Verschiebung des Maximums nach rückwärts auf das Ende des Winters und des Minimums auf den Sommer einen mehr kontinentalen Charakter annimmt.

Auf dem 50. Breitengrade verlagert sich in der Mitte des Ozeans das Maximum auf die erste Augustpentade, während im Mai nur ein sekundäres Maximum und ein ebensolches Anfang März erscheint. Das Hauptminimum tritt wieder im Dezember ein. Nach Osten hin nähert sich der jährliche Gang dem südwesteuropäischen Typus von Alt, nach Westen hin dem kontinentalen.

Ähnliche Verhältnisse herrschen auf dem 40. Breitengrade. Nur erscheint in der Ozeanmitte das Hauptmaximum etwas früher, im Juli, das Hauptminimum im Februar, wo weiter nördlich bereits ein sekundäres Minimum zu bemerken war.

Weiter südlich bis zum 10. Breitengrade tritt in 40° westl. L. der höchste Luftdruck im letzten Junidrittel ein. Auf dem 30. Breitengrade zwischen 20 und 70° westl. L. verläuft der jährliche Gang des Luftdrucks im allgemeinen in einer doppelten Welle mit Hebungen von verschiedenem Ausmaß im Sommer und Winter und Senkungen im Frühjahr und Herbst.

Auch auf dem 20. Breitengrade sehen wir zwischen 40 und 70° L. zwei Maxima und zwei Minima, erstere im Juni und Februar, letztere zu etwas verschiedenen Zeiten. In 20° westl. L. ist das Sommermaximum kaum noch angedeutet. Der höchste Druck zeigt sich im Dezember und Januar, der tiefste Mitte August.

In 10° Br. kann man in der Mitte des Ozeans im Grunde nur noch von einer einfachen Luftdruckwelle sprechen mit dem schon erwähnten Maximum gegen Ende Juni und einem Minimum im November. In 60° L. ist wieder noch ein zweites Maximum im Februar vorhanden und in 20° L. ein schwaches Nebenmaximum im Dezember.

Da die vorliegenden Pentadenluftdruckkarten auch auf dem Festland ein größeres Gebiet umfassen, als die von Alt, soll zur weiteren Ergänzung von dessen Untersuchungen jetzt noch der jährliche Gang des Luftdrucks in den von ihm nicht berücksichtigten Gegenden besprochen werden.

In den vorstehenden Ausführungen ist bereits der jährliche Gang an einigen Orten der iberischen Halbinsel behandelt worden und zwar von Oporto und Madrid. Es wurde festgestellt, daß die Jahreskurve in Oporto sich dem südwesteuropäischen Typus von Alt nähert, daß aber in Madrid daneben kontinentale Einflüsse zur Geltung kommen. Auf der Ostseite der Iberischen Halbinsel verläuft der jährliche Gang des Luftdrucks in ähnlicher Weise wie an beiden Orten. Das Maximum tritt wie an diesen in der letzten Januarpentade, das Minimum wie in Madrid Ende April ein. Der Anstieg des Luftdrucks im Sommer ist schwach. Jedenfalls sind aber wesentliche Merkmale des südwesteuropäischen Typus vorhanden.

An der Küste von Algerien herrschen annähernd gleiche Verhältnisse. Der höchste und der tiefste Luftdruck fällt auf dieselben Pentaden wie an der Ostseite Spaniens.

Auf der Balkanhalbinsel besteht überall nahezu derselbe jährliche Gang des Luftdrucks. In Sofia, Konstantinopel und Athen tritt das Hauptmaximum in der Pentade vom 23. Januar ein, in Bukarest in der vom 24. Dezember, um welche Zeit herum bei den anderen Stationen ein sekundäres Maximum erscheint. Dafür hat Bukarest in der Pentade vom 23. Januar ein starkes Nebenmaximum. Am tiefsten ist der Luftdruck im Sommer, doch treten die Minima wenig hervor und verteilen sich auf die Monate Mai bis August. Jedenfalls müssen wir aber den Luftdruckgang als kontinental bezeichnen. An der Ostseite des Schwarzen Meeres ist der kontinentale Charakter noch ausgeprägter. In Tiflis tritt der höchste Luftdruck Anfang Januar, der tiefste Ende Juli ein. Auch am Kaspischen Meere ist der Gang des Luftdrucks im wesentlichen der gleiche.

Im zentralen Rußland, und zwar in Moskau, ist der Luftdruck am höchsten in den Pentaden vom 8. und 18. Januar, am tiefsten in der Pentade vom 12. Juli. Starke Einsenkungen der Luftdruckkurve finden sich in der ersten Hälfte des Februar und Ende November. Im östlichen Rußland treten die höchsten Luftdruckwerte Ende Februar bis Mitte März auf, die tiefsten in der ersten Hälfte des Juli. Die Luftdruckschwankungen im Winter sind sehr beträchtlich. Tiefe Einsenkungen in der Luftdruckkurve bemerkt man Anfang und Ende November, um die Jahreswende und in der ersten Februarhälfte. Jedenfalls hat aber, wie es nach der Lage der Orte zu erwarten ist, der Luftdruckverlauf durchaus kontinentales Gepräge. Noch stärker zeigt sich dies natürlich noch weiter östlich in Sibirien. In Barnaul tritt das Maximum des Luftdrucks in der Pentade vom 7. Februar, das Minimum in der vom 17. Juli ein. Die Schwankungen im Winter sind weniger stark als im östlichen Rußland.

Endlich möge noch der Luftdruckverlauf im Norden Rußlands und zwar in Archangelsk geschildert werden. Dieser ist starken Schwankungen unterworfen. Das Hauptmaximum tritt in der Pentade vom 18. April, ein Nebenmaximum in der vom 20. Oktober ein. Dazwischen liegt ein sekundäres Minimum in der letzten Augustpentade. Das Hauptminimum erscheint Ende November, ein anderes tiefes Minimum Ende Januar. Im ganzen entspricht der Gang des Luftdrucks dem nordeuropäischen Typus von Alt.

Diese Angaben über den jährlichen Gang des Luftdrucks müssen hier genügen. Das in Tabelle 1 enthaltene umfangreiche Material ist damit allerdings noch keineswegs erschöpft. Durch den Abdruck der gesamten den Karten zugrunde liegenden Luftdruckwerte ist aber jedem, der noch weitere Untersuchungen über den Gang des Luftdrucks anstellen will, Gelegenheit dazu geboten. Es soll hier nur noch dem Bedauern darüber Ausdruck gegeben werden, daß es nicht möglich war, auch noch graphische Darstellungen des Luftdruckverlaufs zu veröffentlichen, die einen weit klareren Überblick über die Verhältnisse gegeben hätten, als die einfache Schilderung durch Worte. Der Rücksicht auf die Beschränktheit der für den Druck dieser Arbeit zur Verfügung stehenden Mittel mußte aber dieser sowie mancher andere Wunsch geopfert werden.

Schließlich soll noch darauf aufmerksam gemacht werden, daß die in der Abhandlung von Defant auf Grund der Monatsmittel gegebene Darstellung des jährlichen Ganges des Luftdrucks bezüglich des Eintritts der Maxima und Minima bisweilen von den hier gefundenen Ergebnissen abweicht. Dies dürfte weniger darauf zurückzuführen sein, daß Defant eine Beobachtungsperiode zugrunde gelegt hat, die sich nur teilweise mit der hier benutzten deckt, als darauf, daß in den Monatsmitteln der jährliche Gang naturgemäß weit mehr ausgeglichen ist als in den Pentadenmitteln. Wenn das Maximum sich z. B. in einem starken Anstieg der Luftdruckkurve geltend macht, auf den dann noch in demselben Monat ein rascher Abfall folgt, so kann das Monatsmittel niedriger sein als das eines anderen Monats, in dem zwar die absolute Höhe des Luftdrucks in den Pentadenmitteln geringer ist, in dem aber andauernd verhältnismäßig hoher Luftdruck herrscht. Durch verschiedene angestellte Proben ließ sich nachweisen, daß, wenn man aus den Pentadenmitteln Monatsmittel bildete, die Extreme tatsächlich eine Verschiebung im Sinne der Defantschen Ergebnisse erfuhren.

3. Die Jahresschwankung der Pentadenmittel.

In den vorstehenden Erörterungen ist die Jahresschwankung der Pentadenmittel des Luftdrucks nicht mit berücksichtigt worden, da diese Frage im Zusammenhange behandelt werden sollte. In den Tabellen der fünftägigen Luftdruckmittel sind bei jedem Beobachtungspunkt die höchsten und tiefsten Werte durch verschiedenartigen fetten Druck hervorgehoben. Am Fuße der Tabelle finden sich die Differenzen der Extremwerte angegeben. Diese sind in eine Karte eingetragen und darnach Linien gleicher Jahresschwankung gezogen worden. In Tafel 74 ist das Bild der Verteilung der Jahresschwankung der zwanzigjährigen Pentadenluftdruckmittel dargestellt. In der Abhandlung von Defant findet man auf S. 37 eine ähnliche Karte, welche die Amplitude der jährlichen Druckschwankung auf Grund der Monatsmittel veranschaulicht. Beide Karten lassen ohne weiteres erkennen, daß die Größe der Jahresschwankung auf dem Atlantischen Ozean im allgemeinen von Norden nach Süden stark abnimmt. Auf unserer Karte findet sich die stärkste Schwankung, über 18 mm, auf dem 65. Breitengrade in der Gegend von Island und auf dem 70. westlich von Nordskandinavien. Für das erstere kleine Gebiet liegen allerdings keine direkten Beobachtungen vor; aber da wir auf dem Schnittpunkt zwischen dem 65. Breiten- und dem 30. Längengrade bereits eine Schwankung von 17.9 mm vorfinden, während für den Schnittpunkt zwischen dem gleichen Breiten- und dem 20. Längengrade der Wert fehlt, so kann man wohl aus der raschen Zunahme der Schwankung vom 40. bis zum 30. Längengrade, nämlich von 15.5 auf 17.9 mm, den Schluß ziehen, daß die Schwankung östlich davon 18 mm und mehr betragen wird. Die geringste Jahresschwankung, nämlich 1.8 mm, finden wir in unserer Karte auf dem Schnittpunkt des 10. Breitengrades mit dem 20. Längengrade. Die stärkste Abnahme der Schwankung im Bereich des Ozeans zeigt sich zwischen dem 65. und 10. Breitengrade auf dem 25. Längengrade westl. v. Gr., nämlich 16.5 mm. Auf dem 30. Längengrade beträgt sie 15.7, auf dem 40. 12.4, auf dem 50. 10.6 und auf dem 60. 9.9 mm. Nahezu ebenso groß wie auf dem 25. Längengrade ist die Abnahme der Schwankung auf dem 20. Weiter östlich kommen wir im Süden schon auf afrikanisches Gebiet, wo die Beobachtungen fehlen. Man sieht aber ohne weiteres, daß jedenfalls bis zum 10. Längengrade die Abnahme der Schwankung von Norden nach Süden sich verringert.

Etwa in der Gegend des 45. Breiten- und des 40. Längengrades findet eine Unterbrechung in der Abnahme der Schwankung von Norden nach Süden statt, die man an einer starken Ausbuchtung der 9 mm-Linie nach Süden erkennt. In gleicher Breite um den 15. Längengrad herum bemerkt man sogar eine Wiederzunahme der Schwankung. Während die zuerst erwähnte Ausbuchtung ungefähr an der gleichen Stelle auch auf der Defantschen Karte vorhanden ist, fehlt daselbst die zweite Anomalie. Ganz im Gegenteil befindet sich an dieser Stelle ein Gebiet geringerer Schwankung, das von Süden heraufreicht. Eine von Süden her sich erstreckende, allerdings weit schwächere Zunge geringerer Schwankung befindet sich auf unserer Karte zwischen den beiden Störungszonen etwa in 25° Länge. Die Ursache dieser gegensätzlichen Darstellung liegt, wie sich leicht nachweisen läßt, darin, daß die Schwankungen in dem einen Falle auf Grund der Pentadenmittel, im anderen auf Grund der Monatsmittel errechnet sind. Auf unserer Karte findet man in 45° Br. auf dem Schnittpunkt mit dem 15. Längengrade eine größere Schwankung als auf den Schnittpunkten mit dem 5. und 25. Längengrade. Auf der Karte von Defant ist das Umgekehrte der Fall. Bildet man nun aus den Pentadenmitteln für die drei Schnittpunkte die Monatsmittel des Luftdrucks, die ja wenigstens nahezu mit den wirklichen Monatsmitteln des Luftdrucks übereinstimmen dürften, so erhält man in der Tat für den Schnittpunkt mit dem 15. Längengrade eine geringere jährliche Luftdruckschwankung als für die beiden benachbarten Punkte. Der Unterschied ist zwar kleiner als bei Defant, das ist aber wohl in erster Linie auf die Verschiedenheit der Beobachtungsperioden, in zweiter vielleicht auch bis zu einem gewissen Grade auf die Art der Bildung der Monatsmittel zurückzuführen. Die Extreme der von mir gebildeten Monatsmittel fallen bei den Schnittpunkten mit dem 15. und 25. Längengrade auf andere Monate, als die Extreme der Pentadenmittel. Auf solche Unterschiede und ihre Ursachen wurde schon am Ende des vorigen Kapitels hingewiesen.

Geht man den Breitengraden entlang nach Westen, so verringert sich bis zum amerikanischen Festlande die Jahresschwankung und nimmt dort nach dem Innern, soweit man aus der Umkehr der Linien erkennen kann, wieder zu. Auf dem 35. Breitengrade zeigt sich schon auf dem Ozean in 65° Länge ein Minimum der Schwankung, von dem aus sie nach dem Festlande zu offenbar wieder wächst. Auf dieser Seite des Ozeans ist grundsätzliche Übereinstimmung zwischen der Darstellung Defants und der vorliegenden vorhanden. Auf der europäischen Seite dagegen ist außer der vorhin schon erwähnten Abweichung auf der Westseite des Ozeans ein weiterer auffallender Unterschied im Bereich von Zentraleuropa. Während nämlich bei Defant von Osten her über Zentraleuropa sich bis nach Spanien ein Rücken stärkerer Schwankung erstreckt, bildet auf unserer Karte Mitteleuropa ein Gebiet geringerer Schwankung, von dem aus, abgesehen von der Richtung nach Süden, überallhin die Amplituden zunehmen. Am geringsten, kleiner als 7 mm, ist die Schwankung daselbst in der südlichen Ostsee und in einer Zunge, die sich vom Mittelmeergebiet her über München nach Westdeutschland, Belgien und Nordfrankreich erstreckt. Es läßt sich auch hier nachweisen, daß die Abweichungen zwischen beiden Karten auf die verschiedenartige Ableitung der Amplituden zurückzuführen ist.

Übrigens ist auch bei Defant ein Gebiet geringerer Schwankung im Bereich des südlichen Skandinaviens vorhanden, das man wohl zu dem in der südlichen Ostsee in Beziehung bringen kann. Übereinstimmung zwischen beiden Karten ist auch darin vorhanden, daß nach dem Innern von Spanien die Schwankung zunimmt. Nur ist auf unserer Karte dort ein abgeschlossenes Gebiet stärkerer Schwankung zu sehen. Ferner ist beiden Karten die Abnahme der Amplitude im Mittelmeergebiet gemeinsam. In die Balkanhalbinsel reicht auf unserer Karte eine Zunge stärkerer Schwankung hinein, die bei Defant wenigstens im nördlichen Teile vorhanden ist. Auch auf dem Schwarzen Meere verringert sich die Amplitude. Dagegen nimmt sie nach dem Innern von Rußland und weiter nach Sibirien hin stark zu. Sie erreicht in Barnaul, das schon etwas außerhalb des Kartengebiets liegt, die Größe von 21.5 mm.

Defant hat in seiner Abhandlung darauf hingewiesen, daß, wie seine Karte zeigt, im zentralen Teile des Atlantischen Ozeans längs aller Breitenkreise ein Maximum der Druckschwankung vorhanden ist, von dem aus sie nach Osten und Westen bis in die Nähe der Küsten abnimmt, um dann mit zunehmender Kontinentalität wieder zu wachsen. Er war in der Lage, diese Punkte stärkster Druckschwankung auf den Breitenkreisen und ebenso die Punkte geringster Schwankung in der Nähe der Küsten durch Linien zu verbinden. Erstere verläuft durch den zentralen Teil des Ozeans, letztere gehen den Küsten entlang. Auf unserer Karte ist die Abnahme der Luftdruckschwankung nach den Küsten hin auf der Ostseite in der Gegend des 45. Breitengrades durch das dort liegende kleine sekundäre Maximum der Schwankung gestört. Es ließe sich daher wohl die durch den zentralen Teil des Ozeans gehende Maximallinie zeichnen, wenn auch ihr Verlauf etwas von dem der entsprechenden Linie auf der Defantschen Karte abweichen würde, ebenso auch die Minimallinie auf der Westseite des Ozeans, dagegen ist dies nicht möglich auf der Ostseite. Unter diesen Umständen können auch die von Defant aus der Lage dieser Linien gezogenen Schlüsse nicht ohne Einschränkung auf unsere Karte übertragen werden. Auf Grund der in der Defantschen Abhandlung enthaltenen Karte, auf der die Eintrittszeiten der Luftdruckextreme abgegrenzt sind, stellt der Verfasser fest, daß die an den Küsten entlang laufenden Linien geringster Schwankung im allgemeinen die Gebiete von einander trennen, die im jährlichen Luftdruckgang den ozeanischen und den kontinentalen Typus aufweisen, also in dieser Hinsicht in einem Gegensatz zu einander stehen. An der Westküste von Amerika ist dies auch unstreitig der Fall, da die große zusammenhänge Masse des Kontinents einen rascheren Übergang vom ozeanischen zum kontinentalen Typus begünstigt. Auf der Ostseite liegen jedoch die Verhältnisse etwas anders. Infolge der starken Gliederung der Westhälfte von Europa bildet diese ein Übergangsgebiet zwischen dem ozeanischen und dem kontinentalen Typus der Luftdruckschwankung. Die Defantsche Minimallinie im Osten grenzt also eigentlich den ozeanischen Typus von dieser Übergangszone ab. Auf unserer Karte macht sich dieses Übergangsgebiet als solches geringerer Luftdruckschwankung bemerkbar und leitet ohne zusammenhängende, schärfer ausgeprägte Grenze vom ozeanischen zum kontinentalen Typus über.

4. Der jährliche Gang der Luftdruckgradienten.

Schon bei einer flüchtigen Betrachtung der Pentadenluftdruckkarten bemerkt man, daß die Luftdruckunterschiede zwischen den sogenannten Aktionszentren der Atmosphäre, dem ständig in der Gegend von Island liegenden Tiefdruckgebiet und dem nach seiner Lage in der Gegend der Azoren benannten Hochdruckgebiet, dem Azorenmaximum, sich während des Jahres stark ändern. Um ein Maß für diese Änderungen zu erhalten, sind die Luftdruckgradienten zwischen den Gegenden höchsten und niedrigsten Druckes für die einzelnen Pentaden berechnet worden. Hierbei hatte man die Wahl zwischen mehreren Methoden. Man konnte zunächst einfach die Gradienten zwischen zwei festen Punkten auf demselben Meridian berechnen, der während des größten Teiles des Jahres die beiden Aktionszentren durchschneidet. Die beiden festen Punkte mußten natürlich auf den Breitenkreisen gewählt werden, die am häufigsten durch die Gegenden höchsten und tiefsten Drucks gehen. Als Meridian wurde hierfür der vom 35. Grad westl. L. gewählt, der mitten durch den Ozean läuft, und für die beiden Ausgangspunkte die Schnittpunkte mit dem 30. und 60. Breitenkreise. Ferner konnte man die mittlere Lage des Maximums und des Minimums und zwischen diesen beiden Punkten die Gradienten berechnen. Für die mittlere Lage des Minimums ergab sich der Schnittpunkt zwischen dem 61. Breitenkreise und dem 38. Längengrade, und für die des Maximums der Schnittpunkt zwischen 33° Br. und 32° L. Endlich lag es auch nahe, den Gradienten zwischen dem höchsten Maximum und tiefsten Minimum in jeder Pentade zu berechnen. Letztere Werte werden natürlich im allgemeinen etwas größer sein als die auf die beiden anderen Arten ermittelten, doch sind auch vereinzelte Ausnahmen möglich, in denen das Umgekehrte der Fall ist; denn da der Gradient auf eine Entfernung von 111 km als Einheit bezogen wird, läßt es sich wohl denken, daß trotz der größeren Differenz zwischen den höchsten und tiefsten Luftdruckwerten bei zwei näher an einander gelegenen Punkten das Verhältnis zwischen Luftdruckunterschied und Entfernung größer wird als im ersten Falle. Da für jede der drei Methoden Zweckmäßigkeitsgründe angeführt werden konnten, wurden die Gradienten nach allen drei berechnet. Sie sind in Tabelle 2 zusammengestellt.

Man sieht sofort, daß die beiden ersten Gradientenreihen sehr nahe mit einander übereinstimmen. Bei der dritten, welche die Gradienten zwischen höchstem Maximum und tiefstem Minimum enthält, sind die Werte, worauf schon hingewiesen wurde, meist etwas größer. Eine graphische Darstellung der drei Reihen, die hier nicht veröffentlicht werden konnte, läßt aber erkennen, daß nicht nur die beiden ersten bezüglich des Ganges fast ganz im Einklang mit einander stehen, sondern daß auch die dritte den anderen sehr ähnlich ist, wenn auch die Extreme bei ihr sich ein wenig verschieben. Bei den beiden ersten Reihen tritt der stärkste Gradient in der Pentade vom 11.—15. Januar (bei der zweiten auch noch in der folgenden Pentade) und in der vom 12.—16. Dezember ein, bei der dritten in der Pentade vom 21.—25. Januar. Der kleinste Gradient erscheint in den beiden ersten Reihen in der Pentade vom 16.—20. Mai, bei der dritten in der zweiten Pentade des Juni, doch fällt der zweitkleinste Wert ebenfalls auf die Pentade vom 16.—20. Mai. Im übrigen zeigen die Kurven in ihrem Verlauf folgende Eigentümlichkeit:

Stellt man den jährlichen Verlauf des Luftdrucks für den Schnittpunkt zwischen dem 60. Breiten- und dem 35. Längengrade graphisch dar und vergleicht ihn mit der entsprechenden Gradientenkurve, so bemerkt man eine bis in die Einzelheiten gehende Übereinstimmung zwischen beiden Kurven, nur ist der Verlauf bei ihnen umgekehrt. Wo bei der einen Kurve eine Hebung ist, bemerkt man bei der anderen eine Senkung und einer Senkung steht eine Hebung gegenüber. Nur bei kleinen Schwankungen treten geringe Abweichungen auf. Das Ausmaß der Hebungen und Senkungen ist allerdings bei beiden Kurven verschieden. Die Erklärung für diese Erscheinung liegt darin, daß die jährliche Schwankung des Luftdrucks an den beiden Punkten, zwischen denen der Gradient gebildet ist, also an den Schnittpunkten mit dem 60. und 30. Breitengrade sehr verschieden ist. Bei ersterem beträgt die Jahresschwankung der Pentadenmittel 15.1, bei letzterem nur 5.5 mm, ist also nicht viel mehr als ein Drittel so groß. Würde der Luftdruck unter dem 30. Breitengrade das ganze Jahr hindurch unverändert bleiben, so müßte die Gradientenkurve genau so verlaufen, wie die umgekehrte Kurve des jährlichen Ganges in 60° Br., nur mit im gleichen Verhältnis verkleinerten Schwankungen. Da aber die Luftdruckkurve in 30° Br. immerhin eine Schwankung von 5.5 mm aufweist, werden zwar die größeren Hebungen und Senkungen bei der Luftdruckkurve in 60° Br. und der Gradientenkurve gleichzeitig im umgekehrten Sinne auftreten, ihr Verhältnis in beiden Kurven wird sich aber nicht gleich bleiben.

Was hier von der Gradientenkurve für die Schnittpunkte zwischen 35° L. einerseits und 60 und 30° Br. andererseits gesagt ist, gilt in gleicher Weise auch für die Kurve der Gradienten zwischen der mittleren Lage des Maximums und Minimums. Bei den Gradienten zwischen höchstem Maximum und tiefstem Minimum ändert sich die Lage der Punkte beständig, sodaß ein ähnlicher Vergleich, wie er oben angestellt wurde, nicht möglich ist. Doch muß auch, da die Gradientenkurven einander ähnlich sind, eine Ähnlichkeit mit der Luftdruckkurve in 60° Br. und 30° L. bestehen.

2*

Tabelle 2. Luftdruckgradienten (mm)

Pentaden		Zwischen 60 u. 30° N-Br. auf 35° W-L.	Zwischen den mittleren Lagen von Maximum und Minimum	Zwischen höchstem Maximum und tiefstem Minimum	Pentaden		Zwischen 60 u. 30° N-Br. auf 35° W-L.	Zwischen den mittleren Lagen von Maximum und Minimum	Zwischen höchstem Maximum und tiefstem Minimum
Januar	1— 5	0.59	0.62	0.70	Juli	30— 4	0.38	0.40	0.46
	6—10	0.55	0.60	0.60		5— 9	0.38	0.41	0.44
	11—15	**0.70**	**0.72**	0.83		10—14	0.38	0.41	0.49
	16—20	0.68	**0.72**	0.86		15—19	0.32	0.35	0.45
	21—25	0.55	0.60	**0.91**		20—24	0.32	0.34	0.40
	26—30	0.57	0.62	0.83		25—29	0.34	0.35	0.44
Februar	31— 4	0.43	0.45	0.50	August	30— 3	0.31	0.33	0.39
	5— 9	0.48	0.47	0.70		4— 8	0.32	0.34	0.33
	10—14	0.45	0.45	0.68		9—13	0.28	0.27	0.31
	15—19	0.67	0.69	0.66		14—18	0.33	0.30	0.37
	20—24	0.53	0.54	0.50		19—23	0.32	0.34	0.44
	25— 1	0.40	0.43	0.45		24—28	0.35	0.35	0.48
März	2— 6	0.45	0.49	0.76		29— 2	0.28	0.26	0.36
	7—11	0.50	0.52	0.73	September	3— 7	0.42	0.43	0.52
	12—16	0.54	0.53	0.58		8—12	0.38	0.43	0.42
	17—21	0.42	0.40	0.41		13—17	0.55	0 57	0.69
	22—26	0.31	0.29	0.30		18—22	0.40	0.43	0.44
	27—31	0.46	0.44	0.44		23—27	0.52	0.53	0.60
April	1— 5	0.58	0.62	0.62		28— 2	0.36	0.36	0.41
	6—10	0.46	0.48	0.54	Oktober	3— 7	0.38	0.37	0.41
	11—15	0.40	0.38	0.48		8—12	0.42	0.44	0.45
	16—20	0.36	0.35	0.37		13—17	0.39	0.38	0.44
	21—25	0.37	0.38	0.39		18—22	0.32	0.31	0.34
	26—30	0.36	0.35	0.40		23—27	0.30	0.31	0.33
Mai	1— 5	0.26	0.23	0.37		28— 1	0.35	0.38	0.39
	6—10	0.29	0.29	0.34	November	2— 6	0.41	0.40	0.46
	11—15	0.25	0.23	0.32		7—11	0.49	0.50	0.58
	16—20	**0.18**	**0.17**	0.28		12—16	0.53	0.56	0.63
	21—25	0.27	0.28	0.35		17—21	0.41	0.46	0.55
	26—30	0.24	0.21	0.30		22—26	0.35	0.37	0.43
Juni	31— 4	0.30	0.30	0.35		27— 1	0.48	0.52	0.64
	5— 9	0.27	0.29	**0.26**	Dezember	2— 6	0.63	0.67	0.78
	10—14	0.29	0.31	0.41		7—11	0.66	0.69	0.89
	15—19	0.38	0.40	0.49		12—16	**0.70**	**0.72**	0.79
	20—24	0.38	0.37	0.42		17—21	0.64	0.69	0.74
	25—29	0.37	0.37	0.39		22—26	0.69	0.69	0.80
						27—31	0.66	0.68	0.72

Wir sind also zu dem Ergebnis gekommen, daß die Gradienten zwischen den Gegenden höchsten und niedrigsten Druckes im Laufe des Jahres sich in ganz ähnlicher Weise ändern, wie der Luftdruck etwa unter 60° Br. und 30° westl. L., mit der Einschränkung, daß das Ausmaß der Änderungen bei Luftdruck und Gradienten verschieden ist.

Am geringsten sind die Gradienten von der zweiten Hälfte des April ab bis Ende August mit einem Minimum im Mai bezw. Juni. Im September verstärken sie sich zeitweise, werden aber im Oktober wieder kleiner. Dann steigen sie unter erheblichen Schwankungen an und erreichen im Dezember und Januar Maximalwerte. In der darauf folgenden Zeit nehmen sie bis zur ersten Hälfte des April unter starken Schwankungen wieder ab.

5. Die Veränderlichkeit der Pentadenmittel.

Wir können die Veränderlichkeit der Pentadenmittel nach zwei Richtungen hin untersuchen, erstens ihre Änderungen von Pentade zu Pentade und zweitens ihre mittlere Veränderlichkeit, d. h. die mittlere absolute Abweichung der einzelnen Pentadenmittel vom 20jährigen Mittel.

Wenn man den jährlichen Gang der in Tabelle 1 enthaltenen Pentadenmittel graphisch darstellt, so bemerkt man nicht nur, daß die Amplituden der jährlichen Schwankung sehr verschieden sind, sondern daß auch die Zu- und Abnahme des Luftdrucks innerhalb des Jahres keineswegs regelmäßig, sondern zum Teil unter sehr großen Schwankungen vor sich geht. Die durchschnittliche Änderung der Pentadenmittel von Pentade zu Pentade ohne Rücksicht auf das Vorzeichen gibt daher nicht nur ein Maß für die jährliche Schwankung des Luftdrucks, sondern auch für den mehr oder weniger unruhigen Verlauf der Kurven. Diese durchschnittliche Änderung der Mittel soll zunächst hier erörtert werden. Allerdings müßten eigentlich, wenn man wirklich die Veränderlichkeit des Luftdrucks von Pentade zu Pentade untersuchen wollte, die Unterschiede zwischen den einzelnen aufeinanderfolgenden Pentaden der ganzen 20 Jahre gebildet werden; diese Arbeit ließ sich aber ihres Umfanges wegen hier nicht durchführen. Man mußte sich daher darauf beschränken, die durchschnittliche Veränderlichkeit der in Tabelle 1 enthaltenen 20jährigen Pentadenmittel zu berechnen, d. h. es wurden für jeden Beobachtungspunkt die Differenzen zwischen je zwei aufeinanderfolgenden Pentadenmitteln ohne Rücksicht auf das Vorzeichen gebildet und ihre Summe durch die Zahl der Pentaden, also durch 73 dividiert. Auf diese Weise erhielt man die in Tabelle 3 enthaltenen Werte der mittleren Änderungen für alle Beobachtungspunkte.

Tabelle 3. Durchschnittliche Änderungen der 20jährigen Pentadenmittel des Luftdrucks von Pentade zu Pentade.

Nördl. Breite	Geogr. Länge	mm
70°	70° W	1.31
	60	1.39
	40	1.50
	30	1.56
	20	1.55
	10	1.56
	0	1.51
	10° E	1.61
65°	80° W	1.05
	70	1.31
	60	1.45
	40	1.61
	30	1.67
	10	1.58
	0	1.69
60°	90° W	1.16
	80	1.06
	70	1.18
	60	1.48
	50	1.37
	40	1.51
	30	1.69
	20	1.58
	10	1.67
55°	95° W	1.11
	85	1.12
	75	1.09
	65	1.17
	55	1.35
	45	1.34
	35	1.38
	25	1.57
	15	1.52
50°	100° W	1.21
	90	0.83
	80	1.09
	70	1.14
	60	1.14
	50	1.25
	40	1.25
	30	1.34
	20	1.35
45°	55° W	1.15
	45	1.15
	35	1.19
	25	1.28
	15	1.17
	5	1.05
40°	70° W	0.88
	60	0.96
	50	1.13
	40	1.12

Nördl. Breite	Geogr. Länge	mm
40°	30° W	1.13
	20	1.02
35°	65° W	0.66
	55	0.81
	45	0.83
	35	0.94
	25	0.86
	15	0.71
30°	70° W	0.50
	60	0.56
	50	0.56
	40	0.66
	30	0.63
	20	0.55
20°	70° W	0.26
	60	0.27
	50	0.27
	40	0.30
	30	0.28
	20	0.26
10°	60° W	0.19
	50	0.17
	40	0.21
	30	0.18
	20	0.20

Nördl. Breite	Station	mm
70–75°	Vardö	1.51
65–70°	Bodö	1.65
	Haparanda	1.75
	Uleåborg	1.69
60–65°	Christiansund	1.78
	Hernösand	1.86
	Tammerfors	1.68
	Helsingfors	1.62
	Kuopio	1.59
	Petrosawodsk	1.38
	Kargopol	1.33
	Archangelsk	1.39
55–60°	Stornoway	1 74
	Malin Head	1.70
	Sumburgh Head	1.79
	Aberdeen	1.79
	Shields	1.67
	Skudenes	1.81
	Oxö	1.75
	Vestervig	1.64
	Karlstadt	1.77
	Skagen	1.69
	Kopenhagen	1.55

Nördl. Breite	Station	mm
55–60°	Hammershus	1.47
	Stockholm	1.73
	Wisby	1.66
	Riga	1.55
	Memel	1.52
	Dorpat	1.55
	St. Petersburg	1.49
	Wyschnii-Wolotschek	1.41
	Welikije Luki	1.47
	Moskau	1.34
	Totma	1.28
	Nishnii-Nowgorod	1.22
	Wjatka	1.27
	Kasan	1.33
	Jekaterinburg	1.40
	Tomsk	1.15
50–55°	Valencia	1.57
	Holy Head	1.66
	Pembroke	1.53
	London	1.49
	Spurn Head	1.62
	Helder	1.48
	Vlissingen	1.41
	Helgoland	1.49
	Hamburg	1.41
	Kassel	1.22
	Swinemünde	1.40
	Berlin	1.32
	Prag	1.13
	Neufahrwasser	1.48
	Breslau	1.21
	Krakau	1.16
	Warschau	1.30
	Wilna	1.59
	Pinsk	1.25
	Kiew	1.18
	Charkow	1.18
	Koslow	1.26
	Uralsk	1.18
	Orenburg	1.21
	Omsk	1.23
	Barnaul	1.13
45–50°	Scilly	1.44
	Cherbourg	1.26
	St. Mathieu	1.27
	Ile d'Aix	0.99
	Paris	1.14
	Le Mans	1.10
	Clermont	0.94
	Arlon	1.13
	Karlsruhe	1.02
	Zürich	0.86
	Turin	0.89

Nördl. Breite	Station	mm
45–50°	München	1.00
	Triest	0.86
	Wien	0.99
	Budapest	1.01
	Lemberg	1.11
	Ungvar	0.99
	Hermannstadt	1.03
	Kischinew	1.00
	Jelissawetgrad	1.08
	Odessa	0.99
	Rostow	0.96
	Kertsch	0.85
	Astrachan	0.89
40–45°	Coruña	0.81
	Oporto	0.72
	Biarritz	0.87
	Madrid	0.74
	Cette	0.70
	Barcelona	0.65
	Nizza	0.76
	Iles Sanguinaires	0.66
	Florenz	0.79
	Rom	0.66
	Neapel	0.65
	Lesina	0.75
	Punta d'Ostro	0.70
	Bari	0.67
	Pancsova-Belgrad	0.93
	Sofia	0.92
	Bukarest	0.96
	Konstantinopel	0.73
	Sewastopol	0.79
	Sotschi	0.61
	Tiflis	0.64
	Baku	0.72
35–40°	Lissabon	0.67
	San Fernando	0.59
	Alicante	0.62
	Oran	0.61
	Nemours	0.59
	Palma	0.60
	Ténès	0.60
	Algier	0.60
	Cagliari	0.54
	Bizerte	0.50
	La Calle	0.51
	Palermo	0.55
	Malta	0.49
	Patras	0.59
	Athen	0.70
	Lenkoran	0.68
	Kisil-arwat	0.70
30–35°	Funchal	0.59

Um einen besseren Überblick über ihre Verteilung zu erhalten, wurden sie in eine Karte (Nr. 75) eingetragen. Wir sehen, daß ähnlich wie in der Karte der Luftdruckschwankungen (Nr. 74) die mittlere Änderung von Norden nach Süden abnimmt, doch ist das Bild der Verteilung wesentlich einfacher als dort, da auch auf dem Festlande eine regelmäßige Abnahme von Norden nach Süden stattfindet. Die stärksten durchschnittlichen Änderungen (über 1.8 mm) bemerkt man in einem Gebiet, das sich von der nördlichen Nordsee quer durch Skandinavien erstreckt. Es fällt also nicht mit dem Gebiet stärkster Jahresschwankung des Luftdrucks zusammen. Dagegen liegt ungefähr in der Gegend dieses Gebietes ein sekundäres Maximum der Änderungen von etwa 1.7 mm. Unter 10° nördl. Br. ist die mittlere Änderung sehr gering; denn sie geht dort unter 0.2 mm herunter. Nach Osten hin nimmt die Veränderlichkeit trotz der stark wachsenden Jahresschwankung des Luftdrucks nicht zu. In Barnaul und Tomsk, wo wir die stärkste Jahresschwankung unter den Stationen des Kartengebietes feststellen konnten, wird im Gegenteil die Veränderlichkeit geringer als in gleicher Breite westlich davon. Der jährliche Gang des Luftdrucks an den Orten mit sehr ausgeprägter kontinentaler Lage verläuft eben trotz der größeren Jahresschwankung ruhiger als in den ozeanischen Gegenden, die mitten in den Zugstraßen der Barometerdepressionen liegen.

Welche besonderen Ursachen die sonst auf der Karte sichtbaren Unregelmäßigkeiten im Verlauf der Kurven haben, zumal die Ausbuchtungen der Änderungslinien nach Norden im zentralen Rußland und in der Gegend der Hudsonsbai, muß dahingestellt bleiben.

Die mittlere Änderung von Pentade zu Pentade ist in den Sommermonaten im allgemeinen geringer als in den Wintermonaten. Zu genaueren Angaben dürfte aber das zur Verfügung stehende Material nicht ausreichen. Jedenfalls nehmen die Änderungen im Laufe des Jahres nicht regelmäßig ab und zu. Die Verschiedenheiten im jährlichen Gang der Werte sind so mannigfaltig, daß ein wirklicher Überblick über die Verhältnisse nur durch kartographische Darstellung der Änderungen in den einzelnen Monaten gewonnen werden könnte. Es ist allerdings fraglich, ob diese Arbeit in Anbetracht der den Änderungswerten anhaftenden Unsicherheiten lohnend genug sein würde.

Es wäre nun von Interesse, auch die mittlere Veränderlichkeit der Pentadenmittel, d. h. die durchschnittliche Abweichung der einzelnen Pentadenmittel vom 20jährigen Mittel ohne Rücksicht auf das Vorzeichen für alle Beobachtungspunkte zu untersuchen, wie dies Defant hinsichtlich der Monatsmittel des Luftdrucks getan hat, da man dadurch Anhaltspunkte dafür gewinnen kann, auf welchen Grad der Genauigkeit die Darstellung der Luftdruckverteilung auf Grund zwanzigjähriger Pentadenmittel Anspruch erheben kann. Auf die Durchführung dieser Arbeit mußte aber ihres großen Umfanges wegen Verzicht geleistet werden. Daher soll hier, um wenigstens einen Überblick darüber zu gewinnen, innerhalb welcher Grenzen sich etwa die mittlere Veränderlichkeit des Luftdrucks an den für unsere Karten benutzten Beobachtungsorten bewegt, die Untersuchung nur für zwei Punkte angestellt werden, von denen man annehmen kann, daß sie annähernd die Gegenden mit der größten und der geringsten Veränderlichkeit vertreten. Dies sind die Durchschnittspunkte des 30. Längengrades westlich von Greenwich mit dem 65. und dem 10. Breitengrade. Ersterer liegt im Bereich des isländischen Tiefs, letzterer ist einer der am meisten südlich gelegenen Punkte.

Für die Wahl der beiden Punkte war abgesehen davon, daß sie auf demselben Meridian liegen, maßgebend, daß an ihnen, wie aus Tafel 74 hervorgeht, annähernd die größte und kleinste Jahresschwankung des Luftdrucks auf dem Ozean stattfindet, und daß nach Tafel 75 der nördliche von ihnen in der Gegend des sekundären Maximums der durchschnittlichen Änderung der Luftdruckmittel von Pentade zu Pentade, der südliche in der Gegend der kleinsten Änderung liegt. Daß sowohl die Jahresschwankung des Luftdrucks, als auch die Änderung von Pentade zu Pentade in gewisser Beziehung zu der mittleren Veränderlichkeit steht, kann man wohl annehmen. Ganz eindeutig sind allerdings diese Beziehungen nicht; denn in Barnaul in Sibirien finden wir eine größere Jahresschwankung des Luftdrucks als in 30° west. L. und 65° Br. und trotzdem ist dort, wie die Berechnung ergab, die mittlere Veränderlichkeit fast das ganze Jahr hindurch wesentlich kleiner als an dem zuletzt genannten Punkte. Ferner befindet sich das Maximum der mittleren Änderung von Pentade zu Pentade, wie wir früher sahen, in einem von der nördlichen Nordsee quer durch Skandinavien laufenden Gebiet. Dort liegt Skudenes, für welches die mittlere Veränderlichkeit des Luftdrucks für die erste Pentade eines jeden Vierteljahres berechnet wurde. Ein Vergleich mit den entsprechenden Werten in 30° L. und 65° Br. zeigt, daß in der ersten Pentade des ersten und zweiten Vierteljahres die mittlere Luftdruckveränderlichkeit in Skudenes kleiner, zu Beginn des dritten und vierten Vierteljahres größer ist, als an dem Punkt auf dem Ozean. Im Durchschnitt der vier Pentaden ist sie in Skudenes noch etwas kleiner als auf dem letztgenannten Punkte. Man wird es wohl annehmen können, daß an diesem die mittlere Veränderlichkeit dem Höchstwert zum mindesten nahe kommt. Da in 30° L. und 10° Br. das Minimum der Jahresschwankung des Luftdrucks und das der mittleren Änderung von Pentade zu Pentade nahezu zusammenfallen, kann man ohne weiteres den Schluß ziehen, daß auch die mittlere Veränderlichkeit dort einen der kleinsten Werte innerhalb des Kartengebietes haben wird.

Es wurden also die Werte der mittleren Veränderlichkeit für die beiden obengenannten Punkte auf dem Ozean für alle Pentaden des Jahres berechnet. Sie sind in Tabelle 4 zusammengestellt. Betrachtet man zuerst den nördlichen Punkt, so sieht man, daß trotz der großen Schwankungen der Werte doch ein deutlicher jährlicher Gang vorhanden ist. Am geringsten ist die mittlere Veränderlichkeit im Sommer und zwar speziell im Juli und August. Das Minimum von 2.71 mm wird in der Pentade vom 9.—13. August erreicht. Im Winter sind die Werte bedeutend höher und steigen in den Monaten November bis März zeitweise über 10 mm hinaus. Der höchste Wert mit 11.60 mm kommt der Pentade vom 5.—9. Februar zu. Der Unterschied zwischen den äußersten Beträgen beläuft sich also auf 8.89 mm. Als mittlere Veränderlichkeit der Monatsmittel fand Defant für den gleichen Punkt auf dem Ozean die extremen Werte 7.4 mm im Februar und 2.0 mm im Juli. Die Unterschiede gegenüber der mittleren Veränderlichkeit der Pentadenmittel sind also nicht so groß, wie man vielleicht in Anbetracht des Umstandes, daß der Monat rund sechsmal so lang ist wie eine Pentade, annehmen sollte. Dabei handelt es sich bei dem Betrage von 11.6 mm um den höchsten Pentadenwert im Februar, während im Durchschnitt

Tabelle 4. Mittlere Veränderlichkeit der Pentadenmittel des Luftdrucks (mm).

(Jährlicher Gang.)

| | 30⁰ westl. L. | | | | 30⁰ westl. L. | | | | 30⁰ westl. L. | |
	65⁰ nördl. Br.	10⁰ nördl. Br.			65⁰ nördl. Br.	10⁰ nördl. Br.			65⁰ nördl. Br.	10⁰ nördl. Br.
Januar	1— 5	9.21	0.82	Mai	1— 5	4.66	0.59	Septbr.	3— 7	4.62	0.71
	6—10	8.11	0.68		6—10	4.97	**0.42**		8—12	4.01	0.72
	11—15	10.55	0.83		11—15	5.29	0.46		13—17	3.59	0.56
	16—20	8.91	0.83		16—20	5.48	0.54		18—22	6.20	0.65
	21—25	9.25	0.60		21—25	6.03	0.48		23—27	4.28	0.71
	26—30	8.46	0.83		26—30	5.40	0.54		28— 2	6.95	0.56
Februar	31— 4	8.67	0.72	Juni	31— 4	5.27	0.52	Oktober	3— 7	6.06	0 94
	5— 9	**11.60**	0.78		5— 9	4.63	0.60		8—12	6.70	0.94
	10—14	8.75	0.83		10—14	5.05	0.65		13—17	8.31	0.74
	15—19	10.13	0.89		15—19	6.81	0.76		18—22	7.62	0.77
	20—24	9.03	0.79		20—24	5.32	0.55		23—27	6.54	0.68
	25— 1	10.38	0.82		25—29	3.65	0.66		28— 1	5.80	0.55
März	2— 6	8.09	0.86	Juli	30— 4	2.99	0.68	Novbr.	2— 6	7.67	0.67
	7—11	9.09	0.63		5— 9	4.12	0.78		7—11	6.22	0.63
	12—16	6.20	0.58		10—14	3.35	0.79		12—16	10.02	0.57
	17—21	8.57	0.62		15—19	3.55	0.46		17—21	8.85	0.86
	22—26	11.12	0.71		20—24	2.84	0.84		22—26	5.63	0.68
	27—31	8.51	0.73		25—29	3.84	0.96		27— 1	5.92	0.77
April	1— 5	7.94	0.56	August	30— 3	3.59	0.54	Dezbr.	2— 6	7.44	0.71
	6—10	5.61	0.58		4— 8	4.29	0.93		7—11	6.25	0.76
	11—15	8.50	0.47		9—13	**2.71**	0.86		12—16	7.43	0.56
	16—20	6.44	0.49		14—18	3.29	0.99		17—21	5.67	0.77
	21—25	5 82	0.68		19—23	3.61	0.65		22—26	7.48	**1.16**
	26—30	4.68	0.50		24—28	4.07	0.71		27—31	10.56	0.91
					29— 2	3.34	0.69				

der 6 Februarpentaden die mittlere Veränderlichkeit 9.4 mm beträgt. Hann sagt in seiner Abhandlung über »Die Verteilung des Luftdrucks über Mittel- und Südeuropa«[1]), daß die mittlere Veränderlichkeit der Jahresmittel, da sie aus einer 12 mal längeren Periode abgeleitet ist als die der Monatsmittel, zu der der letzteren sich verhielte wie $1 : \sqrt{12}$ oder $1 : 3.5$. Demnach sollte man erwarten, daß auch die mittlere Veränderlichkeit eines Pentadenmittels ungefähr $\sqrt{6}$ oder 2.45 mal so groß sei als die des zugehörigen Monatsmittels. Entsprechend dem von Defant für den Februar gefundenen Wert von 7.4 würde man also im Durchschnitt für eine Februarpentade als Betrag der mittleren Veränderlichkeit rund 18 errechnen, der ziemlich doppelt so groß ist wie die wirkliche durchschnittliche Veränderlichkeit der sechs Februarpentaden. Auch in allen übrigen Monaten ist die durchschnittliche Veränderlichkeit der Pentadenmittel wesentlich geringer, als man annehmen sollte. Das ist natürlich ein sehr günstiger Umstand, da mit zunehmender Größe der mittleren Veränderlichkeit bei der gleichen Zahl von Beobachtungsjahren auch die Unsicherheit in der Darstellung der Luftdruckverteilung wächst.

Wenn auch bei dem nördlichen Punkte ein deutlicher jährlicher Gang der mittleren Veränderlichkeit bemerkbar ist, so zeigt er doch im Einzelnen sehr starke Schwankungen und zwar ganz besonders in den Monaten November bis März. Ob es sich hier wenigstens teilweise um gewisse Gesetzmäßigkeiten handelt oder ob mit der Zunahme der Beobachtungsjahre diese den jährlichen Gang störenden Schwankungen sich allmählich verringern würden, läßt sich hier nicht entscheiden. Irgendwelche Beziehungen zu den Unregelmäßigkeiten im jährlichen Gang des Luftdrucks in 65⁰ Br. und 30⁰ L. sind nicht nachzuweisen.

An dem südlichen Punkte, in 10⁰ Br. und 30⁰ L., ist ein ausgesprochener jährlicher Gang der mittleren Veränderlichkeit kaum vorhanden. Jedenfalls wird er durch die Unregelmäßigkeiten im Verlauf der Einzelwerte fast ganz verdeckt. Faßt man die Werte der mittleren Veränderlichkeit für jeden Monat zusammen und bildet die Mittel, so kann nur vom Februar bis August von einer gewissen Regelmäßigkeit im Gange die Rede sein. Die Mittelwerte nehmen nämlich vom Februar bis zum Mai fortdauernd ab, um dann bis zum August wieder anzusteigen. In den übrigen Monaten wechseln höhere und niedrigere Werte mit einander ab. Die Beträge der mittleren Veränderlichkeit sind im übrigen, zumal im Vergleich zu den für den nördlichen Punkt gefundenen, sehr gering und gehen nur bei dem Maximalwert 1.16, der in der Pentade vom 22.—26. Dezember eintritt, über 1 mm hinaus. Am kleinsten ist die Veränderlichkeit in der Pentade vom 6.—10. Mai, in der sie nur 0.42 beträgt. Es besteht also eine Schwankung von 0.74 mm. Auch hier bemerken wir wieder, daß gegenüber der mittleren Veränderlichkeit der Monatsmittel, wie sie Defant gefunden hat, die Werte für die Pentadenmittel nicht in dem zu erwartenden Maße größer geworden sind. Im Mai ist sogar der durchschnittliche Betrag der mittleren Veränderlichkeit in einer Pentade ebenso groß wie der, den Defant für den ganzen Monat berechnet hat, nämlich 0.5, und im Dezember ist im Mittel die Veränderlichkeit einer Pentade 0.8, die des ganzen Monats 0.6.

---

[1]) Wien 1887. S. 66.

Wir haben eben gesehen, daß die mittlere Veränderlichkeit in 30° L. auf dem 65. Breitengrade weit größer ist als auf dem 10. Nach den Untersuchungen, die Defant an den Monatsmitteln angestellt hat, besteht eine ausgesprochene Abhängigkeit der mittleren Veränderlichkeit von der geographischen Breite. Sie ist am größten zwischen 60 und 65° Br. und nimmt von da nicht nur nach Süden, sondern auch, wenn auch nicht in gleichem Maße, nach Norden hin ab. In west-östlicher Richtung ist sie wieder durchschnittlich am größten im zentralen Teile des Ozeans, von wo aus sie nach beiden Seiten hin sich etwas verringert. Die vorhin gemachte Annahme, daß ungefähr in 30° westl. L. und 65° Br. die größte mittlere Luftdruckveränderlichkeit zu finden ist, stimmt also mit den Ergebnissen Defants überein. Da es hier leider nicht möglich war, eine so ausführliche Untersuchung, wie sie Defant an den Monatsmitteln angestellt hat, auch bezüglich der Pentadenmittel vorzunehmen, soll hier nur an einem Beispiel gezeigt werden, in welcher Weise sich die mittlere Veränderlichkeit in den verschiedenen Breiten ändert und zwar wieder für den 30. Längengrad. Die Untersuchung soll geführt werden für die vier ersten Vierteljahrespentaden, damit man ungefähr einen Überblick darüber erhält, wie die Änderungen im Laufe des Jahres erfolgen.

Tabelle 5. Vergleich zwischen der mittleren Veränderlichkeit des
Luftdrucks in verschiedenen Breiten auf 30° westl. L.

Pentaden	Nördl. Breite							
	70°	65°	60°	50°	40°	30°	20°	10°
1.—5. Januar . .	7.8	9.2	10.3	7.2	5.0	3.9	1.7	0.8
1.—5. April . . .	7.4	7.9	6.5	3.9	3.8	2.7	0.9	0.6
30. Juni bis 4. Juli	2.7	3.0	3.6	3.1	2.3	1.0	0.7	0.7
3.—7. Oktober . .	5.1	6.1	5.6	6.7	3.5	1.8	0.9	0.9

Aus Tabelle 5, in der die Werte der mittleren Veränderlichkeit zusammengestellt sind, ersieht man, daß, wie auch Defant festgestellt hat, im Durchschnitt in 65° und 60° Br. die Werte am größten sind. In zwei Pentaden sind sie in 65° Br. größer, in den beiden anderen kleiner als in 60° Br. In der Pentade vom 5. bis 9. Februar, in der unter 65° Br. der Höchstwert von 11.6 eintritt, beträgt die mittlere Veränderlichkeit in 60° Br., wie eine besondere Berechnung ergab, nur 9.1. Wenn nun auch die Möglichkeit vorliegt. daß in 60° Br. der jährliche Gang der mittleren Veränderlichkeit etwas anders ist als in 65° Br., so darf man doch mit einer gewissen Wahrscheinlichkeit annehmen, daß der Betrag 11.6 dem absoluten Höchstwert der Veränderlichkeit eines Pentadenmittels sehr nahe entsprechen wird.

Unter dem 70. Breitengrade ist die mittlere Veränderlichkeit in allen vier Pentaden kleiner als unter dem 65. Breitengrade. Südlich vom 60. Breitengrade werden die Werte fast durchweg mit abnehmender Breite kleiner. Nur in der Pentade vom 3.—7. Oktober tritt in 50° Br. ein höherer Wert auf als in den übrigen Breiten. Wahrscheinlich hängt dies aber lediglich mit Unterschieden im jährlichen Gange zusammen. Im Durchschnitt ist unstreitig die mittlere Veränderlichkeit in 50° Br. geringer als in 60° Br. Übrigens kommen auch bei den Monatsmitteln des Luftdrucks, wie die Defantschen Tabellen zeigen, kleine Unregelmäßigkeiten in der Abnahme der Veränderlichkeit nach Süden hin vor.

6. Die wahrscheinlichen Fehler der zwanzigjährigen Pentadenmittel.

Die Berechnung der mittleren Veränderlichkeit gibt uns auch die Möglichkeit, die wahrscheinlichen Fehler der zwanzigjährigen Pentadenmittel festzustellen. Allerdings ist ja die Fehlerrechnung nur unter der Bedingung zulässig, daß die Abweichungen der einzelnen Pentadenmittel vom Mittelwert dem Gesetz der zufälligen Fehler Genüge leisten. Nach Cornu ist das der Fall, wenn das doppelte Quadrat des mittleren Fehlers dividiert durch das Quadrat des durchschnittlichen Fehlers gleich der Zahl π ist. Natürlich wird man. sofern man nicht eine sehr lange Beobachtungsreihe zur Verfügung hat, nicht erwarten dürfen, daß nun in jedem Einzelfalle der Wert genau gleich π ist, sondern es wird schon genügen, daß er dieser Zahl nahe kommt und daß die Abweichungen davon nicht einseitig, sondern bald positiv, bald negativ sind.

Zur Prüfung sind die Pentadenmittel für 30° westl. L. und 65° sowie 10° nördl. Br. verwendet worden und zwar von denjenigen Pentaden, in denen die größte und die geringste Veränderlichkeit im Jahre eintritt. Für 65° Br. sind dies die Pentaden vom 5.—9. Februar und vom 9.—13. August, und für 10° Br. die Pentaden vom 22.—26. Dezember und vom 6.—10. Mai. Wir erhalten nach dem Satze von Cornu nach einander die Werte 3.14, 3.04, 3.31 und 3.08, also Zahlen, die dem Wert π teils entsprechen, teils nahe kommen. Das Mittel der vier Zahlen beträgt 3.14, ist also dem Wert von π vollkommen gleich.

Defant bedient sich eines anderen Verfahrens zur Prüfung der Frage, ob den Luftdruckschwankungen der Charakter der zufälligen Störungen zukommt. Berechnet man nämlich aus einer Reihe von Mittelwerten ohne Rücksicht auf das Vorzeichen einerseits die mittlere Differenz d je zweier aufeinander folgenden Werte, andererseits die mittlere Abweichung w vom Gesamtmittel, so muß das Verhältnis d : w eine konstante Größe und zwar gleich $\sqrt{2} = 1.41$ sein, wenn die Unterschiede zweier aufeinander folgenden Zahlen völlig unabhängig von einander sind. Auch diese Prüfung wurde noch durchgeführt und zwar an den Pentadenmitteln der vier ersten Vierteljahrespentaden für den Schnittpunkt zwischen 65° Br. und 30° L. Es ergaben sich für das Verhältnis d : w folgende vier Werte: 1.26, 1.53, 1.39 und 1.52. Die Abweichungen von dem Grenzwert sind also nicht allzu erheblich und zur Hälfte größer, zur Hälfte kleiner als dieser. Das Mittel der vier Zahlen beträgt 1.42, kommt also dem Normalwert ganz nahe. Jedenfalls wird man also nach diesen Ergebnissen ohne Bedenken den wahrscheinlichen Fehler der zwanzigjährigen Pentadenmittel berechnen dürfen.

Da es hier nur darauf ankommt, festzustellen, innerhalb welcher Grenzen etwa der wahrscheinliche Fehler sich bewegt, soll er nur für die beiden Punkte mit der vermutlich größten und kleinsten mittleren Veränderlichkeit des Luftdrucks berechnet werden, also wieder für die beiden Schnittpunkte des 30. Längengrades mit dem 65. und 10. Breitengrade, und nur für die Pentaden, in denen der höchste und der geringste Wert der Veränderlichkeit eintritt, mithin wieder für die Pentaden vom 5.—9. Februar und 9.—13. August einerseits und die vom 22.—26. Dezember und 6.—10. Mai andererseits. Für den erstgenannten Punkt erhalten wir als Grenzwert des wahrscheinlichen Fehlers nach der streng gültigen Gaußschen Formel 2.19 und 0.50 mm und für den zweiten Punkt 0.21 und 0.08 mm. Die vereinfachte Fechnersche Formel, die nur für Reihen von mehr als 20 Gliedern hinreichend genaue Ergebnisse erzielen soll, liefert nur unbedeutend höhere Werte, z. B. statt 2.19 2.22. sodaß sie auch noch im vorliegenden Fall anwendbar wäre.

Wir sehen also, daß die Unsicherheit der zwanzigjährigen Pentadenmittel einen recht hohen Betrag erreichen kann, wir müssen uns aber auch vor Augen halten, daß es sich bei dem wahrscheinlichen Fehler von 2.2 mm um einen Maximalbetrag handelt und daß schon im Sommer an dem Punkte größter mittlerer Veränderlichkeit weit geringere Werte in Frage kommen. Geht man weiter nach Süden, so nimmt der wahrscheinliche Fehler stark ab, sodaß er in 10° Br. nur noch zwischen 0.1 und 0.2 mm schwankt.

Defant hat als größten wahrscheinlichen Fehler der 25jährigen Monatsmittel in 65° Br. 1.27 mm gefunden, d. h. rund drei Fünftel des oben angegebenen Höchstbetrages. Der Unterschied ist also in Anbetracht des Umstandes, daß es sich bei den Pentaden nur um 20jährige Mittel und um den sechsten Teil eines Monats handelt, garnicht so erheblich. In 10° Br. verschwindet er überhaupt so gut wie ganz.

Gewöhnlich wirft man nun noch die Frage auf, wieviel Beobachtungsjahre notwendig sind, um den wahrscheinlichen Fehler auf einen bestimmten Betrag herabzudrücken. Würde man die Forderung stellen, daß der wahrscheinliche Fehler nur noch 0.1 mm betragen sollte, so wären bei dem Maximalfehler von 2.19 mm nicht weniger als rund 9600 Beobachtungsjahre notwendig, um diese Genauigkeit zu erreichen. Das bedeutet natürlich, praktisch genommen, daß eine solche Genauigkeit in dem angegebenen Falle überhaupt nicht zu erzielen ist. Selbst wenn man sich mit einer Genauigkeit von 0.5 mm begnügen wollte, wären immer noch 381 Beobachtungsjahre erforderlich. Um den kleinsten wahrscheinlichen Fehler in 65° Br. und 30° L., nämlich 0.5 mm, auf 0.1 mm zu vermindern, wären 500 Beobachtungsjahre nötig. In 10° Br. genügten dagegen schon 88 Jahre, um den größten wahrscheinlichen Fehler von 0.21 mm auf 0.1 mm herunterzudrücken. Im südlichen Teile des Kartengebietes sind 20 Beobachtungsjahre offenbar schon ausreichend, um ein hinlänglich genaues Bild der Luftdruckverteilung zu erhalten, dagegen würde man daran verzweifeln müssen, die Luftdruckverteilung im Norden selbst auf Grund längerer Beobachtungsreihen einigermaßen zuverlässig darzustellen, wenn nicht ein günstiger Umstand die Aussichten dafür verbesserte. Zum Glück ist nämlich die Veränderlichkeit der Luftdruckdifferenzen zwischen nicht allzu entfernt von einander gelegenen Orten wesentlich kleiner, als die Veränderlichkeit der Luftdruckwerte selbst. Wenn es also auch nicht möglich ist, im Norden des Atlantischen Ozeans selbst bei Verwendung längerer Beobachtungsreihen ein Bild der mittleren Luftdruckverteilung zu entwerfen, das als absolut richtig und für alle Zeiten gültig angesehen werden könnte, so wird sich doch die relative Luftdruckverteilung erheblich sicherer darstellen lassen.

Die größere Beständigkeit der Luftdruckdifferenzen gegenüber der Veränderlichkeit der Luftdruckwerte selbst wird man am besten für diejenigen Gegenden nachzuweisen suchen, in denen die Veränderlichkeit des Luftdrucks am größten ist. Betrachten wir daher die Schnittpunkte des 30. Grades westl. L. mit dem 65. und 60. Breitengrade und die Pentade vom 5.—9. Februar, in der die Veränderlichkeit am ersten Punkte den höchsten Wert, nämlich 11.6 hat, gegenüber dem Betrage von 9.1 am zweiten Punkte, so ist die mittlere Veränderlichkeit der Luftdruckdifferenzen zwischen den beiden Punkten nur 5.2, also trotz einer Entfernung von 557 km noch nicht halb so groß wie am ersten Punkte. Die wahrscheinlichen Fehler der zwanzigjährigen Pentadenmittel sind, wenn man der Einfachheit halber die Fechnersche Formel verwendet, 2.22 und 1.74, derjenige der mittleren Luftdruckdifferenz aber nur 1.0 mm. Es ist dabei zu berücksichtigen, daß das ungefähr der größte wahrscheinliche Fehler für eine Luftdruckdifferenz zwischen zwei 5 Breitengrade von einander entfernten Punkten ist. Wesentlich geringer wird der wahrscheinliche Fehler der Luftdruckdifferenzen noch, wenn man Punkte auf demselben Breitengrade wählt. Der nächste westlich vom Schnittpunkt zwischen 30° L. und 65° Br. gelegene Beobachtungspunkt auf 40° L. hat in der Pentade vom 5.—9. Februar eine mittlere Luftdruckveränderlichkeit von 10.5 gegenüber 11.6 auf dem ersten Punkte. Die mittlere Veränderlichkeit der Luftdruckdifferenzen zwischen den beiden Punkten beträgt aber nur 1.8 und der wahrscheinliche Fehler der mittleren Differenz 0.35 mm. Die Entfernung zwischen den beiden Punkten ist allerdings etwas geringer als zwischen dem 65. und 60. Breitengrade, nämlich nur 467 km, aber auch bei dem 20° weiter östlich auf dem 65 Breitengrade und 10 Längengrade gelegenen Punkte beträgt die mittlere Veränderlichkeit der Luftdruckdifferenzen gegenüber dem Punkte auf 30° L. trotz der bedeutend größeren Entfernung von 935 km in der gleichen Pentade erst 5.34 und der wahrscheinliche Fehler des Mittels 1.02 mm, ist also ungefähr ebenso groß wie bei der geringeren nordsüdlichen Entfernung von 557 km. Geht man von dem Schnittpunkte des 60. Breitengrades mit dem 30. Längengrade 10° weiter nach Osten, also bis zum Schnittpunkte mit 20° L. und bildet wieder die Differenzen der Pentadenmittel, so beträgt der wahrscheinliche Fehler der mittleren Differenz in der Pentade vom 5.—9. Februar bei einer Entfernung von 556 km 0.60 mm, ist also bei gleicher Entfernung auch wieder wesentlich kleiner als der wahrscheinliche Fehler der Luftdruckdifferenz zwischen 60 und 65° Br. auf 30° L., der 1.0 mm betrug.

Im Sommer sind natürlich die mittleren Veränderlichkeiten der Luftdruckdifferenzen und dementsprechend auch die wahrscheinlichen Fehler noch kleiner. Man kann aber auch hier nachweisen, daß in nordsüdlicher Richtung die Werte größer sind, als in westöstlicher. In der Pentade vom 9.—13. August beträgt der wahrscheinliche Fehler der Luftdruckdifferenz zwischen 65 und 60° Br. auf 30° L. 0.58, zwischen 30 und 40° L. auf 65° Br. aber nur noch 0.27 mm, wobei allerdings die etwas geringere Entfernung im letzteren Falle zu berücksichtigen ist.

Zur Ergänzung möge hier noch untersucht werden, wie sich die Veränderlichkeit der Pentadenmittel-differenzen zu der der Pentadenmittel selbst in dem südlichsten Teile des Kartengebietes verhält. Wie wir schon früher sahen, ist in 10° Br. und 30° westl. L. die mittlere Veränderlichkeit der Pentadenmittel in der Pentade vom ·22.—26. Dezember, wo sie den höchsten Wert erreicht, 1.16 und der wahrscheinliche Fehler des Mittelwertes (nach der Fechnerschen Formel) 0.22 mm. In 20° Br. und 30° L. ist die mittlere Veränderlichkeit in der gleichen Pentade 1.55 und der wahrscheinliche Fehler 0.30 mm. Für die Pentadenmitteldifferenzen ergibt sich aber eine mittlere Veränderlichkeit von nur 0.75 und ein wahrscheinlicher Fehler von 0.14 mm. Dabei ist zu berücksichtigen, daß die beiden Punkte mehr als 1100 km von einander entfernt liegen. Für die Differenzen in westöstlicher Richtung erhält man keine merklich kleineren Werte der mittleren Veränderlichkeit.

Ziehen wir noch einmal kurz das Ergebnis aus den vorstehenden Untersuchungen, so können wir feststellen, daß die relative Verteilung des Luftdrucks sich unbedingt wesentlich sicherer darstellen läßt, als die absolute. Im Winter sind ja im nördlichen Teile des Ozeans auch die Unsicherheiten der relativen Druckverteilung noch recht erheblich, immerhin darf man aber annehmen, daß bei den starken in dieser Jahreszeit herrschenden Luftdruckgradienten die Karten die mittleren Verhältnisse in den Hauptzügen richtig wiedergeben. Im Sommer liegen die Verhältnisse wesentlich günstiger und je weiter man nach Süden kommt, um so zuverlässiger wird auch im Winter die Darstellung. Vergleicht man den das europäische Gebiet umfassenden Teil unserer Karten mit denen von Freybe und Alt, so ist die Übereinstimmung mit der Freybeschen Darstellung sehr gut, was bei der Verwendung fast gleichzeitiger Beobachtungsreihen erklärlich ist; aber auch mit den Karten von Alt, der eine 10 Jahre längere Periode benutzte, herrscht befriedigende Übereinstimmung. Wenn in den Altschen Karten die Kurven glatter verlaufen, so dürfte das auf die wesentlich geringere Zahl der benutzten Stationen und auf die von Alt vorgenommene Ausgleichung der Pentadenmittel zurückzuführen sein. Im vorliegenden Falle ist auf einen Ausgleich, der ja bei den oft starken und scheinbar regellosen Schwankungen im jährlichen Gange des Luftdrucks nahe lag, Verzicht geleistet worden, da doch die Möglichkeit vorlag, daß charakteristische Eigentümlichkeiten des jährlichen Luftdruckganges, deren Ursachen nicht näher bekannt sind, dadurch abgeschwächt würden. Es sei hier nur an den jährlichen Temperaturgang erinnert, dessen Störungen, die sich ja auch in langjährigen Mittelwerten zeigen, durch ein Ausgleichsverfahren zum Teil verwischt werden würden.

7. Die Beziehungen der Luftdruckverteilung zu den Störungen im jährlichen Gange der Temperatur.

Bekanntlich geht der Anstieg und die Abnahme der Temperatur im Laufe des Jahres nicht ganz regelmäßig vor sich, vielmehr zeigen sich zu gewissen Zeiten auch im Mittel langjähriger Beobachtungsreihen Unterbrechungen, die sich in Temperaturrückgängen im aufsteigenden Ast der Jahreskurve und in Temperaturerhöhungen im absteigenden Ast äußern. Nach den Untersuchungen Hellmanns[1]) kann man annehmen, daß solche Abweichungen, wenn auch in verschiedener Weise,. sich im Bereich der ganzen gemäßigten Zone, ja sogar auch in den Tropen geltend machen.

Es liegt nun nahe, die Ursachen dieser Anomalien im jährlichen Gange in der Luftdruckverteilung zu suchen, und es liegen auch in der Tat schon Arbeiten vor, die diesen Zusammenhang für gewisse Störungen im Temperaturverlauf nachweisen.

Wenn bisher diese Untersuchungen nicht auf alle bedeutenden Unterbrechungen im jährlichen Temperaturgange ausgedehnt sind, so dürfte dies nicht zum wenigsten daran liegen, daß die Darstellung der mittleren Luftdruckverteilung eine sehr zeitraubende Arbeit ist. Infolgedessen ist sie in den beiden wichtigsten diese Störungen betreffenden Abhandlungen von W. Marten über die Kälterückfälle im Juni und A. Lehmann über den »Altweibersommer«, auf die später zurückzukommen sein wird, auch nur für den Zeitraum von zehn Jahren ausgeführt worden.

---

[1]) **Hellmann**, Störungen im jährlichen Gange der Temperatur in Deutschland. (Sitzungsber. d. Preuß. Akademie d. Wissensch. 1923. II.)

Die hier veröffentlichten Pentadenkarten des Luftdrucks, die ja auf zwanzigjährigen Beobachtungen beruhen, gewähren nun die Möglichkeit, die Untersuchungen über die Beziehungen zwischen den Störungen im jährlichen Temperaturgange und der Luftdruckverteilung auf alle bedeutenden Abweichungen des Temperaturverlaufs auszudehnen. Allerdings kann es sich im Rahmen dieser Arbeit nicht um eine ausführliche Behandlung des Gegenstandes, sondern nur um eine kurze Erörterung der einschlägigen Verhältnisse handeln, die sich lediglich auf das Gebiet von Deutschland erstrecken soll.

Entsprechend der Darstellung der Luftdruckverteilung auf Grund von Pentadenmitteln müssen natürlich auch für die Temperatur Pentadenmittel zum Vergleich herangezogen werden. Nun sind zwar von 30 deutschen Stationen 60jährige Pentadenmittel der Temperatur für den Zeitraum 1851—1910 im Klima-Atlas von Deutschland veröffentlicht worden, wenn man aber die mittlere Luftdruckverteilung für 1890—1909 mit den mittleren Lufttemperaturen in Beziehung setzen soll, ist es nötig, für letztere die gleiche Beobachtungsperiode zu wählen, da die Unregelmäßigkeiten im jährlichen Gange der Temperatur, wie Hellmann nachgewiesen hat[1]), keinen ganz unveränderlichen Charakter tragen, sondern je nach der Wahl der Beobachtungsperioden sich zeitlich etwas verschieben oder auch in einzelnen Fällen überhaupt ausbleiben können. Da es für die Zwecke eines Überblicks genügt, den jährlichen Gang von einigen wenigen über ganz Deutschland verteilten Orten zu kennen, wurden die Pentadenmittel der Temperatur von folgenden 6 Stationen für den Zeitraum 1890—1909 berechnet: Tilsit, Breslau, Berlin, Emden, Darmstadt und München. Sie sind in Tabelle 6 enthalten, in der auch zum Vergleich die 60jährigen Pentadenmittel (1851—1910) mit aufgenommen sind.

Die erste größere Störung im Temperaturverlauf, ein Kälterückfall, tritt im Februar ein. Betrachtet man die Pentadenmittel 1890—1909, so sieht man, daß nach einem allgemeinen starken Temperaturanstieg Ende Januar bei den Stationen Berlin, Emden, Darmstadt und München in der ersten Februarpentade ein Temperaturrückgang einsetzt, der allerdings bei den zwei letzten Stationen nur geringfügig ist. Bei Tilsit und Breslau bleibt die Temperatur zunächst unverändert, um dann bis zur Pentade vom 15.—19. Februar abzunehmen. In Berlin und Emden tritt die tiefste Temperatur schon in der zweiten Pentade ein, zeigt aber erst in der Pentade vom 20.—24. Februar einen Zuwachs gegenüber der Temperatur in der letzten Januarpentade. In Darmstadt und München bleibt die Temperatur in der zweiten Februarpentade gegenüber der ersten unverändert und steigt dann wieder an. Im Mittel der Jahre 1851—1910 sind die Verhältnisse gleichmäßiger. Der tiefste Temperaturstand tritt bei allen Stationen in der Pentade vom 10.—14. Februar ein.

Betrachtet man nun die Luftdruckverteilung in der angegebenen Zeit, so findet man, daß in der letzten Januarpentade zwischen dem südlichen Hochdruckgebiet, dessen Kern an der Westseite der iberischen Halbinsel liegt, und dem nördlichen Tief westlich von Nordskandivien ein starker Gradient besteht, der ein erhebliches Einströmen ozeanischer Luft nach Mitteleuropa bedingt. In der nächsten Pentade vom 31. Januar bis 4. Februar hat sich jedoch das Bild nicht unwesentlich dadurch verändert, daß der Gradient infolge Verringerung des Druckes im Maximum um etwa 4 mm und Ansteigens im Minimum um ungefähr 6 mm erheblich schwächer geworden ist. Dabei zeigen die Isobaren über der Ostsee eine Ausbuchtung nach Süden, die sich auch im Verlauf der Isobaren über Mitteleuropa bemerkbar macht, sodaß sie dort ungefähr die Richtung WNW—ESE haben. In der folgenden Pentade vom 5.—9. Februar wird die Ausbuchtung über der nördlichen Ostsee noch stärker, und in der Pentade vom 10.—14. Februar hat sie sich zu einem ausgesprochenen Teilminimum über dem finnischen Meerbusen entwickelt. Nach dem südlichen und mittleren Deutschland reicht ein Ausläufer des Azorenmaximums hinein. Auch in der Pentade vom 15.—19. Februar ist das sekundäre Minimum noch deutlich erkennbar; doch ist der Druck allgemein gestiegen und der Gradient nur schwach.

Aus dem Auftreten der Isobarenausbuchtung über der Ostsee könnte man den Schluß ziehen, daß in der fraglichen Zeit eine Neigung zur Tiefdruckbildung über dem Ostseegebiet bestände. Dadurch würde Luft aus nördlichen Gegenden herbeigeführt werden, die in Deutschland Abkühlung bewirkte. Anderseits könnte aber auch das Vordringen hohen Druckes nach Deutschland hinein Aufheiterung und Abkühlung infolge Ausstrahlung hervorrufen. Um die Frage noch weiter zu klären, habe ich für die Station Berlin untersucht, auf welche Luftdruckverteilung in jedem Jahre während der Zeit von 1890—1909 die Temperaturrückgänge im Februar zurückzuführen waren. Es muß genügen, wenn an dieser Stelle nur die Endergebnisse dieser Untersuchung mitgeteilt werden.

Die Kälterückfälle können sich nahezu über den ganzen Februar verteilen und treten in den einzelnen Jahren mit sehr verschiedener Stärke auf. Anscheinend ganz ähnliche Wetterlagen rufen keineswegs gleich starke Kälterückfälle hervor. Eine große Rolle spielt dabei anscheinend der ganze Charakter des Winters, vor allem aber die Schneebedeckung. Im 20jährigen Mittel ist der kälteste Tag im Februar der 13., während die kälteste Pentade die vom 5.—9. Februar ist, von der sich allerdings die nächste Pentade nur um einen 0.1° höheren Betrag unterscheidet. Die Ursachen der Kälterückfälle sind sehr verschieden. · Ein Minimum über der Ostsee ist zwar in einigen Fällen vorhanden, doch ist meist die Lage der Hochdruckgebiete für das Zustandekommen der Kälterückfälle von entscheidender Bedeutung. Eine häufige Ursache der Temperaturrückgänge ist ein über Deutschland liegendes Hochdruckgebiet mit geringer Luftbewegung. Die Abkühlung erfolgt dann durch Ausstrahlung gegen den vorwiegend heiteren Himmel. Im übrigen liegt das Hochdruckgebiet ziemlich gleich

---

[1]) A. a. O.

Tabelle 6. Fünftägige Temperaturmittel (1890—1909).

		Tilsit		Breslau		Berlin		Emden		Darmstadt		München	
		1890-1909	1851-1910	1890-1909	1851-1910	1890-1909	1851-1910	1890-1909	1851-1910	1890-1909	1851-1910	1890-1909	1851-1910
Januar	1— 5	-4.9	-4.5	-3.3	-2.3	-1.7	-0.6	-0.6	0.5	-1.0	0.3	-4.0	-3.2
	6—10	-4.3	-3.8	-1.3	-1.5	-0.4	-0.2	0.6	0.8	0.1	1.0	-2.6	-2.6
	11—15	-3.6	-4.0	-1.7	-2.1	-0.4	-0.7	0.2	0.2	-0.5	0.2	-3.3	-3.1
	16—20	-3.6	-3.8	-1.7	-1.6	-0.3	-0.2	0.8	0.7	0.4	0.6	-3.1	-3.1
	21—25	-4.5	-3.5	-1.3	-1.1	-0.1	0.2	0.5	0.7	0.6	0.9	-2.2	-2.6
	26—30	-2.4	-3.3	0.0	-0.4	1.0	0.8	1.6	1.1	1.2	1.4	-1.5	-2.0
Februar	31— 4	-2.4	-3.4	0.0	-0.6	0.7	0.6	1.0	1.2	1.1	1.9	-1.7	-1.4
	5— 9	-3.1	-3.7	-0.7	-0.8	0.3	0.6	0.6	1.3	1.1	1.7	-1.7	-1.5
	10—14	-3.9	-4.3	-0.8	-1.8	0.4	-0.2	1.2	0.8	1.4	1.3	-1.2	-2.0
	15—19	-4.1	-3.5	-1.0	-0.7	0.8	1.0	1.3	1.5	1.6	2.5	-1.3	-1.0
	20—24	-2.6	-3.1	0.6	0.1	1.6	1.3	1.8	1.6	2.4	2.6	-0.6	-0.6
	25— 1	-1.7	-2.2	1.7	1.0	2.3	2.0	2.2	2.0	3.6	3.6	0.6	0.6
März	2— 6	-1.3	-1.9	1.3	0.9	2.0	2.1	2.1	2.2	2.9	3.6	0.4	0.4
	7—11	-0.8	-1.4	2.6	2.1	3.3	3.1	2.8	2.8	4.7	4.7	2.4	1.9
	12—16	0.3	-1.3	3.5	1.8	4.0	2.8	3.4	2.7	5.1	4.4	2.9	1.7
	17—21	0.8	-0.5	4.7	3.0	5.4	3.8	4.5	3.4	6.2	5.4	4.4	3.0
	22—26	1.1	0.2	4.4	3.3	5.2	4.3	4.6	3.9	6.2	5.7	4.1	3.0
	27—31	2.3	2.2	5.8	5.2	6.3	6.0	5.1	5.1	7.1	7.2	5.1	4.6
April	1— 5	2.9	3.1	5.5	6.0	6.0	6.8	5.3	5.8	7.7	8.3	5.2	5.6
	6—10	4.4	4.3	7.5	7.0	8.1	7.7	6.7	6.5	9.1	9.1	6.4	6.4
	11—15	5.1	5.0	7.8	7.4	7.8	7.8	6.7	6.7	9.4	9.3	7.4	6.8
	16—20	6.1	5.9	8.3	8.1	8.4	8.6	6.9	7.5	9.4	10.2	7.5	7.5
	21—25	6.3	6.8	9.0	9.2	9.5	9.6	8.1	8.1	10.6	10.9	8.3	8.3
	26—30	9.0	7.9	10.3	9.6	10.7	9.9	8.4	8.0	10.8	10.9	8.9	8.8
Mai	1— 5	10.2	9.0	11.6	10.4	11.6	10.6	9.4	8.8	11.6	11.6	9.9	9.3
	6—10	11.2	9.6	12.6	11.5	13.0	11.9	10.9	10.1	12.5	12.5	10.2	10.1
	11—15	11.1	10.7	13.5	13.0	13.9	13.2	11.1	10.9	13.8	13.6	11.6	11.1
	16—20	12.2	12.0	13.9	13.7	13.3	13.8	10.9	11.6	13.3	14.3	11.6	12.1
	21—25	13.3	12.9	14.6	14.3	14.5	14.7	12.4	12.5	14.9	15.2	12.9	12.8
	26—30	13.8	13.6	15.8	15.4	15.9	15.6	13.4	13.2	15.9	16.2	13.6	13.6
Juni	31— 4	15.3	15.1	17.8	16.7	18.0	17.3	15.4	14.7	17.8	17.6	15.2	15.0
	5— 9	14.6	15.6	16.3	17.1	16.7	17.5	13.7	14.5	16.8	17.7	15.0	15.3
	10—14	14.9	15.7	16.0	16.7	16.3	16.8	13.8	14.4	16.2	17.0	14.3	14.8
	15—19	15.4	16.1	16.8	16.6	17.4	17.1	14.4	14.8	16.9	17.1	14.8	14.7
	20—24	16.4	16.4	17.3	17.1	17.5	17.6	15.4	15.7	17.7	18.1	16.0	15.6
	25—29	16.5	16.6	18.2	17.8	18.6	18.2	15.7	16.0	18.5	18.7	16.5	16.2
Juli	30— 4	17.2	17.0	18.9	18.2	18.8	18.4	15.7	15.9	18.8	18.6	17.5	16.5
	5— 9	16.8	17.1	17.9	18.1	18.0	18.2	15.4	16.1	17.9	18.7	16.2	16.5
	10—14	17.5	17.7	18.1	18.3	18.5	18.9	16.0	16.7	18.4	19.2	16.5	16.8
	15—19	17.8	17.9	19.3	19.0	19.2	19.3	16.5	17.0	19.4	19.9	18.1	17.7
	20—24	17.6	17.8	19.1	19.1	19.0	19.2	16.4	17.1	18.9	19.7	17.4	17.5
	25—29	18.1	18.2	19.6	19.1	19.6	19.3	16.8	16.9	19.5	19.4	18.1	17.3
August	30— 3	17.8	17.9	18.6	18.7	18.7	18.7	16.2	16.8	18.2	18.8	16.9	17.0
	4— 8	17.2	17.2	19.1	18.6	18.9	18.8	16.1	16.6	18.6	19.0	17.2	16.8
	9—13	16.6	17.0	18.2	18.2	18.2	18.4	16.1	16.6	18.0	18.9	16.7	16.7
	14—18	16.3	16.5	18.6	18.1	18.6	18.4	16.3	16.7	18.9	18.8	17.4	16.8
	19—23	16.2	16.2	18.5	17.9	18.4	18.2	15.9	16.3	18.3	18.4	17.0	16.2
	24—28	15.2	15.1	17.2	17.0	16.9	17.2	14.8	15.6	17.2	17.7	16.3	15.7
	29— 2	14.2	14.7	16.7	16.5	16.2	16.5	15.0	15.2	16.5	17.0	15.3	15.2
September	3— 7	13.5	14.4	15.8	16.2	16.0	16.4	14.6	15.0	16.2	16.9	14.6	14.8
	8—12	12.6	13.4	14.8	15.1	14.8	15.4	13.8	14.0	15.4	15.6	14.3	13.8
	13—17	11.7	12.4	13.8	13.9	13.9	14.4	13.4	13.7	14.0	14.8	12.6	12.8
	18—22	11.4	11.3	13.0	13.1	13.5	13.6	13.0	12.8	13.5	14.0	12.0	12.1
	23—27	10.7	10.8	13.2	12.6	13.4	13.0	12.5	12.3	13.6	13.3	12.3	11.3
	28— 2	11.6	11.0	13.8	13.1	13.7	13.3	12.4	12.3	13.5	13.4	12.3	11.4
Oktober	3— 7	10.0	9.2	12.3	11.3	12.0	11.5	11.1	11.0	12.0	12.0	11.3	10.1
	8—12	8.7	8.5	10.8	10.5	11.1	10.8	10.6	10.3	10.7	10.9	9.4	9.0
	13—17	7.6	7.5	10.1	9.7	9.8	9.8	9.2	9.1	9.6	10.0	8.9	8.1
	18—22	5.6	6.1	7.7	8.2	7.9	8.6	8.0	8.3	8.4	9.0	6.8	7.1
	23—27	5.2	5.3	7.0	7.1	7.3	7.6	7.7	7.5	7.6	8.1	6.1	6.1
	28— 1	4.9	4.2	7.2	6.5	7.4	7.0	7.3	6.9	7.7	7.5	5.8	5.1
November	2— 6	4.5	3.7	5.9	5.2	6.2	5.9	6.4	6.1	6.6	6.5	4.8	3.9
	7—11	3.2	2.7	4.8	4.4	5.2	5.0	5.6	5.2	5.4	5.6	3.9	3.1
	12—16	1.2	1.0	3.7	2.9	4.6	3.8	5.4	4.2	5.8	4.9	3.5	1.8
	17—21	1.4	0.5	2.8	1.8	3.5	2.8	4.2	3.3	4.2	3.7	2.3	1.0
	22—26	-0.2	-0.3	1.4	1.7	2.2	2.6	3.0	3.1	2.8	3.6	0.6	0.6
	27— 1	-0.8	-0.8	1.4	1.7	2.4	2.6	3.3	2.8	2.5	3.2	-0.3	0.4
Dezember	2— 6	-1.7	-2.6	0.5	-0.1	1.6	1.2	3.0	2.3	2.8	2.1	0.2	-0.8
	7—11	-0.4	-1.3	0.8	0.0	1.5	1.4	2.5	2.4	2.2	2.0	-0.7	-1.2
	12—16	-2.0	-2.4	0.1	-0.1	1.1	1.4	2.2	2.2	2.1	2.2	-1.3	-1.4
	17—21	-2.9	-2.9	0.0	-0.5	1.0	0.9	1.6	1.5	0.7	1.2	-1.9	-1.9
	22—26	-3.4	-3.0	-0.8	-1.1	0.1	0.3	0.5	1.0	-0.1	0.5	-2.4	-2.7
	27—31	-4.3	-3.5	-2.5	-1.9	-1.2	-0.2	0.1	1.0	0.1	0.5	-2.7	-3.0

häufig im Nordosten, Norden, Nordwesten und Westen. Es herrschen dabei östliche bis nördliche und nordwestliche Winde. Bisweilen liegt das Maximum auch im Osten, vereinzelt auch im Südwesten und Südosten. Die Lage der Minima ist dann so, daß die Winde aus dem nördlichen und östlichen Quadranten kommen. In einigen Fällen brachte auch gleichmäßig verteilter niedriger Druck mit flachen Minima darin und Winden aus Osten bis Nordosten die Temperaturerniedrigung.

Eine einheitliche Ursache für die Kälterückfälle fehlt also. Maßgebend dafür ist entweder eine Luftdruckverteilung, die Ausstrahlung bedingt oder eine solche, welche Winde aus nördlichen bis östlichen Richtungen hervorruft. Diese Verschiedenheiten sind es, welche die Ursachen der Kälterückfälle auf den Pentadenkarten nur sehr unvollkommen zum Ausdruck kommen lassen. Nur der ziemlich schwache Gradient kann darauf hindeuten, daß Hochdruckgebiete verschiedener Lage im Februar auf die Witterung Mitteleuropas Einfluß haben. Daß ein Ausläufer des Azorenmaximums nach Deutschland hineinreicht, erklärt das häufige Vorkommen eines Strahlungtypus der Witterung.

Ob die Ergebnisse sich bei der Wahl einer anderen, besonders längeren Beobachtungsperiode einheitlicher gestalten würden, muß dahingestellt bleiben. Es ist ja vorhin schon darauf hingewiesen worden, daß die Störungen im jährlichen Gange der Temperatur keinen ganz unveränderlichen Charakter tragen. In dem hier behandelten zwanzigjährigen Zeitraume fällt, wie wir sahen, die größte Februarkälte in den einzelnen Gegenden Deutschlands nicht auf dieselbe Pentade, während im 60jährigen Mittel die dritte Pentade durchweg die kälteste ist. Es wäre also immerhin möglich, daß auch die Pentadenkarten des Luftdrucks für diese Pentade deutlicher auf die Ursache der Kälterückfälle hinzeigen würden. Sehr wahrscheinlich ist dies aber nicht. Jedenfalls geben auch die Pentadenkarten von Alt, obwohl sie auf einer dreißigjährigen Beobachtungsreihe beruhen, durchaus keinen besseren Aufschluß über die Ursachen der Kälterückfälle als unsere Karten.

Im März macht sich, abgesehen vom Nordosten Deutschlands, in der ersten Pentade allgemein ein kleiner Temperaturrückgang bemerkbar. In den 60jährigen Pentadenmitteln fehlt er an dieser Stelle, zeigt sich aber dafür in der Pentade vom 12.—16. Da es sich hier nur um eine unbedeutende Störung handelt, kann man kaum erwarten, daß die Pentadenkarten über deren Ursache eine sehr augenfällige Erklärung abgeben. Beachtenswert erscheint nur der Umstand, daß auf der Pentadenkarte vom 25. Februar bis 1. März die Isobaren über Deutschland von WSW nach ENE verlaufen, während sie in der folgenden Pentade eine westöstliche Richtung einschlagen. Das bedingt also eine Drehung des Windes aus südwestlicher Richtung nach Westen hin, die wohl eine Ursache des Temperaturrückganges sein könnte. Auf der folgenden Karte vom 7.—11. März ist zwar die Lage nur wenig verändert, immerhin zeigen aber die Isobaren infolge Rückganges der starken Ausbuchtung über der Ostsee, die auf der vorhergehenden Karte vorhanden ist, schon wieder eine Neigung, nach Nordosten umzubiegen. Da sich die Lage also nicht verschlechtert, sondern eher etwas verbessert hat und außerdem die normale Temperaturzunahme im aufsteigenden Ast der Jahreskurve hinzukommt, ist es erklärlich, daß in der zweiten Märzpentade der Kälterückfall überwunden ist. Die kleine Störung im Isobarenverlauf in der Gegend von Skagen dürfte hier keine Rolle spielen, da sie nicht auf die erste Märzpentade beschränkt ist. Daß der Temperaturrückgang sich in Ostpreußen nicht geltend macht, ist wahrscheinlich darauf zurückzuführen, daß dort der Isobarenverlauf sich nicht wesentlich ändert.

Für den unbedeutenden Temperaturrückgang, der sich in der Pentade vom 22.—26. März bei den Stationen Breslau, Berlin und München findet, läßt sich eine stichhaltige Erklärung aus den Karten nicht ableiten.

Im April sind nur geringfügige Störungen im regelrechten Temperaturgange vorhanden, die noch dazu nicht gleichmäßig in ganz Deutschland zur Geltung kommen. Auch im 60jährigen Mittel ist nur in der letzten Aprilpentade teilweise eine Verzögerung im Temperaturanstieg vorhanden.

Im Mai tritt im 60jährigen Mittel keine Unterbrechung der Temperaturzunahme ein. Die »Eisheiligen« machen sich also nicht bemerkbar. Es ist aber von Interesse, hier auf die von Hellmann in seiner oben erwähnten Arbeit festgestellte Tatsache hinzuweisen, daß nach den Berliner Beobachtungen im Mittel der Jahre 1766—1845 tatsächlich der Temperaturrückgang in der Pentade vom 11.—15. Mai sich geltend macht. In der Periode 1890—1909 zeigt unter den sechs hier behandelten Stationen nur Tilsit in dieser Pentade eine Unterbrechung im Temperaturanstieg, dagegen ist in der Pentade vom 16.—20. Mai bei Berlin, Emden und Darmstadt ein Temperaturrückgang, bei München Stillstand vorhanden. Betrachtet man, um eine Erklärung für die in der letztgenannten Pentade auftretende Unregelmäßigkeit zu finden, die entsprechende Luftdruckkarte, so zeigt diese gegenüber der vorhergehenden eine bemerkenswerte Änderung der Wetterlage. Während nämlich auf der letzteren Karte sich ein flaches Tiefdruckgebiet an der Nordküste von Skandinavien befindet, nach Süd- und Mitteldeutschland aber ein Ausläufer des Azorenmaximums hineinreicht, liegt auf der Karte vom 16.—20. Mai über der ganzen Ostsee ein Tief, das nach dem Isobarenverlauf auf seiner Westseite die Zufuhr kalter Luft aus Norden begünstigt und dadurch offenbar den Anlaß zum Temperaturrückfall gibt.

Wir kommen jetzt zur Betrachtung der stärksten Störung im jährlichen Gange der Temperatur, zu den Juni-Kälterückfällen. Über diese liegen Untersuchungen von Hellmann[1]), Krankenhagen[2]), Marten[3]) und

[1]) Hellmann, Über Sommerregenzeiten Deutschlands. Österr. Meteorol. Zeitschr., 1877, S. 1.
[2]) Krankenhagen, Verteilung des Luftdrucks über Mitteleuropa im Juni. Meteorol. Zeitschr., 1884, S. 11.
[3]) Marten, Über die Kälterückfälle im Juni. Abhandl. d. Pr. Meteorol. Inst., Bd. II, Nr. 3.

Almstedt[1]) vor, die alle ungefähr zu demselben Ergebnis kommen. Hier soll nur die schon früher erwähnte Arbeit von Marten in Betracht gezogen werden, da in ihr die Luftdruckverteilung auf Grund von Pentadenkarten mit Hilfe eines zuverlässigen Beobachtungsmaterials dargestellt ist.

Die Kälterückfälle des Juni sind ebenso wie alle anderen Störungen im jährlichen Gange der Temperatur keine unveränderliche Erscheinung, sondern verschieben sich etwas je nach der Wahl der Beobachtungsperiode. Im Mittel der 60jährigen Periode 1851—1910 setzt der Kälterückfall meist in der Pentade vom 10.—14. Juni ein. dauert aber auch noch in der nächsten Pentade fort. Nur in Emden beginnt er schon in der Pentade vom 5.—9. Juni und in Tilsit fehlt er ganz. In der 20jährigen Periode 1890—1909 fängt der Temperatursturz, nachdem vorher ein starker Temperaturanstieg stattgefunden hat, in der Pentade vom 5.—9. Juni an. In Tilsit und Emden tritt in dieser auch die tiefste Temperatur ein, bei den anderen Stationen aber erst in der folgenden Pentade.

In der Pentade vom 31. Mai bis 4. Juni liegt Mitteleuropa im Bereich eines Ausläufers des Azorenmaximums, ein Minimum befindet sich weit ab vor der Küste von Labrador, ein anderes im Nordosten von Rußland. Die in dieser Pentade herrschende warme Witterung erklärt sich zwanglos aus dieser günstigen Wetterlage. Die Karte der nächsten Pentade zeigt jedoch ein stark abweichendes Bild. Über Großbritannien hat sich ein Hochdruckgebiet entwickelt, während ein Tief über Südwestrußland am Schwarzen Meere liegt. Die Isobaren verlaufen dazwischen annähernd in nordsüdlicher Richtung, sodaß kalte Luft aus Norden freien Zutritt nach Deutschland hinein hat. Die Folge davon muß natürlich ein erheblicher Temperaturrückgang sein. Auch auf der folgenden Karte vom 10.—14. Juni liegt noch ein Rücken hohen Luftdrucks über den britischen Inseln, sodaß die Zufuhr nördlicher Luft fortdauert. In der nächsten Pentade ist der Luftdruck über Schottland etwas gefallen, während hoher Druck vom Azorenmaximum her nach Mitteleuropa vordringt, unter dessen Einfluß die Winde mehr nach Westen drehen müssen. Die Temperaturen fangen daher an, wieder zu steigen.

Vergleichen wir unsere Karten mit denen von Marten, die allerdings nur auf den Beobachtungen der 10 Jahre 1884—1893 beruhen, so bemerken wir in der dritten Junipentade, in der in dem betreffenden Zeitraum der Kälterückfall einsetzt, ein Maximum, dessen Kern westlich von Spanien liegt, und ein Minimum in der Gegend der Halbinsel Kola, wodurch nordwestliche Luftströmungen hervorgerufen werden. Auf der nächsten Karte befindet sich das Maximum westlich von England, das Minimum im Innern von Rußland, wodurch die Luftströmung noch nördlicher geworden ist. Wenn also auch die Luftdruckverteilung im Einzelnen gewisse Abweichungen von den der vorliegenden Karten zeigt, so ist doch in beiden Fällen die Wetterlage so, daß durch sie Winde aus nördlichen Richtungen bedingt werden. Die Darstellungen von Freybe und Alt stimmen mit der unserigen ebenfalls nur teilweise überein, wenn auch in beiden Fällen hoher Druck im Westen als Ursache der Kälterückfälle vorhanden ist. Unstreitig hat sich beim Zeichnen der Isobaren der Mangel an Beobachtungen auf dem Ozean ungünstig bemerkbar gemacht.

Im Juli setzt in der Pentade vom 5.—9. nach den 20jährigen Beobachtungen in ganz Deutschland ein merklicher Temperaturrückgang ein, der auch in der nächsten Pentade, abgesehen vom Nordosten und Nordwesten, noch nicht ausgeglichen ist. In der 60jährigen Periode macht er sich nur ganz schwach bei Breslau und Berlin bemerkbar. In noch längeren Beobachtungszeiträumen ist er, wie aus den Hellmannschen Untersuchungen hervorgeht, in Berlin überhaupt nicht mehr vorhanden. Betrachtet man nun die Isobarenkarten, so zeigt sich von der ersten zur zweiten Julipentade keine auffallende Änderung in der Luftdruckverteilung. Nur ist auf der Karte vom 5.—9. Juli der Luftdruck im Norden von Schottland, sowie im Ostseegebiet etwas gesunken, sodaß der Gradient vom südlichen Hochdruckgebiet her etwas stärker geworden ist. Man könnte also vielleicht annehmen, daß der Temperaturfall durch Eintritt von regnerischem Wetter hervorgerufen ist. In der folgenden Pentade reicht ein Schon vorher angedeuteter schwacher Keil höheren Drucks bis zur norwegischen Küste hinauf, unter dessen Einfluß wohl trockenes Wetter, dabei aber eine kühlere Luftströmung herrschen dürfte, die den Wiederanstieg der Temperatur verzögert.

Auf die kurzdauernden Temperaturschwankungen in der ersten Hälfte des August soll hier nicht näher eingegangen werden, da sie auf keine besondere Bedeutung Anspruch erheben können und in den längeren Beobachtungsreihen nicht mehr hervortreten.

Von größerem Interesse ist der Wärmerückfall Ende September, der unter dem Namen »Altweibersommer« bekannt ist. Er macht sich in der zwanzigjährigen Periode nicht ganz gleichmäßig bemerkbar. In Tilsit, Breslau und Berlin tritt der stärkste Temperaturanstieg in der Pentade vom 28. September bis 2. Oktober ein, in Breslau beginnt er schon in der vorhergehenden, während sich in Berlin in dieser eine starke Verzögerung im Temperaturabfall zeigt. In Emden ist nur in der Pentade vom 28. September bis 2. Oktober eine Verzögerung in der Abnahme vorhanden. In Darmstadt ist im wesentlichen auch nur ein Stillstand der Temperatur in der Zeit vom 23. September bis 2. Oktober zu verzeichnen. In München steigt die Temperatur in der Pentade vom 23.—27. September an und hält sich in der folgenden Pentade auf gleicher Höhe. Im 60jährigen Mittel ist nur in der Pentade vom 28. September bis 2. Oktober eine Temperaturzunahme bemerkbar.

Es kommen also für den Wärmerückfall hier die Pentaden vom 23. September bis 2. Oktober in Frage. Die Luftdruckkarte vom 23.—27. September zeigt ein Hochdruckgebiet über Mittel- und Osteuropa, dessen Kern östlich von Lemberg liegt. In der folgenden Pentade ist das Maximum etwas mehr nach Osten gerückt. Die

---

[1]) Almstedt, Die Kälterückfälle im Mai und Juni. Inaug.-Diss., Göttingen 1913.

Winde wehen offenbar aus dem Hochdruckgebiet heraus, zuerst mehr aus südlicher, dann aus südöstlicher Richtung. Zu beachten ist aber, daß schon in der Pentade vom 18.—22. September das Hochdruckgebiet vorhanden ist. Sein Kern zieht sich von Bayern über Böhmen nach Galizien hin. Auf der Karte vom 13. bis 17. September ist dieses Hochdruckgebiet noch nicht sichtbar. Es erscheint nun auffallend, daß nicht schon in der Pentade vom 18.—22. September der Temperaturanstieg einsetzt. Betrachtet man aber den Temperaturverlauf von Tag zu Tag in Berlin in dieser Zeit, so zeigt es sich, daß in der Mehrzahl der Jahre von 1890—1909 tatsächlich dort bemerkenswerte Temperatursteigerungen eintreten, die aber durch Temperaturfälle in den betreffenden Pentaden selbst oder in denen der übrigen Jahre mehr als ausgeglichen werden.

In der Pentade vom 3.—7. Oktober ist das Hochdruckgebiet so weit nach Osten gerückt, daß die Witterung von Zentraleuropa davon kaum noch beeinflußt wird, dagegen ist offenbar das isländische Tief wirksamer geworden.

In der schon zu Anfang dieses Kapitels erwähnten Abhandlung von Artur Lehmann über den Altweibersommer[1]) finden sich auch Pentadenkarten des Luftdrucks für die Zeit vom 23. September bis 7. Oktober, die auf den Beobachtungen der 10 Jahre 1891—1900 beruhen. Die erste dieser Karten weicht von der entsprechenden in dieser Abhandlung dadurch ab, daß ein Hochdruckgebiet über Südeuropa liegt, während das Hoch über Mittel- und Osteuropa noch fehlt. Die beiden folgenden Karten stimmen dagegen mit den unserigen gut überein. Auf den Karten von Alt ist lediglich das Hochdruckgebiet ein wenig nach Süden verschoben, sonst besteht grundsätzliche Übereinstimmung mit der vorliegenden Darstellung.

Im Oktober fehlt es an bemerkenswerten Störungen im Temperaturgange. Nur in der letzten Pentade ist im mittleren Deutschland ein kleiner Temperaturanstieg vorhanden, der aber im 60jährigen Mittel ganz fehlt. Es soll daher hierauf nicht weiter eingegangen werden.

Ende November beginnt dann wieder eine allgemeine Unterbrechung im Abstieg der Temperatur, der sich aber nicht überall gleichmäßig bemerkbar macht. In der Pentade vom 27. November bis 1. Dezember tritt in Breslau ein Stillstand, in Berlin und Emden eine kleine Zunahme der Temperatur ein. In Darmstadt und München erfolgt dieser Temperaturanstieg aber erst in der folgenden Pentade vom 2.—6. Dezember. Noch später, nämlich in der Zeit vom 7.—11. Dezember, zeigt er sich in Tilsit. In derselben Pentade steigt auch in Breslau die Temperatur. In den 60jährigen Mitteln bemerkt man in der Pentade vom 27. November bis 1. Dezember in Breslau und Berlin eine Stillstand in der Temperaturabnahme, und in der Pentade vom 7.—11. Dezember bei Tilsit, Berlin, Breslau und Emden eine Temperaturzunahme. In Darmstadt erfolgt sie erst eine Pentade später, in München überhaupt nicht.

Aus den Luftdruckkarten für die entsprechenden Pentaden ist soviel zu ersehen, daß sich in der Pentade vom 27. November bis 1. Dezember gegenüber der vorhergehenden der Gradient von Süden nach Norden verstärkt, wodurch offenbar die Zufuhr ozeanischer Luft gefördert wird. In den beiden folgenden Pentaden drehen sich die Isobaren, die zuerst ungefähr west-östlich verliefen, mehr in die Richtung Südwest—Nordost, sodaß die Luftströmung südlicher wird. In der Pentade vom 12.—16. Dezember deutet der Isobarenverlauf auf die Ausbildung eines Teilminimums über Südskandinavien und der südlichen Ostsee hin, was eine Änderung in der Richtung der Luftzufuhr und dadurch Beendigung des Wärmerückfalls bedingen würde.

Wir sehen also, daß in der Mehrzahl der Fälle die Pentadenkarten des Luftdrucks einen genügenden Aufschluß über die Ursachen der Störungen im jährlichen Gange der Temperatur geben können. Wir hatten aber auch die Möglichkeit, festzustellen, daß unsere Karten wenigstens in den für die Gestaltung des Wetters entscheidenden Zügen mit den Darstellungen der Luftdruckverteilung auf Grund anderer Beobachtungsperioden, soweit das Gebiet von Europa in Frage kommt, hinreichend übereinstimmen, obwohl diese Perioden teilweise nur halb so lang sind. Allerdings dürfen wir daraus nicht ohne weiteres schließen, daß unsere Karten auch dem Bilde der mittleren Luftdruckverteilung für einen sehr langen Zeitraum nun ebenso gut entsprechen müßten. Nachdem wir gesehen haben, daß ein Zusammenhang zwischen den Störungen im jährlichen Gange der Temperatur und der Luftdruckverteilung besteht und daß diese Störungen keineswegs unveränderlich sind, müssen wir damit rechnen, daß die Luftdruckverteilung ebenfalls zeitlichen Änderungen unterworfen ist. Hellmann hat in seiner mehrfach erwähnten Abhandlung gezeigt, daß in den 150jährigen Temperaturmitteln von Berlin die Störungen im jährlichen Gange sich nur noch in Verzögerungen des Anstiegs und Abfalls der Temperatur bemerkbar machen, was sich leicht daraus erklärt, daß infolge der von Zeit zu Zeit auftretenden Verschiebung der Störungen diese in den langjährigen Mittelwerten zum großen Teil verdeckt werden. Dementsprechend kann man auch annehmen, daß ebenso die Pentadenkarten des Luftdrucks für eine beispielsweise 150jährige Periode, wenn man sie darstellen könnte, ein ausgeglicheneres Bild der Luftdruckverteilung aufweisen würden. Ob uns jedoch gegenwärtig mit einer solchen Darstellung wirklich gedient wäre, erscheint fraglich, da wir mit den jetzt bestehenden Störungen im jährlichen Gange der Temperatur rechnen müssen. Unter diesen Umständen dürfte ein Bild der Luftdruckverteilung, das diese Störungen mehr berücksichtigt, unseren Zwecken besser entsprechen.

---

[1]) Lehmann, Altweibersommer. Inaug.-Diss., Berlin 1911. Auch in den Landwirtsch. Jahrb., Bd. LXI, 1911.

Tabelle 1. Fünftägige Luftdruckmittel (1890—1909)

700 mm +   in Meereshöhe, reduziert auf Normalschwere

	70° N-Br 70° W-L	70° N-Br 60° W-L	70° N-Br 40° W-L	70° N-Br 30° W-L	70° N-Br 20° W-L	70° N-Br 10° W-L	70° N-Br 0° L	70° N-Br 60° E-L	65° N-Br 80° W-L	65° N-Br 70° W-L	65° N-Br 60° W-L	65° N-Br 40° W-L	65° N-Br 30° W-L
Jan. 1— 5	54.4	51.7	55.2	54.6	54.2	54.0	53.6	54.0	58.7	54.2	49.4	50.6	49.0
6—10	54.1	51.9	56.1	55.3	54.7	53.1	51.4	51.6	57.8	53.9	49.7	51.4	50.3
11—15	55.5	52.8	53.5	51.8	50.1	49.0	48.2	48.6	60.4	55.9	51.5	47.7	44.9
16—20	**52.3**	**49.7**	**51.6**	**50.2**	49.2	49.3	49.6	50.9	58.3	52.9	**48.3**	47.4	**44.8**
21—25	55.8	54.5	54.4	50.2	47.7	**46.6**	**45.8**	46.5	59.8	56.3	53.4	48.8	45.3
26—30	55.1	53.4	55.7	53.9	52.0	49.1	46.1	**44.3**	59.4	55.5	51.7	51.0	48.1
Febr. 31— 4	57.1	55.3	59.2	57.3	55.4	53.8	52.0	51.0	60.7	57.5	53.4	55.3	52.7
5— 9	60.8	58.9	59.4	56.5	53.9	51.4	49.9	49.6	63.6	61.0	57.3	54.2	50.1
10—14	58.4	56.4	59.8	59.2	58.5	56.6	53.4	50.6	61.6	58.0	53.9	54.9	52.6
15—19	54.9	52.7	54.1	53.2	52.9	52.2	51.8	52.1	58.8	55.0	50.5	49.1	47.5
20—24	56.3	54.5	56.0	54.8	54.2	54.1	53.3	53.4	58.7	55.9	52.8	51.8	49.7
25— 1	57.3	56.7	61.4	60.0	55.8	54.0	52.5	53.0	60.7	57.6	54.6	55.4	52.6
März 2— 6	57.1	55.5	58.4	57.6	56.4	55.0	52.4	51.9	60.8	57.3	53.9	54.8	52.1
7—11	58.7	57.2	59.8	58.3	56.9	54.9	52.4	52.3	61.1	58.1	55.2	55.5	51.9
12—16	59.0	57.1	59.8	58.7	57.1	54.4	52.2	52.1	61.8	58.2	54.5	55.6	52.5
17—21	57.8	56.5	59.6	59.0	57.7	55.4	53.1	52.6	60.8	57.7	54.5	56.0	53.5
22—26	60.8	59.3	61.6	60.8	59.5	58.2	56.2	55.2	63.0	60.9	57.7	57.6	55.2
27—31	59.8	57.9	59.4	58.4	57.5	55.8	53.7	53.2	62.6	59.5	56.0	55.2	52.6
April 1— 5	57.2	54.8	56.2	55.8	56.0	55.2	54.4	54.3	61.5	57.8	53.6	51.6	50.4
6—10	61.1	59.4	60.1	58.5	57.4	56.1	55.0	55.2	64.2	61.6	58.3	55.8	53.4
11—15	63.4	61.5	63.4	62.4	61.8	61.0	59.6	59.1	64.7	62.6	59.5	59.1	57.0
16—20	61.6	60.5	62.7	62.3	62.1	62.3	61.9	61.6	62.9	60.6	58.4	58.9	56.9
21—25	60.7	59.4	62.0	62.0	61.1	60.2	59.0	58.7	61.9	59.5	57.4	58.6	57.6
26—30	60.0	59.2	63.0	63.2	62.7	61.2	59.2	58.3	61.9	59.8	58.2	60.3	58.8
Mai 1— 5	61.0	61.5	**64.5**	**65.0**	**64.8**	63.0	61.1	60.3	63.1	61.5	60.4	62.4	60.9
6—10	62.2	61.2	63.3	64.0	64.0	63.4	62.4	61.9	63.1	61.4	60.1	61.3	60.3
11—15	61.6	60.7	62.6	63.8	63.3	62.6	60.8	59.4	62.6	60.2	58.6	61.6	60.6
16—20	**63.9**	**62.4**	63.6	**65.0**	**64.8**	**64.2**	62.4	60.3	**65.1**	**63.4**	**61.0**	**62.8**	**62.7**
21—25	61.2	60.1	63.1	64.0	63.8	63.9	**63.4**	62.4	63.2	61.0	59.2	61.3	60.6
26—30	63.0	62.2	63.1	63.9	63.4	63.4	62.9	62.3	63.6	62.4	**61.0**	62.2	61.5
Juni 31— 4	60.1	59.1	61.4	62.2	63.3	62.9	62.3	61.7	62.2	60.0	58.2	60.3	60.5
5— 9	59.9	59.0	61.8	63.1	63.6	63.7	**63.4**	**62.7**	60.8	59.1	58.0	60.2	61.1
10—14	60.0	59.4	62.0	62.4	62.6	62.3	62.0	61.0	60.5	59.8	58.6	60.7	61.1
15—19	59.7	58.7	59.6	60.2	60.5	60.4	60.0	59.5	61.1	59.5	57.9	58.3	58.4
20—24	60.8	60.2	60.2	60.4	60.7	61.0	60.8	60.6	60.7	60.8	59.9	58.8	57.9
25—29	59.3	59.0	60.6	61.0	61.0	60.8	60.2	59.5	59.6	58.9	57.9	59.5	59.2
Juli 30— 4	58.8	58.2	59.9	60.5	60.3	60.4	60.2	59.8	59.6	58.3	57.2	58.5	58.1
5— 9	57.6	57.0	58.7	59.3	59.0	58.8	58.4	58.1	58.3	57.3	56.5	57.6	56.9
10—14	57.0	56.7	58.7	58.8	58.5	58.4	58.3	58.3	57.0	56.1	55.7	57.6	56.6
15—19	56.6	56.4	58.8	59.2	59.0	58.9	58.4	57.6	57.3	56.1	55.6	58.2	57.7
20—24	57.8	57.8	59.8	59.6	59.1	58.4	57.5	57.0	58.3	56.9	56.8	59.2	58.0
25—29	58.1	57.8	59.5	60.1	60.0	59.6	58.8	58.3	57.5	57.0	56.6	59.0	58.3
Aug. 30— 3	57.9	57.8	60.3	60.1	59.3	58.6	57.6	57.1	58.5	57.3	57.0	59.0	57.6
4— 8	57.7	58.0	60.2	60.0	59.1	58.0	56.8	56.2	58.2	57.1	57.5	58.9	57.8
9—13	58.4	58.5	61.5	61.8	61.4	60.7	59.1	58.1	58.2	57.5	57.5	60.1	59.1
14—18	58.0	58.0	60.8	60.8	59.9	58.8	57.7	57.2	58.6	57.6	57.4	59.6	58.2
19—23	55.9	56.0	59.6	59.8	58.7	57.1	55.5	55.0	**56.2**	54.8	54.7	58.5	57.4
24—28	56.5	56.4	60.0	60.2	59.6	58.4	56.8	55.9	57.5	56.1	55.7	58.9	57.6
29— 2	58.2	58.0	61.4	61.3	60.8	59.0	56.9	55.1	59.4	57.4	56.6	59.8	58.4
Sept. 3— 7	56.0	55.2	58.7	59.4	59.2	58.8	57.4	56.0	57.2	55.7	54.2	56.6	55.1
8—12	53.3	52.0	56.5	56.5	56.2	55.7	55.1	54.9	56.6	53.4	51.6	54.6	53.9
13—17	54.1	52.4	54.2	53.3	52.8	53.7	54.8	56.0	56.9	54.8	52.6	50.8	48.9
18—22	54.9	53.6	57.8	57.4	56.6	56.8	56.5	56.8	56.7	54.4	52.6	55.4	54.1
23—27	54.7	53.6	57.5	57.6	57.1	56.4	56.2	56.0	57.2	54.3	51.7	54.3	53.1
28— 2	56.3	55.4	59.2	58.5	57.4	56.1	54.6	54.1	58.9	56.8	55.0	56.4	54.0
Okt. 3— 7	55.3	54.9	59.9	59.1	57.7	55.7	53.7	52.5	57.1	55.3	53.7	56.5	53.5
8—12	53.3	51.8	57.2	56.4	55.5	54.2	53.2	53.4	57.3	53.6	51.5	53.7	51.4
13—17	55.8	54.8	59.6	58.7	58.0	56.8	54.8	54.2	57.6	55.3	53.5	56.1	54.4
18—22	56.0	55.2	60.5	60.3	60.0	59.3	57.5	57.4	58.4	55.4	53.5	57.7	56.1
23—27	56.2	55.0	59.8	59.0	57.6	56.1	54.1	53.5	58.8	56.0	53.8	56.9	55.2
28— 1	56.2	55.0	58.2	57.5	57.1	56.3	54.2	52.9	59.2	56.4	53.7	56.2	54.2
Nov. 2— 6	56.4	55.0	58.6	58.1	57.4	56.8	55.6	55.4	59.4	56.2	53.9	55.5	53.2
7—11	56.5	55.1	58.8	57.8	56.3	54.2	52.1	51.5	59.7	56.7	53.6	54.6	51.6
12—16	53.7	52.0	54.2	52.4	51.6	51.8	51.8	52.9	56.3	53.0	50.0	50.4	47.1
17—21	53.6	52.4	56.5	54.9	53.8	53.3	52.6	51.9	57.5	53.9	51.3	53.1	50.7
22—26	56.0	54.6	58.8	58.1	57.3	55.8	54.1	53.2	59.5	55.6	52.3	55.7	53.9
27— 1	54.3	52.1	56.2	55.6	54.4	53.0	51.0	50.1	58.3	54.2	50.1	52.6	49.9
Dez. 2— 6	53.1	50.8	53.6	52.6	51.7	50.7	49.1	49.6	58.4	53.5	48.4	48.8	46.1
7—11	54.4	52.1	54.6	52.9	51.1	49.1	47.0	47.1	58.3	54.5	50.6	50.2	46.5
12—16	54.2	51.6	55.1	53.6	52.5	51.8	51.5	52.9	58.7	54.9	50.8	49.4	46.5
17—21	54.0	51.6	53.4	52.1	51.7	52.1	52.1	53.0	57.8	54.0	50.2	**47.8**	46.2
22—26	53.6	51.2	54.2	53.0	52.1	52.4	52.6	53.4	57.1	53.1	49.2	49.4	46.7
27—31	52.9	50.4	54.3	53.8	53.5	53.1	52.2	52.3	56.5	**52.8**	49.4	50.3	48.6
Schwankung	11.6	12.7	12.9	14.8	17.1	17.6	17.6	18.4	8.9	10.6	12.7	15.5	17.9

Fünftägige Luftdruckmittel (1890—1909)

700 mm +   in Meereshöhe, reduziert auf Normalschwere

	65° N-Br 10° W-L	65° N-Br 0° L	60° N-Br 90° W-L	60° N-Br 80° W-L	60° N-Br 70° W-L	60° N-Br 60° W-L	60° N-Br 50° W-L	60° N-Br 40° W-L	60° N-Br 30° W-L	60° N-Br 20° W-L	60° N-Br 10° W-L	55° N-Br 95° W-L	55° N-Br 85° W-L
Jan 1— 5	54.0	55.5	62.8	60.5	56.8	50.3	48.3	48.2	47.9	51.7	56.0	65.5	63.2
6—10	52.8	52.9	61.6	60.0	56.1	51.1	49.0	49.2	50.2	53.5	55.1	63.5	62.5
11—15	49.5	50.7	63.9	61.9	58.4	53.0	49.2	46.7	45.9	49.5	53.3	64.9	63.7
16—20	48.5	51.3	63.0	61.0	56.7	50.7	48.2	47.0	46.6	49.3	51.8	64.2	63.7
21—25	47.7	49.3	63.7	62.0	58.9	54.4	51.4	49.8	49.1	51.4	53.7	65.8	63.9
26—30	48.0	47.1	63.5	61.4	57.7	52.4	50.3	49.9	49.4	51.0	52.5	65.4	63.8
Febr. 31— 4	53.7	52.8	64.1	62.8	60.1	54.5	51.5	52.3	52.9	55.6	56.8	66.7	64.7
5— 9	51.1	51.2	65.5	64.7	62.9	58.0	54.1	52.0	50.7	52.9	55.2	66.9	65.5
10—14	54.8	53.1	64.8	63.3	60.0	54.2	51.2	51.0	51.1	53.4	55.6	66.5	64.7
15—19	51.8	53.6	63.0	60.4	57.1	51.1	47.1	46.5	47.0	50.6	54.6	65.0	62.5
20—24	54.2	55.0	62.3	60.3	57.6	53.7	51.3	50.9	49.9	52.9	56.4	63.9	62.0
25— 1	52.1	52.4	63.5	61.8	58.8	54.6	53.5	54.0	52.9	52.9	53.3	64.9	63.7
März 2— 6	52.2	51.6	64.7	63.2	60.0	55.0	53.3	53.2	51.9	52.2	53.5	66.6	65.6
7—11	52.4	51.9	63.2	62.0	59.6	55.4	53.8	52.9	51.1	52.0	53.4	64.1	63.6
12—16	51.6	50.9	66.4	62.9	59.3	54.1	51.9	51.6	49.8	50.3	52.1	68.6	66.1
17—21	53.7	53.3	62.8	62.2	59.6	55.5	53.5	53.4	51.8	52.3	54.3	63.7	63.3
22—26	56.6	56.5	64.8	63.6	62.1	58.2	55.0	54.8	54.0	54.2	56.7	64.6	63.7
27—31	53.8	53.3	64.2	63.3	60.5	56.4	53.2	52.3	51.0	52.5	54.0	64.0	63.6
April 1— 5	53.6	55.0	64.3	62.9	59.7	54.5	50.4	48.8	49.6	52.7	55.5	64.5	63.8
6—10	55.2	55.8	65.7	65.4	63.1	59.1	55.9	54.0	52.9	54.8	57.2	64.8	65.6
11—15	58.1	58.4	65.6	64.8	62.8	59.4	57.1	56.0	54.2	54.6	56.5	65.1	64.7
16—20	60.0	60.8	64.7	63.3	61.0	58.1	56.7	56.1	55.3	56.3	59.5	64.9	64.3
21—25	58.4	58.2	63.8	62.5	60.0	56.6	55.8	56.2	56.0	56.9	58.4	63.7	63.6
26—30	58.4	57.1	63.6	62.9	61.0	58.5	58.0	58.2	56.8	56.8	57.0	63.4	63.8
Mai 1— 5	60.3	59.2	63.7	62.8	61.9	60.8	60.3	59.2	57.6	57.4	58.2	63.0	62.2
6—10	62.1	61.9	63.5	62.7	61.5	59.3	58.1	58.4	58.5	59.4	61.1	62.6	62.4
11—15	60.9	60.0	64.2	62.7	60.1	57.6	58.3	59.7	59.5	59.9	61.0	62.9	63.1
16—20	63.8	61.6	65.5	64.8	62.9	60.1	59.0	60.5	61.1	62.3	62.5	63.3	63.8
21—25	62.1	62.5	63.5	63.2	61.3	58.6	58.6	59.1	58.5	59.5	61.0	62.4	61.8
26—30	61.9	61.5	62.7	62.9	61.7	60.2	59.8	60.1	59.7	60.2	61.9	61.0	62.0
Juni 31— 4	61.9	61.8	63.2	62.7	60.6	57.6	57.6	58.4	58.4	59.2	60.4	62.2	63.1
5— 9	63.5	64.0	61.7	61.0	59.6	58.1	58.5	58.2	59.2	61.6	63.8	60.8	61.2
10—14	62.5	62.2	60.5	60.8	59.8	58.3	58.0	58.9	59.9	61.5	62.6	59.5	60.8
15—19	60.0	59.8	61.5	61.3	60.1	57.9	56.4	56.4	56.9	58.6	59.9	60.1	61.2
20—24	59.7	60.0	59.4	59.7	59.9	59.1	58.2	57.3	56.3	56.7	58.5	58.2	58.5
25—29	60.8	61.0	59.6	59.0	58.0	57.3	57.6	58.3	57.7	59.1	60.4	59.0	59.1
Juli 30— 4	59.4	59.5	60.4	59.2	57.5	55.7	56.7	57.8	57.3	58.0	59.3	59.9	60.0
5— 9	57.3	57.6	58.2	58.1	57.4	56.1	56.6	57.0	56.3	56.9	58.0	58.3	58.9
10—14	58.4	59.1	57.6	57.0	56.1	55.1	56.3	57.0	56.6	57.6	59.3	58.2	57.8
15—19	58.3	58.5	58.5	57.6	56.1	55.3	57.0	58.5	58.1	58.2	59.1	59.0	58.6
20—24	58.3	57.7	59.1	58.5	57.1	56.5	58.5	59.1	58.0	58.2	58.7	60.0	59.8
25—29	58.8	58.7	57.4	57.1	56.7	55.7	57.0	58.2	57.4	57.9	59.1	57.9	57.3
Aug. 30— 3	58.2	57.8	59.3	58.4	57.1	56.4	58.1	58.7	57.6	57.9	58.6	60.1	59.5
4— 8	57.2	56.9	58.6	57.8	56.8	57.0	58.5	58.8	57.4	57.0	57.3	59.1	58.7
9—13	59.1	58.1	58.5	58.3	57.4	56.8	58.3	58.9	57.6	57.4	58.2	59.1	59.2
14—18	57.4	56.9	59.1	58.9	57.9	56.9	58.2	58.6	57.0	56.1	56.2	59.5	59.9
19—23	56.1	55.1	58.2	57.0	55.3	54.2	56.6	58.0	57.1	56.8	56.8	59.6	58.7
24—28	56.4	55.6	58.4	58.0	56.9	56.1	57.1	56.9	55.3	55.7	55.8	59.1	59.4
29— 2	57.4	55.5	60.3	59.7	57.7	56.2	57.5	58.9	57.3	56.6	56.5	60.8	60.7
Sept. 3— 7	57.0	56.9	58.5	58.0	56.7	54.6	54.1	54.2	53.1	54.5	57.0	59.3	59.4
8—12	56.1	56.8	59.9	58.3	55.1	52.6	52.7	54.2	55.0	56.5	58.8	60.6	60.5
13—17	54.4	56.9	58.9	58.4	56.7	54.4	52.6	50.9	50.0	53.1	57.4	59.8	60.0
18—22	56.7	58.1	57.8	57.5	55.6	53.1	53.2	54.1	54.4	56.1	58.4	59.4	59.4
23—27	55.8	57.2	59.5	58.1	55.5	52.3	51.7	51.4	50.8	53.0	56.4	60.0	59.9
28— 2	54.4	55.3	60.7	60.6	59.0	56.2	55.2	55.0	53.4	53.5	55.2	60.9	61.6
Okt. 3— 7	53.2	52.8	58.9	58.7	57.4	54.6	54.6	54.6	52.3	52.2	53.1	60.4	60.1
8—12	53.4	54.0	60.1	59.2	56.7	53.4	53.0	52.0	51.7	53.2	55.2	60.7	61.0
13—17	54.8	53.7	58.7	58.1	56.5	54.5	54.4	54.2	52.9	53.5	54.6	59.6	59.0
18—22	57.5	57.2	60.5	59.6	57.5	53.7	53.8	54.4	54.2	55.8	57.4	61.3	61.2
23—27	54.5	54.3	61.1	59.9	57.5	54.4	54.5	55.3	55.3	55.9	55.9	62.4	61.4
28— 1	55.6	54.8	60.9	60.7	58.9	55.0	54.5	55.0	54.4	54.8	55.6	61.9	61.4
Nov. 2— 6	55.3	56.0	61.4	61.0	58.3	54.4	54.2	54.0	52.3	53.0	55.5	61.8	61.5
7—11	52.2	53.0	61.7	61.2	59.1	55.0	52.4	51.6	50.1	50.2	53.0	62.2	61.9
12—16	50.7	52.5	59.0	57.4	55.0	51.7	50.7	49.7	48.1	49.2	52.1	61.2	59.1
17—21	54.4	55.5	60.2	59.3	56.6	52.9	53.2	52.9	52.8	55.5	58.3	61.8	60.9
22—26	55.2	55.5	63.3	61.2	58.1	53.1	53.3	54.2	53.8	55.7	57.8	65.2	63.1
27— 1	51.1	51.4	62.3	60.4	57.0	51.5	50.6	51.0	50.4	51.9	53.5	63.9	62.3
Dez. 2— 6	47.9	48.7	62.0	60.9	57.1	50.7	48.2	47.4	46.4	47.1	49.0	63.8	62.9
7—11	46.6	46.6	61.9	60.3	57.0	52.1	49.4	48.0	45.4	45.4	47.3	63.6	62.1
12—16	49.2	50.8	62.0	61.4	58.4	52.9	48.7	47.1	45.4	47.4	49.9	63.7	63.6
17—21	51.9	53.5	60.2	59.6	56.5	51.6	48.3	46.6	47.0	51.2	55.0	61.6	61.4
22—26	52.2	54.4	60.9	59.0	55.3	50.2	47.3	46.7	45.8	49.5	54.3	63.3	61.4
27—31	52.0	52.5	59.2	57.9	55.1	51.1	48.8	47.8	47.4	49.5	52.4	61.1	59.4
Schwankung	17.2	17.4	9.0	8.4	8.1	10.6	13.2	14.0	15.7	16.9	16.5	10.7	8.8

Fünftägige Luftdruckmittel (1890—1909)

700 mm + — in Meereshöhe, reduziert auf Normalschwere

		55° N-Br 75° W-L	55° N-Br 65° W-L	55° N-Br 55° W-L	55° N-Br 45° W-L	55° N-Br 35° W-L	55° N-Br 25° W-L	55° N-Br 15° W-L	50° N-Br 100° W-L	50° N-Br 90° W-L	50° N-Br 80° W-L	50° N-Br 70° W-L	50° N-Br 60° W-L	50° N-Br 50° W-L
Jan.	1— 5	61.2	57.5	52.6	52.0	51.2	52.7	57.6	66.7	64.2	62.7	61.1	57.8	56.0
	6—10	61.2	57.3	53.1	52.2	52.8	55.8	57.9	64.6	63.2	62.8	61.8	58.1	56.0
	11—15	62.8	59.5	55.0	51.7	50.7	52.2	56.6	65.4	63.8	63.2	62.4	59.0	56.6
	16—20	62.8	59.8	55.1	52.4	51.8	53.3	55.9	64.2	63.7	64.8	64.5	60.8	57.4
	21—25	62.6	59.9	56.3	54.7	54.6	57.0	59.9	66.6	64.8	62.8	61.9	60.1	58.5
	26—30	62.2	57.9	53.3	52.5	54.2	56.4	59.0	66.8	64.5	63.7	61.1	57.2	55.3
Febr.	31— 4	63.9	59.9	54.9	53.6	55.0	57.7	60.4	68.6	66.0	64.8	62.5	59.3	56.4
	5— 9	65.2	62.4	56.9	54.9	53.9	55.7	58.9	67.4	65.6	65.0	63.4	58.8	55.9
	10—14	63.2	59.0	53.4	51.8	51.1	54.5	57.7	67.4	65.8	64.3	61.3	56.3	54.0
	15—19	60.7	56.8	51.6	49.8	49.5	52.6	57.0	66.4	64.0	62.6	59.7	55.8	53.3
	20—24	61.0	59.1	55.3	53.8	53.1	54.6	57.7	63.6	62.0	62.1	60.9	59.0	56.5
	25— 1	61.9	58.7	55.6	55.8	56.8	57.0	56.9	64.6	64.0	63.5	60.9	58.9	58.4
März	2— 6	64.4	60.8	56.9	56.8	57.6	58.0	58.0	67.3	66.1	65.5	62.5	59.7	59.7
	7—11	63.0	59.9	56.9	56.0	56.0	56.7	57.3	63.8	63.3	63.9	62.4	60.3	59.1
	12—16	62.7	58.7	54.1	52.5	52.3	53.1	54.6	68.1	66.4	64.6	61.2	58.0	55.2
	17—21	62.4	59.3	55.7	54.7	53.9	54.1	56.1	63.8	63.2	62.9	60.3	58.0	56.5
	22—26	62.6	61.0	58.5	56.0	54.7	55.5	57.9	63.3	62.8	62.2	61.9	60.9	58.1
	27—31	62.8	60.0	56.0	53.5	53.3	54.8	56.3	63.1	63.4	63.0	61.0	58.2	55.6
April	1— 5	62.2	58.9	53.7	51.5	52.0	54.7	57.9	64.0	63.5	62.6	59.6	56.1	53.5
	6—10	64.7	62.7	59.2	57.0	55.8	57.8	59.8	62.9	64.3	63.3	62.0	60.0	58.7
	11—15	63.7	61.5	59.2	58.0	57.1	56.5	57.0	63.8	63.8	63.2	62.0	60.3	59.2
	16—20	62.8	60.4	57.8	56.8	57.0	57.4	59.4	64.2	64.0	63.5	61.3	59.2	57.5
	21—25	62.3	59.2	56.9	57.1	57.7	57.8	58.7	61.9	63.5	63.0	61.3	59.4	59.4
	26—30	63.2	61.5	59.6	59.0	58.6	58.2	57.8	61.5	62.3	63.1	62.9	61.8	60.7
Mai	1— 5	62.5	62.0	60.7	59.7	58.5	57.3	57.8	61.5	61.5	61.6	61.9	61.3	60.1
	6—10	62.0	60.4	58.5	58.2	59.0	59.9	60.4	62.3	62.2	61.8	60.8	59.2	58.4
	11—15	61.7	59.4	57.8	59.3	60.7	61.6	62.0	60.9	61.9	61.8	61.2	59.9	60.2
	16—20	62.8	61.3	59.4	59.8	61.1	62.1	62.5	61.1	62.0	61.3	60.8	60.9	60.4
	21—25	63.1	61.3	59.0	59.2	59.1	59.3	60.2	61.0	62.4	62.8	62.3	60.8	59.9
	26—30	61.0	60.4	60.1	60.2	59.6	59.9	61.0	59.9	60.7	60.1	59.4	60.6	61.2
Juni	31— 4	62.6	60.4	57.6	57.5	58.5	58.9	59.2	60.1	61.9	62.5	61.9	60.0	58.5
	5— 9	60.5	59.6	59.2	58.9	58.5	60.2	62.8	59.7	60.8	60.6	60.3	61.0	60.2
	10—14	61.0	59.4	57.9	57.9	58.8	61.0	62.6	58.4	60.8	61.5	60.7	59.4	58.4
	15—19	61.1	59.9	57.2	55.9	56.5	58.6	60.7	59.4	61.3	61.5	60.8	59.4	57.4
	20—24	58.9	59.2	58.5	57.7	56.6	57.4	59.2	57.7	58.6	58.5	58.8	59.1	58.6
	25—29	58.3	57.6	57.6	58.6	58.7	59.2	60.8	58.9	59.5	59.2	58.2	58.0	59.3
Juli	30— 4	58.5	56.4	56.3	58.2	59.4	60.1	60.9	59.5	60.1	59.7	58.2	57.9	58.7
	5— 9	58.5	57.5	56.8	58.3	59.1	59.9	60.9	60.0	60.2	60.0	59.0	58.8	59.3
	10—14	57.4	56.2	56.2	58.2	58.8	59.4	60.8	59.0	59.5	59.4	58.6	58.7	59.8
	15—19	57.7	56.4	56.7	58.7	60.1	60.0	60.7	59.6	59.7	59.4	58.0	57.9	59.3
	20—24	59.2	58.2	58.8	60.4	60.5	60.6	60.3	60.9	60.9	60.7	60.1	60.2	61.1
	25—29	57.3	56.8	56.5	58.4	59.5	59.4	60.3	59.0	59.1	59.1	58.7	58.7	59.5
Aug.	30— 3	58.4	56.7	57.2	59.4	60.7	60.6	61.0	61.3	61.1	61.1	58.8	58.4	60.2
	4— 8	57.3	57.2	58.2	59.5	59.5	59.6	59.3	59.6	60.2	59.3	59.0	59.5	60.4
	9—13	58.6	57.9	58.2	59.0	58.5	58.7	59.6	59.8	60.6	60.3	59.8	59.7	59.7
	14—18	59.6	58.0	57.7	59.6	59.3	57.8	57.7	60.3	60.8	61.2	60.0	59.2	60.5
	19—23	58.0	56.3	56.2	58.4	59.0	58.9	58.8	60.5	60.6	60.2	59.5	58.8	59.6
	24—28	59.1	58.3	58.4	58.7	57.6	57.8	57.7	59.9	60.8	61.3	60.6	60.2	60.7
	29— 2	60.0	58.0	57.1	58.6	58.5	58.7	58.6	61.8	61.8	61.7	60.8	59.4	59.9
Sept.	3— 7	59.3	57.5	55.3	55.4	55.4	56.5	58.8	60.2	60.8	60.9	60.7	59.1	58.6
	8—12	59.6	57.4	55.7	56.4	58.2	59.2	60.9	61.6	61.7	62.8	62.4	60.9	60.5
	13—17	59.8	58.5	56.9	56.6	55.6	57.0	60.2	61.0	61.1	61.8	62.0	61.1	61.1
	18—22	59.3	57.3	55.1	55.4	56.9	57.6	58.9	60.4	60.8	61.8	61.3	59.2	58.5
	23—27	58.7	56.3	54.9	54.2	53.4	54.6	57.6	61.0	61.3	61.3	60.4	59.2	59.1
	28— 2	61.6	59.9	57.5	56.7	56.4	56.3	57.0	60.6	62.1	63.1	62.4	61.4	59.3
Okt.	3— 7	60.1	59.0	56.9	57.0	56.2	54.5	55.0	61.9	61.2	61.6	61.3	59.5	59.1
	8—12	60.3	58.6	56.9	55.4	55.4	56.5	57.6	61.5	61.3	62.3	62.3	61.1	59.2
	13—17	58.9	57.7	56.8	56.1	55.1	54.8	55.7	61.0	60.3	60.5	60.6	59.4	58.7
	18—22	61.1	58.4	55.2	54.9	54.6	55.8	57.6	62.5	62.2	62.6	62.4	59.9	57.4
	23—27	60.4	58.4	56.0	56.7	57.3	58.3	58.6	63.6	62.4	61.0	60.9	59.5	59.2
	28— 1	61.9	59.3	57.0	57.0	56.8	57.3	56.7	62.8	62.2	62.7	62.2	60.9	60.2
Nov.	2— 6	61.5	59.0	56.0	56.2	54.8	54.6	56.3	62.2	61.9	61.9	61.5	59.2	58.6
	7—11	62.1	60.0	55.9	54.4	53.5	53.6	55.5	63.4	62.4	62.5	61.9	59.2	57.6
	12—16	58.2	56.9	54.3	54.0	53.1	53.4	54.5	63.6	61.6	60.2	59.8	58.4	57.5
	17—21	60.8	58.3	56.2	56.6	56.8	58.7	61.4	63.0	61.8	62.1	61.9	60.0	59.6
	22—26	61.1	58.1	55.7	56.1	56.6	58.7	60.3	65.8	63.9	62.6	60.7	59.3	59.4
	27— 1	61.4	58.4	54.7	54.0	54.9	56.3	57.7	65.3	63.5	63.0	61.6	59.3	57.3
Dez.	2— 6	62.1	58.2	53.4	51.6	51.1	51.5	53.2	65.3	63.5	63.5	62.1	57.7	56.0
	7—11	60.8	57.6	53.9	51.8	49.9	49.7	51.6	64.6	62.8	62.0	60.6	58.0	55.8
	12—16	63.2	59.6	54.6	51.7	49.2	50.5	52.3	64.5	64.0	64.3	63.8	60.4	57.0
	17—21	60.9	57.6	53.1	50.8	50.4	53.2	57.3	62.9	62.0	62.4	61.5	57.7	54.8
	22—26	59.7	55.9	51.5	49.6	48.8	51.6	55.7	64.2	62.1	61.2	59.6	56.1	54.1
	27—31	58.7	56.0	52.6	50.9	50.8	51.0	52.9	62.8	60.6	59.9	58.9	56.8	55.2
Schwankung		7.9	6.8	9.2	11.1	12.3	12.4	11.2	10.9	7.8	7.0	6.5	6.0	7.9

Fünftägige Luftdruckmittel (1890—1909)

700 mm +   in Meereshöhe, reduziert auf Normalschwere

		50⁰ N-Br 40⁰ W-L	50⁰ N-Br 30⁰ W-L	50⁰ N-Br 20⁰ W-L	45⁰ N-Br 55⁰ W-L	45⁰ N-Br 45⁰ W-L	45⁰ N-Br 35⁰ W-L	45⁰ N-Br 25⁰ W-L	45⁰ N-Br 15⁰ W-L	45⁰ N-Br 5⁰ W-L	40⁰ N-Br 70⁰ W-L	40⁰ N-Br 60⁰ W-L	40⁰ N-Br 50⁰ W-L	40⁰ N-Br 40⁰ W-L
Jan.	1— 5	56.2	56.4	58.5	59.9	60.4	60.6	61.3	62.6	64.3	64.0	62.7	62.7	64.1
	6—10	56.7	58.7	60.5	59.0	59.7	61.5	63.3	63.6	63.3	63.0	61.2	61.7	63.6
	11—15	55.6	56.4	59.3	59.8	60.6	60.8	62.1	64.1	65.0	62.7	61.8	63.0	64.0
	16—20	56.9	58.1	60.1	61.1	61.1	62.2	64.0	65.4	66.2	**65.4**	63.2	63.3	64.7
	21—25	58.1	60.7	63.8	60.8	60.4	62.2	66.2	67.8	67.7	62.4	61.6	62.3	63.2
	26—30	56.9	60.8	63.9	57.9	59.2	63.4	**67.6**	**69.4**	**69.1**	60.9	59.5	60.6	64.4
Febr.	31— 4	56.8	59.8	63.1	59.0	58.9	60.8	64.3	66.1	65.1	62.7	60.4	61.3	61.9
	5— 9	55.1	57.0	60.9	56.8	56.1	57.9	61.9	64.7	65.5	62.4	59.3	58.3	59.9
	10—14	53.4	55.6	59.8	56.4	**55.0**	**57.0**	61.2	64.1	64.6	62.8	59.2	**58.2**	**58.9**
	15—19	**52.9**	55.2	58.7	**56.2**	55.7	57.8	61.0	63.4	64.7	60.8	59.1	59.0	60.7
	20—24	55.7	57.2	59.2	59.5	58.8	59.7	61.4	62.1	63.0	61.6	60.9	61.7	62.6
	25— 1	59.6	61.1	61.2	60.1	61.0	62.9	64.6	63.1	62.1	62.2	61.0	61.5	63.4
März	2— 6	62.1	63.6	63.2	60.5	63.8	**66.6**	67.4	65.4	63.2	61.7	60.6	63.4	67.0
	7—11	59.7	61.6	62.1	62.1	62.4	64.4	66.4	64.7	62.4	63.8	63.8	63.9	65.7
	12—16	55.7	57.1	58.4	59.2	59.3	60.7	62.5	62.3	61.2	62.5	61.3	61.6	63.3
	17—21	55.9	56.7	58.3	59.9	59.2	59.5	60.6	60.4	60.6	62.3	61.6	62.2	62.5
	22—26	55.9	55.9	58.9	60.9	58.0	57.7	60.2	62.1	61.8	63.4	62.9	61.3	60.1
	27—31	55.3	57.2	59.1	57.4	57.5	59.3	61.8	61.9	61.3	61.2	59.0	59.2	61.3
April	1— 5	54.0	57.1	60.2	**56.2**	56.2	59.1	62.7	63.9	62.8	60.6	**58.7**	58.7	60.9
	6—10	59.1	60.5	62.6	59.3	60.8	62.6	65.1	64.8	63.7	**60.1**	60.5	61.8	64.6
	11—15	59.6	60.0	59.6	60.0	61.2	62.8	63.1	61.9	60.7	61.3	60.4	62.3	64.2
	16—20	57.5	59.0	60.6	58.6	59.1	60.6	62.1	63.0	62.2	62.0	59.8	60.8	62.6
	21—25	59.8	59.9	59.7	61.1	62.2	62.7	62.0	61.5	61.9	62.3	62.3	63.9	64.5
	26—30	60.5	60.8	60.6	61.7	62.5	63.9	64.2	62.8	60.8	62.5	62.1	63.6	65.5
Mai	1— 5	58.8	58.7	59.1	61.1	59.8	60.4	61.9	62.2	62.6	62.2	61.9	61.8	62.4
	6—10	59.5	61.1	61.4	59.7	60.3	62.2	63.3	62.2	61.6	61.8	61.3	62.5	64.2
	11—15	61.7	62.8	63.6	62.2	62.7	63.6	64.5	64.1	62.6	62.8	63.6	64.5	65.2
	16—20	61.7	62.2	62.8	61.4	62.9	63.0	63.5	63.7	62.4	61.1	62.0	63.7	64.6
	21—25	60.4	61.2	61.5	60.7	61.2	63.0	63.4	62.8	61.9	62.9	62.4	62.3	64.3
	26—30	60.7	59.9	61.3	61.7	62.4	61.5	61.9	62.7	62.7	60.9	62.4	63.8	64.1
Juni	31— 4	59.1	60.2	59.9	60.0	60.4	61.9	62.4	61.6	61.7	61.9	61.8	62.7	64.1
	5— 9	59.5	60.2	62.6	61.6	61.1	61.7	63.7	64.2	62.6	62.6	62.7	63.2	63.4
	10—14	58.6	60.8	62.8	60.2	60.7	62.0	64.6	64.5	63.3	62.0	62.6	63.6	64.7
	15—19	57.5	59.5	61.8	60.2	60.0	61.5	63.9	64.8	64.5	62.1	62.2	63.1	64.1
	20—24	58.5	59.0	61.3	60.3	60.7	61.6	63.7	64.9	64.4	61.0	61.2	62.7	64.1
	25—29	60.9	61.0	61.9	59.7	62.7	63.7	64.2	64.6	63.8	60.6	60.9	63.6	66.1
Juli	30— 4	61.2	63.0	63.6	60.6	62.6	65.4	67.1	66.3	64.9	61.9	62.6	64.4	66.8
	5— 9	61.8	63.2	**64.6**	61.8	63.7	65.4	67.3	67.1	65.6	62.5	63.7	65.4	67.0
	10—14	61.7	62.7	63.1	62.0	**64.4**	65.5	66.0	65.3	63.8	62.5	64.0	**66.5**	**67.9**
	15—19	61.6	62.7	63.1	60.9	63.3	65.2	65.7	65.1	64.0	62.0	63.3	64.2	67.3
	20—24	62.6	63.3	63.0	62.5	63.9	65.4	66.0	65.0	63.9	62.4	63.8	65.7	67.5
	25—29	61.6	62.2	62.5	61.5	63.4	65.1	65.4	64.7	63.7	62.4	63.4	64.8	66.9
Aug.	30— 3	**62.8**	**63.9**	63.4	61.7	64.0	65.5	66.0	65.3	64.1	61.4	62.6	64.5	66.1
	4— 8	61.2	61.7	62.0	62.4	63.1	63.7	64.5	64.3	63.5	62.5	63.6	64.9	65.8
	9—13	60.2	61.1	62.4	61.1	61.8	62.9	64.3	64.8	64.6	61.8	62.7	63.3	64.4
	14—18	61.4	60.9	60.5	61.5	62.9	63.4	63.2	63.4	63.1	62.2	62.3	63.9	65.2
	19—23	61.0	61.6	62.0	61.1	63.2	64.3	65.5	64.8	63.6	61.9	62.5	64.5	66.2
	24—28	60.5	61.0	61.3	62.0	62.5	63.2	64.5	64.4	63.6	62.1	62.7	63.4	64.9
	29— 2	61.5	62.0	61.6	61.6	62.6	63.9	64.4	64.2	63.9	63.0	62.9	64.1	64.8
Sept.	3— 7	59.3	59.8	61.1	62.2	63.1	63.5	64.3	64.8	64.2	63.5	63.7	65.0	65.5
	8—12	61.1	61.9	63.1	63.4	63.1	63.6	65.6	65.5	63.9	64.6	64.0	63.7	64.5
	13—17	60.7	61.2	62.7	**63.9**	64.3	64.6	65.9	65.9	65.0	64.3	**64.8**	65.5	66.4
	18—22	59.2	60.2	69.6	61.9	62.2	63.2	63.0	61.9	62.4	63.8	63.2	64.0	65.0
	23—27	58.4	58.7	60.1	62.6	62.7	62.7	63.2	63.7	63.5	64.0	63.5	64.4	65.0
	28— 2	58.9	59.5	59.4	61.7	61.4	61.7	62.2	62.3	62.1	63.3	62.6	63.3	63.9
Okt.	3— 7	59.5	58.6	58.0	60.3	61.1	61.6	60.9	61.8	62.4	62.8	62.9	62.7	64.0
	8—12	58.6	59.5	60.3	62.7	61.6	61.6	61.9	62.4	62.6	62.9	63.1	64.0	63.4
	13—17	57.8	56.9	57.6	60.5	61.0	60.2	60.0	60.0	60.7	62.7	61.6	63.3	63.7
	18—22	56.4	57.1	58.8	60.7	59.6	59.6	60.1	61.6	61.8	64.6	62.9	61.7	62.1
	23—27	59.2	60.0	60.5	61.8	62.0	62.4	63.6	62.8	62.5	62.8	62.1	63.0	63.6
	28— 1	59.6	60.3	59.3	62.7	62.6	63.0	62.9	60.7	**60.3**	63.9	63.3	64.6	65.5
Nov.	2— 6	58.0	57.7	58.1	60.7	61.2	61.0	61.2	**59.9**	60.9	63.4	62.3	62.5	63.8
	7—11	57.2	58.3	59.4	60.3	60.4	61.6	63.0	62.3	62.2	63.1	62.0	62.0	63.5
	12—16	57.3	57.6	58.1	60.1	60.2	60.9	61.6	61.1	61.2	62.9	61.9	62.1	62.4
	17—21	60.0	60.9	63.2	61.2	62.0	63.2	63.9	65.2	65.0	64.2	62.3	63.3	64.9
	22—26	59.6	60.8	63.1	61.4	61.9	62.9	64.1	65.8	65.0	62.6	61.9	62.9	63.8
	27— 1	58.5	60.7	61.2	58.6	60.9	64.1	64.8	63.6	62.7	61.9	59.5	61.5	64.9
Dez.	2— 6	55.8	57.2	58.0	58.6	60.1	61.8	62.8	63.6	63.0	62.3	60.7	62.2	64.4
	7—11	54.6	56.0	58.0	59.0	59.0	60.9	63.5	64.2	63.3	63.2	61.4	61.9	63.6
	12—16	54.8	54.9	56.8	60.4	59.7	59.9	62.1	63.0	63.0	64.1	62.1	62.0	63.0
	17—21	54.0	55.4	58.7	58.7	57.6	58.0	60.4	62.7	63.9	64.0	61.7	60.4	61.5
	22—26	53.0	**54.0**	57.1	57.8	57.5	58.0	**59.9**	61.9	63.9	61.6	59.9	60.3	61.6
	27—31	55.1	55.2	**55.9**	58.6	59.9	60.4	61.1	61.8	62.0	62.1	61.3	62.9	64.0
Schwankung		9.9	9.9	8.7	7.7	9.4	9.6	7.7	9.5	8.8	5.3	6.1	8.3	9.0

Fünftägige Luftdruckmittel (1890—1909)

700 mm +   in Meereshöhe, reduziert auf Normalschwere

	40° N-Br 30° W L	40° N-Br 20° W-L	35° N-Br 65° W-L	35° N-Br 55° W-L	35° N-Br 45° W-L	35° N-Br 35° W-L	35° N-Br 25° W-L	35° N-Br 15° W-L	30° N-Br 70° W-L	30° N-Br 60° W-L	30° N-Br 50° W-L	30° N-Br 40° W-L	30° N-Br 30° W-L
Jan. 1— 5	63.8	64.0	64.7	64.4	65.6	65.4	65.3	65.4	65.4	65.4	65.6	65.6	65.4
6—10	65.4	65.7	63.6	63.7	64.7	65.9	66.6	66.0	65.1	65.1	65.6	65.9	66.4
11—15	64.6	65.3	64.2	64.9	65.9	66.5	66.4	65.6	65.3	65.8	66.2	66.8	66.9
16—20	66.1	67.3	64.6	64.4	65.8	66.7	68.4	67.4	65.4	65.2	65.9	66.6	67.1
21—25	66.2	68.2	63.5	63.9	64.5	65.6	67.6	67.1	64.9	65.4	65.2	65.5	66.6
26—30	68.1	70.3	62.0	63.0	64.6	67.2	69.0	69.2	64.2	64.5	65.3	66.2	67.2
Febr. 31— 4	64.6	66.5	63.1	63.9	64.4	64.9	66.2	66.4	65.2	65.7	66.0	65.6	65.7
5— 9	63.0	64.9	62.7	62.0	62.6	64.1	66.0	65.9	64.6	64.7	64.2	64.8	66.1
10—14	61.8	65.1	62.7	61.5	62.0	62.9	64.9	66.3	65.0	64.7	64.1	64.4	65.2
15—19	63.0	65.4	62.5	62.8	63.9	65.3	66.1	65.8	64.9	65.4	66.2	66.7	66.8
20—24	63.5	64.4	62.9	64.1	64.9	65.2	65.4	64.6	64.2	65.6	66.1	66.2	65.9
25— 1	65.5	65.5	62.9	62.9	64.0	64.9	66.2	64.9	63.9	64.4	64.9	65.2	65.8
März 2— 6	68.7	67.4	62.7	63.8	66.1	67.4	67.3	65.6	64.3	64.6	65.5	66.0	66.1
7—11	67.8	66.9	64.9	65.3	66.1	67.5	67.4	64.2	65.1	65.4	65.9	66.4	66.8
12—16	64.8	65.0	63.2	63.2	64.6	66.1	66.2	64.1	64.5	64.3	64.8	66.4	66.8
17—21	62.8	62.2	63.4	64.2	64.4	64.2	64.1	63.0	64.4	65.2	65.2	65.2	65.3
22—26	61.2	62.7	64.0	63.6	62.6	62.2	63.1	62.7	64.2	64.7	64.2	63.7	63.5
27—31	63.2	63.5	61.7	61.6	63.0	64.5	64.2	62.6	63.2	63.1	64.2	65.2	65.1
April 1— 5	64.3	65.4	61.5	61.4	63.0	65.1	66.4	64.3	63.6	63.5	64.6	65.6	66.6
6—10	66.6	66.3	62.6	63.6	65.5	67.0	67.0	64.1	64.1	65.1	66.0	66.6	66.7
11—15	65.4	64.6	62.4	63.7	65.4	66.8	66.4	63.7	63.6	64.7	65.8	66.9	66.8
16—20	64.1	64.2	62.0	62.5	64.4	65.4	65.5	63.7	63.3	64.0	65.3	66.1	66.2
21—25	65.1	63.5	63.8	64.8	65.8	66.6	66.0	63.6	64.4	65.2	66.0	66.6	67.0
26—30	66.7	65.8	62.9	64.2	66.4	67.7	67.6	64.6	63.4	64.5	66.4	67.8	67.9
Mai 1— 5	64.2	64.6	63.4	63.6	64.4	65.6	66.2	64.4	63.9	64.7	65.2	66.2	66.8
6—10	65.4	64.5	63.1	64.2	66.0	66.6	66.2	63.8	63.4	64.9	66.5	67.1	67.0
11—15	65.4	64.9	64.2	65.6	66.6	66.6	65.6	63.0	63.9	65.3	66.5	67.1	66.5
16—20	64.4	64.4	62.9	64.7	65.9	65.6	65.0	63.8	63.0	65.0	66.2	66.3	65.7
21—25	65.8	64.8	63.5	63.7	65.3	67.0	66.4	63.9	63.2	64.4	65.8	67.1	67.2
26—30	63.9	64.0	63.0	65.1	66.0	66.1	66.0	64.2	63.0	65.0	66.6	67.0	67.0
Juni 31— 4	64.8	63.9	63.4	64.7	66.0	66.6	66.0	64.0	63.8	65.4	66.7	67.4	67.1
5— 9	65.2	65.6	63.6	64.5	65.0	66.2	66.6	64.6	64.0	65.1	66.1	66.7	67.2
10—14	66.0	66.3	63.8	65.5	66.6	67.5	67.3	65.1	63.6	65.7	67.1	67.8	67.9
15—19	65.7	66.3	63.5	64.9	66.4	67.2	67.3	65.1	63.5	65.6	67.0	67.6	67.8
20—24	65.7	66.5	63.5	64.9	66.5	67.2	67.7	65.6	64.4	66.2	67.5	68.1	67.8
25—29	67.1	66.5	63.1	65.1	67.5	68.8	68.4	65.7	64.2	65.9	68.0	68.9	68.5
Juli 30— 4	69.0	68.4	64.4	65.7	67.7	69.5	69.2	66.1	64.9	66.3	67.7	68.6	68.6
5— 9	68.5	68.6	64.8	66.4	67.8	68.8	68.6	65.4	65.2	66.6	67.5	68.1	68.0
10—14	67.8	67.1	65.2	67.6	69.1	69.0	68.0	65.0	65.2	67.4	68.6	68.6	67.7
15—19	67.8	66.8	65.0	66.7	68.5	68.9	67.8	65.0	65.6	66.9	68.2	68.6	67.5
20—24	67.7	67.1	64.8	66.6	68.4	69.0	68.1	65.4	64.7	66.6	68.0	68.5	67.8
25—29	67.4	66.3	64.7	66.3	67.8	68.5	67.5	64.9	65.0	66.4	67.6	68.3	67.5
Aug. 30— 3	67.5	66.9	63.8	65.7	67.0	68.0	67.5	64.7	64.4	65.9	67.0	67.6	67.1
4— 8	66.6	66.7	64.6	65.7	67.1	67.9	67.5	65.0	65.1	66.0	67.0	67.6	67.1
9—13	65.8	66.2	64.1	65.3	66.1	66.5	66.8	64.7	64.6	65.7	66.6	66.7	66.4
14—18	65.8	65.5	63.2	64.6	67.1	67.1	66.6	64.4	63.8	64.9	66.5	67.2	66.2
19—23	67.4	66.7	63.2	65.3	66.9	68.0	67.3	64.9	63.4	65.2	66.6	67.2	66.6
24—28	66.4	66.7	63.4	64.8	65.5	67.0	67.4	65.2	63.3	64.9	65.9	66.5	66.4
29— 2	65.9	65.8	63.3	64.7	66.0	66.5	66.2	64.7	63.5	64.9	66.1	66.5	66.2
Sept. 3— 7	66.0	66.1	64.0	65.2	66.0	66.6	66.7	64.7	63.3	64.6	65.6	66.2	66.5
8—12	65.9	66.0	63.8	63.9	65.0	66.2	66.3	64.9	62.8	63.8	65.0	66.0	65.9
13—17	67.1	66.7	64.0	65.3	66.7	67.4	67.0	65.0	62.7	64.1	65.6	66.7	66.5
18—22	65.4	63.7	63.5	64.7	65.6	66.6	65.7	63.4	62.9	64.1	65.4	66.1	66.3
23—27	65.5	65.1	63.4	64.6	65.6	66.6	66.3	64.6	62.7	63.8	65.0	66.0	66.4
28— 2	64.1	63.9	62.8	63.9	64.5	64.6	64.7	64.0	61.8	63.0	64.1	64.5	64.8
Okt. 3— 7	63.7	63.6	61.4	62.7	64.9	64.9	64.3	63.9	61.0	61.7	64.2	65.0	64.8
8—12	63.6	63.7	62.5	64.1	64.6	63.9	64.0	63.3	61.6	63.4	64.3	64.3	63.8
13—17	62.5	61.8	62.3	63.9	65.6	64.9	63.5	62.4	61.7	63.2	65.0	65.5	64.8
18—22	62.0	62.3	63.4	62.7	63.0	63.5	63.3	62.5	62.1	62.7	63.0	63.6	63.8
23—27	64.1	63.4	62.2	62.8	63.5	64.4	63.5	62.4	61.7	62.4	63.0	64.3	64.1
28— 1	65.0	62.8	63.6	64.4	66.0	66.1	65.6	62.8	63.1	63.7	64.8	65.6	65.1
Nov. 2— 6	63.6	61.5	63.0	63.2	64.3	65.1	64.1	62.1	62.9	63.0	63.6	64.8	65.0
7—11	64.6	64.2	63.5	63.2	64.4	65.7	65.4	64.1	64.1	64.1	64.0	65.2	65.6
12—16	63.7	63.9	63.4	63.6	64.0	64.4	65.3	64.1	63.6	64.0	64.5	64.6	65.0
17—21	65.3	65.2	64.4	64.2	64.9	65.5	65.4	64.4	64.9	64.3	64.4	64.5	64.5
22—26	65.0	66.5	63.6	63.2	64.0	64.7	65.9	65.7	64.0	63.6	63.6	64.2	64.6
27— 1	66.1	65.0	62.4	62.6	64.9	66.0	65.1	62.8	64.1	63.5	64.5	65.1	64.9
Dez. 2— 6	65.7	65.9	62.8	63.8	64.9	66.0	66.8	66.1	63.9	64.3	64.8	65.3	66.2
7—11	66.6	67.5	63.8	63.6	64.5	66.6	68.6	67.6	64.9	64.4	64.7	65.6	67.2
12—16	65.6	67.0	64.3	63.8	64.6	66.5	68.5	67.9	65.1	65.1	64.9	66.1	67.3
17—21	62.5	63.7	63.9	63.3	64.0	64.4	65.2	64.8	64.3	64.2	64.9	65.4	65.6
22—26	63.2	64.0	63.0	63.0	63.7	65.4	65.9	65.9	64.2	64.4	64.9	66.1	66.6
27—31	64.9	65.0	63.7	64.6	66.0	66.5	67.4	66.6	65.0	65.5	66.4	66.9	67.1
Schwankung	7.8	8.8	3.8	6.2	7.1	7.3	6.1	7.1	4.6	5.7	5.6	5.3	5.1

Fünftägige Luftdruckmittel (1890—1909)

700 mm +   in Meereshöhe, reduziert auf Normalschwere

Monat		30° N-Br 20° W-L	20° N-Br 70° W-L	20° N-Br 60° W-L	20° N-Br 50° W-L	20° N-Br 40° W-L	20° N-Br 30° W-L	20° N-Br 20° W-L	10° N-Br 60° W-L	10° N-Br 50° W-L	10° N-Br 40° W-L	10° N-Br 30° W-L	10° N-Br 20° W-L
Jan.	1— 5	65.6	62.4	62.8	63.2	63.3	63.0	62.6	59.2	60.2	60.0	59.8	58.8
	6—10	66.2	62.6	63.2	64.0	64.1	64.0	63.2	59.8	60.6	60.4	60.2	59.1
	11—15	66.1	63.0	63.7	64.0	64.1	64.1	63.0	59.9	60.4	60.1	60.0	59.0
	16—20	67.2	62.8	63.4	63.9	63.9	64.1	**63.4**	60.1	60.7	60.5	60.4	59.3
	21—25	66.4	62.7	63.4	63.8	63.6	63.8	62.8	59.8	60.6	60.2	60.0	58.9
	26—30	**67.7**	62.8	63.3	64.0	64.1	63.7	63.2	60.0	60.8	60.6	60.0	58.9
Febr.	31— 4	66.0	63.2	64.0	64.3	63.8	63.5	62.8	60.3	60.9	60.5	60.2	59.0
	5— 9	66.3	62.9	63.7	64.1	64.1	64.1	63.0	60.4	60.8	60.5	60.2	58.8
	10—14	66.0	**63.4**	63.9	64.0	63.9	63.7	62.6	60.6	60.9	60.5	60.2	58.8
	15—19	65.7	**63.4**	**64.5**	65.1	64.9	64.2	62.3	**60.7**	61.3	60.8	60.3	58.6
	20—24	65.2	63.1	64.3	64.6	64.5	63.9	62.6	60.6	61.1	60.7	60.3	58.9
	25— 1	65.5	62.7	63.4	64.1	64.1	63.9	62.7	60.2	60.8	60.5	60.2	58.9
März	2— 6	65.2	62.7	63.1	63.6	63.4	63.2	62.2	60.1	60.5	60.2	60.0	**58.6**
	7—11	64.7	62.6	62.9	63.7	63.6	63.2	61.8	60.2	60.6	60.2	59.8	**58.2**
	12—16	65.1	62.6	62.6	63.4	64.3	64.0	62.0	59.9	60.5	60.6	60.0	58.3
	17—21	64.4	62.8	63.2	63.7	63.9	63.7	62.1	60.1	60.6	60.4	60.1	**58.2**
	22—26	63.3	62.5	63.3	63.9	63.4	62.9	61.6	60.1	60.9	60.5	59.9	58.4
	27—31	63.3	62.0	62.8	63.9	64.0	63.4	61.8	60.0	61.0	60.7	60.0	58.5
April	1— 5	65.1	62.2	63.1	63.8	63.8	63.9	62.0	60.0	60.8	60.5	60.2	58.5
	6—10	64.6	62.6	63.4	64.3	64.3	63.6	61.6	60.0	61.0	60.7	60.0	**58.2**
	11—15	64.6	62.0	63.1	64.2	64.2	63.7	61.7	60.0	60.8	60.6	60.1	58.3
	16—20	64.9	61.9	63.0	64.2	64.3	63.8	62.0	60.0	60.8	60.8	60.3	58.4
	21—25	65.0	62.0	63.1	64.1	64.5	64.0	61.9	60.0	61.0	60.9	60.2	58.4
	26—30	65.7	61.6	62.8	64.4	64.7	64.2	62.1	59.7	60.9	61.0	60.5	58.9
Mai	1— 5	65.2	61.8	63.0	64.0	64.4	64.1	61.9	59.9	60.8	60.7	60.3	58.5
	6—10	65.1	61.6	62.9	64.2	64.4	64.0	62.0	60.0	60.8	60.9	60.5	58.6
	11—15	64.2	61.5	62.8	64.2	64.6	64.0	61.7	59.8	60.8	60.9	60.5	58.7
	16—20	64.7	61.6	63.0	64.2	64.2	63.8	62.1	60.1	61.0	61.0	60.5	59.0
	21—25	65.0	61.2	62.7	64.0	64.5	64.0	61.9	59.7	60.9	60.8	60.5	59.0
	26—30	65.5	61.4	63.1	64.6	64.7	64.0	62.2	60.0	61.2	61.0	60.6	59.3
Juni	31— 4	65.4	61.8	63.4	64.6	64.7	64.3	62.4	60.2	61.2	61.2	60.8	59.6
	5— 9	65.5	62.0	63.3	64.5	64.8	64.2	62.4	60.1	61.2	61.2	60.7	59.6
	10—14	65.7	61.6	63.5	64.8	65.0	64.5	62.5	60.2	61.3	61.3	61.0	59.9
	15—19	66.0	62.1	63.8	65.0	65.2	64.4	62.5	60.4	61.5	61.4	**61.2**	**60.0**
	20—24	66.1	62.6	64.2	65.4	**65.6**	64.6	62.3	60.6	**61.9**	**61.9**	**61.2**	59.8
	25—29	66.4	62.8	64.2	**65.5**	**65.6**	64.5	62.2	60.6	61.8	61.6	61.0	**60.0**
Juli	30— 4	66.3	62.7	63.9	65.0	64.9	64.2	62.1	60.4	61.6	61.3	60.8	59.9
	5— 9	65.5	62.7	63.7	64.7	64.8	64.0	61.9	60.4	61.4	61.2	60.7	**60.0**
	10—14	65.4	62.8	63.9	64.9	64.6	63.6	61.5	60.2	61.4	61.1	60.5	59.8
	15—19	65.3	62.6	63.8	64.9	64.6	63.5	61.4	60.3	61.4	61.3	60.5	59.7
	20—24	65.4	62.5	63.5	64.7	64.6	63.6	61.2	60.1	61.2	61.2	60.4	59.8
	25—29	65.0	62.6	63.7	64.8	64.7	63.6	61.3	60.2	61.4	61.1	60.4	59.8
Aug.	30— 3	64.6	62.4	63.6	64.7	64.3	63.1	61.0	60.1	61.4	61.0	60.2	59.6
	4— 8	64.9	62.3	63.4	64.5	64.0	63.1	60.8	60.0	61.2	60.6	60.1	59.8
	9—13	64.5	62.0	63.0	64.1	63.7	62.5	60.2	59.7	60.8	60.2	59.7	59.3
	14—18	64.2	61.7	62.6	64.0	**61.9**	**59.8**	59.8	59.6	60.7	60.2	59.3	59.0
	19—23	64.7	61.5	62.6	63.8	63.4	62.2	60.4	59.4	60.7	60.2	59.8	59.4
	24—28	65.1	61.3	62.4	63.6	63.4	62.2	60.9	59.4	60.7	60.0	59.2	59.2
	29— 2	64.8	61.2	62.3	63.5	63.3	62.6	60.9	59.5	60.4	60.0	59.6	59.3
Sept.	3— 7	65.0	61.2	62.2	63.5	63.5	62.9	61.3	59.7	60.7	60.3	59.8	59.5
	8—12	64.8	60.8	61.9	63.4	63.5	62.8	61.1	59.5	60.7	60.4	59.9	59.2
	13—17	65.2	60.6	61.7	63.1	63.1	62.4	61.4	59.2	60.4	59.9	59.5	59.2
	18—22	64.5	60.6	61.8	63.5	63.4	62.8	61.2	59.1	60.6	60.2	59.6	59.4
	23—27	65.1	60.2	61.5	63.0	63.3	62.7	61.3	58.8	60.3	60.2	59.6	59.0
	28— 2	64.2	**59.6**	60.9	62.3	62.6	62.3	61.0	58.3	59.9	59.4	59.3	59.0
Okt.	3— 7	63.8	59.7	60.9	62.5	62.8	62.5	61.0	58.4	60.1	59.6	59.3	59.2
	8—12	63.5	59.8	61.0	62.2	62.3	62.0	61.1	58.6	59.7	59.3	59.2	59.0
	13—17	63.2	59.7	61.0	62.4	62.3	62.2	61.2	58.1	59.5	59.0	**59.0**	58.8
	18—22	63.4	59.8	**60.7**	**61.6**	62.0	62.2	61.3	58.4	59.7	59.3	59.4	59.0
	23—27	**63.1**	60.0	60.8	61.8	62.4	62.3	61.4	58.3	59.7	59.4	59.5	59.1
	28— 1	63.6	60.4	60.9	62.2	62.7	62.4	61.6	58.4	59.7	59.6	59.4	59.0
Nov.	2— 6	63.6	60.1	**60.7**	61.9	62.4	62.6	61.6	58.4	59.8	59.3	59.4	59.1
	7—11	64.6	60.8	61.5	62.4	62.5	62.6	61.7	58.5	59.8	59.4	59.4	58.7
	12—16	64.8	60.7	61.4	62.3	62.3	62.5	61.9	58.4	59.5	59.0	59.3	58.6
	17—21	64.0	61.2	61.3	61.8	**61.6**	**61.9**	61.4	**57.9**	**59.1**	**58.8**	**59.0**	58.4
	22—26	64.9	60.7	61.1	61.9	62.1	62.2	61.8	58.0	59.4	59.0	59.1	58.5
	27— 1	63.7	61.0	61.3	62.4	62.6	62.4	61.8	58.3	59.6	59.3	59.4	58.7
Dez.	2— 6	65.9	61.7	62.0	62.6	62.9	63.0	62.4	58.9	59.8	59.7	59.8	59.0
	7—11	67.3	61.7	62.1	62.6	62.8	63.4	62.8	58.7	59.7	59.5	59.6	59.0
	12—16	67.5	62.2	62.5	63.0	63.3	63.4	62.7	58.9	59.8	59.6	59.5	58.7
	17—21	65.3	61.7	62.1	63.1	63.7	63.4	62.6	58.7	60.0	60.2	60.0	59.2
	22—26	66.0	62.1	62.2	63.4	64.0	**64.2**	**63.4**	59.1	60.3	60.3	60.3	59.6
	27—31	67.0	62.6	63.3	64.0	63.9	63.7	63.3	59.6	60.4	60.1	59.8	59.2
Schwankung		4.6	3.8	3.8	3.9	4.0	2.7	3.6	2.8	2.8	3.1	2.2	1.8

Fünftägige Luftdruckmittel (1890—1909)

700 mm +　　　in Meereshöhe, reduziert auf Normalschwere

	70–75° N-Br	65–70° N-Br			60–65° N-Br							
	Vardö	Bodö	Hapa-randa	Uleåborg	Christian-sund	Hernö-sand	Tammer-fors	Helsing-fors	Kuopio	Petro-sawodsk	Kargopol	Archan-gelsk
Jan. 1— 5	56.1	57.6	60.8	61.6	59.0	61.8	62.4	61.9	62.7	62.8	62.4	61.0
6—10	53.0	54.4	58.0	59.0	56.3	59.0	60.8	61.2	61.2	62.9	63.2	60.6
11—15	51.0	53.2	56.1	56.8	54.7	56.7	58.0	58.2	58.7	60.4	61.3	59.3
16—20	53.7	54.6	58.8	59.9	56.3	60.0	61.7	61.9	61.6	62.9	63.7	61.7
21—25	49.9	50.3	54.8	56.5	53.9	56.5	58.9	59.5	58.8	59.7	60.1	58.2
26—30	**46.8**	**46.5**	**49.7**	**51.0**	**49.7**	**51.2**	**53.6**	**54.3**	**53.5**	56.6	57.8	55.4
Febr. 31— 4	49.5	51.8	53.4	54.0	54.0	54.9	55.1	55.1	54.9	55.9	56.2	56.1
5— 9	51.0	52.2	55.2	56.1	54.3	56.7	57.3	57.0	57.0	57.9	57.6	56.0
10—14	50.4	52.0	54.0	54.6	53.7	55.0	55.6	55.2	56.0	56.7	56.7	56.1
15—19	53.0	54.6	57.5	58.3	57.3	58.8	59.6	59.6	59.9	60.8	60.9	59.7
20—24	53.9	55.9	58.7	59.1	57.3	59.8	61.0	61.1	61.1	62.8	63.3	61.5
25— 1	54.3	55.4	58.9	60.4	55.6	59.2	60.1	60.5	61.0	62.3	62.7	61.2
März 2— 6	53.8	54.3	58.2	59.1	54.3	57.6	59.1	58.8	60.1	61.8	62.5	61.2
7—11	54.6	54.5	58.7	59.3	54.6	58.4	59.7	59.4	61.0	63.1	63.7	62.3
12—16	55.0	53.6	57.8	58.7	53.5	57.1	59.3	59.5	60.3	62.3	63.4	61.8
17—21	55.0	54.4	57.8	58.5	55.6	57.8	59.0	58.6	59.7	61.4	62.1	61.2
22—26	55.6	57.3	59.5	60.3	58.5	60.6	61.0	60.8	61.2	61.7	61.2	60.1
27—31	53.7	54.3	56.1	58.0	54.5	57.4	58.8	58.7	59.6	60.7	60.9	59.3
April 1— 5	56.0	56.8	59.0	59.6	57.7	59.3	60.0	59.7	60.8	61.6	61.9	61.3
6—10	56.9	57.1	59.3	59.8	58.3	60.1	60.8	60.8	61.2	62.4	62.8	61.6
11—15	58.8	59.7	61.4	61.9	59.3	61.3	61.9	61.2	62.5	62.8	62.5	61.9
16—20	**61.3**	61.8	62.9	62.9	61.7	62.8	62.5	61.9	63.1	64.2	**64.3**	**63.8**
21—25	59.8	59.6	60.7	61.4	59.4	61.1	61.7	61.4	61.9	62.7	62.7	62.5
26—30	59.2	58.4	59.9	60.3	57.7	59.4	60.3	59.9	61.0	62.1	62.2	61.4
Mai 1— 5	60.4	60.1	60.9	60.9	59.7	61.1	61.2	60.8	61.4	62.3	62.2	61.3
6—10	61.2	**63.0**	**63.9**	**64.4**	62.9	**64.4**	**64.7**	**64.4**	**64.9**	**64.7**	63.7	63.1
11—15	58.7	59.8	60.4	61.4	60.4	61.1	61.5	61.2	61.6	61.9	61.6	61.4
16—20	58.4	59.5	58.5	58.8	60.2	59.3	58.8	58.6	59.1	60.0	59.9	59.5
21—25	60.2	62.2	61.9	62.4	62.6	62.9	62.9	62.5	62.6	62.5	61.6	61.6
26—30	61.2	61.5	61.8	62.2	61.8	62.1	61.6	61.1	62.1	62.9	62.4	63.2
Juni 31— 4	59.4	61.7	60.3	60.6	61.8	61.1	60.5	60.6	60.5	61.1	60.5	60.0
5— 9	60.4	62.7	61.6	61.8	**63.6**	62.3	60.7	60.4	61.1	60.8	59.6	59.9
10—14	59.1	61.0	59.9	60.3	61.9	60.6	59.8	59.4	60.2	60.4	59.9	60.5
15—19	58.7	59.9	59.5	59.8	59.9	60.0	59.8	59.5	60.0	60.4	59.7	60.0
20—24	60.3	60.2	59.8	60.0	60.1	59.7	59.6	59.5	60.3	60.9	60.1	60.7
25—29	59.3	60.0	58.5	59.0	60.7	58.9	58.6	58.6	59.0	59.7	58.8	59.6
Juli 30— 4	58.1	59.1	58.1	58.6	59.4	58.6	58.5	58.6	58.6	58.9	58.1	58.4
5— 9	57.8	57.9	57.3	57.8	58.3	57.6	57.7	57.6	57.9	58.0	57.3	58.2
10—14	57.7	59.2	57.7	58.0	59.8	58.3	57.7	57.4	58.1	58.0	57.2	57.7
15—19	56.8	57.7	56.3	57.0	58.7	57.2	57.6	57.8	57.6	58.3	58.2	57.8
20—24	56.7	56.5	56.4	57.1	58.2	57.2	57.3	57.5	57.5	58.1	57.8	57.5
25—29	57.7	58.4	57.8	58.2	58.9	58.6	58.8	58.8	58.8	58.9	58.3	58.3
Aug. 30— 3	56.4	57.4	56.4	56.9	58.1	57.0	57.3	57.4	57.6	58.5	58.3	57.6
4— 8	56.4	56.4	56.2	56.7	57.4	56.3	56.7	57.0	57.1	57.9	57.8	57.3
9—13	58.4	57.8	58.0	58.3	58.0	57.8	58.2	58.4	58.6	59.0	58.4	58.3
14—18	59.0	57.8	58.1	58.6	57.6	58.0	58.5	58.5	59.1	59.5	58.9	59.5
19—23	56.4	55.8	56.3	56.9	56.4	56.4	57.5	57.8	57.8	59.2	58.9	58.3
24—28	55.9	55.8	56.1	56.7	56.2	56.3	56.9	57.0	57.2	57.6	57.5	56.7
29— 2	54.7	55.1	55.5	56.0	55.7	56.0	56.4	56.4	56.5	57.1	57.2	56.3
Sept. 3— 7	55.3	56.8	56.9	57.5	57.6	57.9	58.4	58.6	58.3	58.9	58.4	57.7
8—12	55.0	56.6	56.9	57.5	58.4	58.4	58.9	59.0	58.5	58.7	58.1	57.1
13—17	56.3	57.9	58.9	59.4	59.3	60.2	60.4	60.5	60.4	60.7	60.4	59.1
18—22	56.4	59.0	60.1	60.9	60.4	61.6	62.6	62.7	62.3	62.6	62.2	60.8
23—27	56.0	58.2	59.1	60.0	59.5	60.5	61.1	61.9	61.3	61.8	61.4	59.8
28— 2	53.6	56.3	57.8	58.8	58.2	59.6	60.8	61.1	60.2	60.7	60.0	57.7
Okt. 3— 7	52.9	54.4	55.2	56.1	54.7	56.2	57.2	57.6	57.2	58.5	58.6	56.8
8—12	53.9	56.0	58.2	59.1	56.9	59.6	61.1	61.6	60.9	61.8	61.4	59.2
13—17	55.1	55.2	57.2	58.1	54.7	57.1	58.5	58.5	59.4	61.1	61.8	59.9
18—22	58.4	59.5	61.2	61.7	59.8	61.9	62.1	62.0	62.5	63.5	63.6	62.8
23—27	54.1	55.3	57.2	58.4	55.8	57.6	59.3	59.8	59.8	61.4	62.0	60.0
28— 1	53.2	55.0	56.7	57.8	56.5	58.6	59.5	60.0	59.4	60.9	61.0	58.7
Nov. 2— 6	54.9	57.2	59.1	59.7	58.7	60.7	61.1	61.4	60.8	61.0	60.4	58.7
7—11	51.9	54.2	56.5	57.8	56.1	58.3	59.3	59.8	59.3	60.5	60.5	58.2
12—16	55.3	55.7	59.6	60.7	56.3	60.3	61.4	61.4	61.8	63.1	63.4	61.4
17—21	52.7	54.8	57.1	58.2	58.8	59.5	61.1	61.4	60.3	61.4	61.4	58.6
22—26	51.2	54.8	56.2	57.1	57.7	58.5	59.1	59.0	58.4	58.6	58.6	55.9
27— 1	48.6	50.9	51.8	52.4	53.5	53.9	53.8	53.7	53.4	**54.4**	**54.4**	**52.9**
Dez. 2— 6	51.5	52.4	55.6	56.2	52.6	56.2	57.5	57.8	57.8	58.7	58.8	57.4
7—11	51.1	50.0	54.5	55.6	50.5	54.7	56.5	56.9	57.2	59.9	60.7	58.9
12—16	56.3	56.3	59.6	60.7	54.8	59.5	60.8	60.2	61.6	63.2	63.8	62.6
17—21	55.1	56.1	59.3	60.2	57.3	60.5	61.6	61.6	61.8	62.8	63.0	61.2
22—26	54.5	56.2	59.2	60.2	58.7	60.9	62.2	62.2	62.0	62.6	62.4	60.2
27—31	53.4	54.6	57.8	58.4	55.3	58.3	59.2	59.1	59.5	60.0	59.8	58.5
Schwankung	15.0	16.5	14.2	13.4	13.9	13.2	11.1	10.1	11.4	10.3	9.9	10.9

Fünftägige Luftdruckmittel (1890—1909)
in Meereshöhe, reduziert auf Normalschwere

700 mm +

		Storno-way	Malin Head	Sumburgh Head	Aberdeen	Shields	Skudenes	Oxö	Vestervig	Karlstad	Skagen	Kopen-hagen	Hammers-hus
							55—60° N-Br						
Jan.	1— 5	57.4	58.2	57.8	59.7	60.5	60.7	62.2	61.7	63.0	62.1	63.0	62.7
	6—10	57.5	58.1	56.6	59.2	59.9	58.7	60.1	59.9	60.4	59.9	61.0	61.0
	11—15	56.9	58.9	55.7	59.1	61.2	58.3	59.6	59.9	59.3	59.2	60.8	60.7
	10—20	54.8	56.7	55.1	57.4	59.5	59.0	60.8	60.9	61.5	60.9	63.1	63.1
	21—25	58.4	61.1	56.4	60.2	62.3	59.6	59.8	60.4	59.7	60.0	62.0	62.1
	26—30	55.3	58.6	52.3	57.1	59.7	54.4	55.5	56.5	54.4	56.2	57.6	57.5
Febr.	31— 4	58.1	59.9	55.9	58.9	60.5	56.6	57.0	57.3	55.8	56.8	57.9	57.4
	5— 9	58.7	60.2	57.1	59.9	61.0	58.5	59.6	59.8	58.9	59.0	60.8	60.2
	10—14	56.1	57.8	54.7	57.4	59.2	56.3	56.9	57.3	56.7	56.5	58.5	58.1
	15—19	57.9	59.2	57.6	60.5	61.6	60.2	61.2	61.2	61.0	60.7	61.8	61.6
	20—24	57.8	58.5	57.6	59.6	60.4	59.6	60.6	60.3	60.9	60.3	61.4	61.2
	25— 1	56.1	57.1	55.5	57.4	58.6	57.4	58.6	58.2	59.6	58.5	59.6	59.5
März	2— 6	55.2	56.9	54.1	56.3	57.7	55.9	57.1	56.8	57.4	56.7	58.0	57.8
	7—11	54.7	56.2	53.8	55.7	56.7	56.1	57.0	56.6	57.7	56.7	57.8	57.9
	12—16	54.5	55.8	53.6	56.4	57.3	55.6	56.9	56.8	57.4	56.8	58.5	58.4
	17—21	54.9	55.7	54.8	56.5	57.4	57.2	58.2	57.7	58.5	57.8	58.6	58.5
	22—26	58.3	59.4	58.2	59.2	59.7	59.4	60.3	59.7	61.0	59.9	60.5	60.3
	27—31	54.8	55.3	54.4	55.6	56.2	55.7	56.6	56.1	57.2	56.1	57.2	57.2
April	1— 5	57.0	58.4	56.7	58.9	59.7	59.3	59.9	59.8	60.0	59.6	60.5	60.3
	6—10	59.4	59.8	58.9	60.4	60.8	59.6	60.1	59.8	60.3	59.7	60.8	60.7
	11—15	57.3	57.3	58.0	58.7	58.8	59.4	60.0	58.9	60.8	59.4	59.3	59.1
	16—20	60.6	60.2	60.7	61.4	61.2	61.8	61.9	60.8	62.0	61.0	60.9	60.4
	21—25	59.6	59.7	59.9	60.7	61.2	60.3	60.9	60.4	61.1	60.5	61.3	61.4
	26—30	56.9	57.0	57.0	57.6	57.5	57.5	57.9	57.4	58.6	57.7	58.4	58.6
Mai	1— 5	58.9	58.0	58.3	58.9	58.8	59.4	60.1	59.6	60.9	59.9	60.6	60.7
	6—10	61.4	60.4	62.4	62.3	61.9	62.6	63.1	62.0	63.9	62.5	62.4	62.4
	11—15	61.8	61.7	61.1	62.5	62.3	60.5	60.6	60.5	60.8	60.2	61.1	61.1
	16—20	61.4	61.3	60.6	61.2	61.3	59.2	59.1	58.7	58.8	58.4	58.9	58.8
	21—25	61.4	61.1	62.0	62.2	62.0	62.1	62.3	61.7	62.6	61.8	62.1	61.8
	26—30	61.6	61.3	61.4	62.1	62.1	61.8	61.6	61.4	61.8	61.2	61.7	61.6
Juni	31— 4	60.1	59.5	60.6	60.9	60.7	61.3	61.5	61.1	61.4	61.0	61.8	61.8
	5— 9	63.8	63.5	64.0	64.4	64.1	62.9	62.3	62.1	62.1	61.7	61.8	61.5
	10—14	62.9	62.1	62.5	62.7	62.2	60.9	60.6	60.5	60.5	60.5	60.4	60.1
	15—19	61.3	61.5	60.2	61.2	61.5	59.9	59.4	59.8	59.6	59.2	60.6	60.6
	20—24	59.4	59.8	59.8	60.4	60.8	60.2	60.0	60.3	59.8	59.7	60.7	60.3
	25—29	61.1	60.8	61.1	61.9	61.8	60.6	60.2	60.6	59.5	59.7	60.8	60.6
Juli	30— 4	59.8	60.4	60.0	60.7	61.0	59.2	59.1	59.5	59.0	58.8	60.1	60.0
	5— 9	59.7	60.8	59.4	60.1	60.9	58.6	58.4	59.0	58.0	58.0	59.6	59.6
	10—14	60.4	60.9	60.2	60.8	61.2	59.7	59.2	59.4	58.6	58.7	59.6	59.3
	15—19	60.0	60.7	59.4	60.5	61.1	59.0	58.6	59.2	58.0	58.3	59.5	59.2
	20—24	59.4	60.1	59.2	60.0	60.1	58.5	58.3	58.6	57.9	58.0	59.2	59.2
	25—29	59.5	59.8	59.2	59.8	59.9	59.0	59.0	59.6	59.1	58.9	60.3	60.2
Aug.	30— 3	60.3	60.8	59.8	60.5	61.2	58.5	58.1	58.8	57.7	57.8	59.2	59.1
	4— 8	57.7	58.5	57.8	58.3	58.9	57.4	57.4	57.9	57.0	57.1	58.9	59.0
	9—13	59.4	60.1	59.3	59.9	60.4	58.3	58.1	58.6	57.8	57.7	59.5	59.6
	14—18	57.4	58.1	57.4	58.4	59.3	58.0	58.4	58.7	58.4	58.3	59.7	59.6
	19—23	57.7	58.6	57.0	58.3	59.0	57.5	57.8	58.0	57.7	57.5	59.4	59.6
	24—28	56.9	57.7	57.0	57.8	58.3	56.5	57.0	57.3	57.1	56.8	58.5	59.0
	29— 2	57.5	58.2	56.7	57.8	59.1	56.6	56.9	57.5	56.6	56.6	58.7	59.0
Sept.	3— 7	59.1	59.9	58.4	59.8	61.0	58.9	59.6	60.0	59.2	59.2	60.9	61.0
	8—12	60.4	61.3	59.5	61.1	61.6	60.1	60.3	60.8	59.8	59.9	61.7	61.5
	13—17	60.8	62.2	60.5	62.2	63.2	61.8	61.9	62.1	61.6	61.7	62.7	62.4
	18—22	60.0	60.2	60.0	61.2	61.5	60.7	62.2	61.9	62.7	62.4	63.1	63.1
	23—27	58.7	59.3	59.4	60.8	61.1	60.6	61.3	61.2	61.8	61.2	62.6	62.8
	28— 2	57.5	57.7	57.8	58.8	59.8	59.6	60.4	60.5	60.9	60.4	61.6	61.7
Okt.	3— 7	54.6	55.9	54.3	56.1	57.0	55.5	56.5	56.8	56.8	56.3	58.2	58.2
	8—12	56.7	57.6	56.5	58.2	59.2	58.7	59.9	59.8	60.7	59.9	61.5	61.6
	13—17	55.1	56.0	54.4	56.0	57.1	55.7	56.6	56.5	57.3	56.6	57.8	57.8
	18—22	58.5	58.4	58.4	59.4	59.5	60.6	61.6	61.1	62.2	61.3	62.2	62.1
	23—27	57.4	58.2	56.4	58.5	59.2	57.1	58.0	58.3	58.4	57.8	59.9	60.2
	28— 1	56.6	56.6	56.0	57.4	57.9	58.2	59.3	59.3	60.2	59.5	61.2	61.3
Nov.	2— 6	57.6	58.3	58.6	59.7	60.4	60.5	61.8	61.6	62.2	61.7	63.0	63.0
	7—11	56.5	57.2	55.9	57.8	59.1	58.0	59.4	59.5	60.2	59.5	61.1	61.2
	12—16	54.1	54.4	54.7	55.8	56.7	58.0	59.7	59.0	61.0	59.8	60.8	61.0
	17—21	60.5	61.9	59.6	62.2	63.2	61.6	62.7	62.8	62.4	62.4	63.9	63.6
	22—26	59.7	60.7	58.8	61.0	62.0	59.7	60.4	60.5	60.0	59.9	61.2	61.0
	27— 1	56.2	57.7	54.9	57.5	58.7	56.4	56.8	56.9	56.3	56.3	57.7	57.4
Dez.	2— 6	52.9	54.4	52.4	54.7	56.5	55.4	56.2	56.4	57.5	56.6	58.4	58.7
	7—11	50.0	51.8	49.3	52.2	54.7	52.7	54.3	54.6	56.7	54.9	57.0	57.3
	12—16	52.5	53.9	52.5	54.3	55.4	55.1	58.0	57.4	59.5	58.0	58.8	58.6
	17—21	57.1	58.3	56.6	59.1	60.5	59.8	61.3	61.3	61.8	61.4	62.5	62.3
	22—26	58.5	59.4	58.7	60.9	62.5	62.7	62.6	62.9	62.9	62.6	64.2	64.0
	27—31	53.8	54.2	54.5	55.4	56.8	57.6	58.3	58.1	59.5	58.6	59.7	60.5
Schwankung		13.8	11.7	14.7	12.2	9.4	10.2	8.8	8.3	9.5	7.7	7.2	6.8

Fünftägige Luftdruckmittel (1890—1909)

700 mm +   in Meereshöhe, reduziert auf Normalschwere

	Stockholm	Wisby	Riga	Memel	Dorpat	St. Peters-burg	Wyschnii-Wolotschek	Welikije Luki	Moskau	Totma	Nishnii-Nowgorod	Wjatka
						55—60° N-Br						
Jan. 1— 5	62.4	62.5	62.9	62.7	62.4	62.4	63.8	63.7	65.4	63.4	65.0	63.2
6—10	60.6	61.0	62.8	62.0	62.5	62.8	**65.4**	64.6	**67.0**	64.8	66.1	64.8
11—15	58.7	59.2	59.8	60.8	59.3	59.5	61.9	61.2	63.7	63.0	64.5	65.0
16—20	61.5	62.3	63.9	**63.8**	63.2	63.0	**65.4**	**65.2**	66.8	65.2	66.5	66.3
21—25	59.2	60.7	62.0	62.4	60.8	60.1	62.2	62.6	63.8	61.8	63.6	63.0
26—30	**54.0**	**55.1**	57.2	57.2	56.3	56.1	59.7	59.5	62.3	60.9	63.5	63.2
Febr. 31— 4	55.9	56.3	56.6	**56.8**	55.8	55.6	57.6	57.4	59.4	57.8	60.2	60.2
5— 9	57.9	58.2	58.5	59.1	57.7	57.5	59.5	58.9	60.7	58.9	60.4	60.1
10—14	55.8	56.3	56.7	57.2	55.9	55.7	57.5	57.2	58.9	58.4	60.5	60.1
15—19	60.0	60.5	61.1	61.1	60.7	60.4	62.0	62.0	62.8	62.3	62.9	61.9
20—24	60.6	61.1	62.8	62.1	62.3	62.4	64.6	64.1	66.1	65.0	66.4	66.0
25— 1	59.5	59.7	61.4	60.5	61.3	61.6	64.1	63.3	66.4	65.1	**67.2**	**67.1**
März 2— 6	57.4	57.3	59.0	58.1	59.4	60.2	62.0	60.9	63.7	65.0	65.4	66.1
7—11	57.8	57.7	59.3	58.6	59.8	61.3	63.4	61.4	64.7	65.0	65.6	66.1
12—16	57.9	58.3	60.6	59.4	60.6	61.3	63.7	63.1	66.0	**65.6**	**67.2**	67.0
17—21	58.2	58.4	59.5	58.8	59.4	59.9	61.8	60.9	63.5	63.9	65.1	65.7
22—26	60.7	60.5	61.3	60.6	61.2	61.0	61.8	61.7	62.5	62.0	62.8	62.8
27—31	57.5	57.6	59.1	58.1	59.3	59.8	61.6	60.7	62.9	62.1	63.0	62.5
April 1— 5	59.6	59.6	59.8	59.6	59.7	60.4	61.8	60.7	62.8	62.8	63.2	63.3
6—10	60.4	60.5	61.5	61.0	61.2	61.5	63.4	62.4	64.5	63.9	64.7	64.6
11—15	60.7	60.2	60.4	59.4	60.9	61.7	62.2	61.2	**62.8**	62.6	62.9	62.3
16—20	61.5	60.8	61.6	60.3	62.0	62.6	64.0	62.9	65.3	64.2	66.0	65.3
21—25	61.0	61.1	61.5	61.0	61.6	62.0	62.5	61.8	63.0	63.6	64.2	64.6
26—30	58.9	58.9	60.0	59.4	60.3	60.9	62.3	61.5	63.2	62.6	63.4	63.1
Mai 1— 5	61.0	61.0	61.4	61.1	61.3	61.6	63.0	62.4	63.9	62.7	63.6	62.8
6—10	**63.9**	**63.3**	63.8	62.6	**64.2**	**64.3**	64.5	63.9	64.4	63.6	63.7	62.5
11—15	60.9	61.1	61.8	61.3	61.4	61.3	61.8	61.5	62.4	61.8	62.2	61.6
16—20	58.5	58.3	59.1	58.6	59.0	59.2	60.3	59.6	61.0	60.7	61.4	60.8
21—25	62.6	62.2	61.7	61.3	62.1	62.0	61.9	62.0	62.2	61.5	61.9	61.0
26—30	61.5	61.3	61.3	60.9	60.9	61.3	61.3	61.0	61.1	61.9	60.9	60.6
Juni 31— 4	61.1	61.6	61.8	61.6	61.0	60.5	60.8	61.2	60.9	60.0	59.7	58.7
5— 9	61.5	61.1	60.3	60.2	59.8	59.8	59.6	59.3	59.6	59.2	59.4	58.8
10—14	59.8	59.7	59.3	58.9	60.1	59.5	59.4	59.0	59.4	59.6	59.3	59.5
15—19	59.6	59.8	59.7	59.7	59.3	59.3	59.1	58.7	58.7	59.3	58.2	58.4
20—24	59.3	59.3	59.4	59.3	59.3	59.6	59.7	59.2	59.7	59.5	58.8	58.3
25—29	59.0	59.4	59.4	59.6	58.7	58.5	58.6	58.6	58.3	58.7	58.0	58.0
Juli 30— 4	58.9	59.2	59.3	59.4	58.5	58.1	57.9	57.9	57.8	57.6	57.1	**56.6**
5— 9	57.7	58.2	58.3	58.5	57.7	57.7	57.4	57.6	57.9	57.2	57.2	56.8
10—14	58.0	58.3	57.8	58.0	57.3	57.1	57.4	57.3	**57.4**	57.1	**56.9**	**56.6**
15—19	57.7	58.1	58.5	58.6	58.3	58.0	58.5	58.9	59.1	58.4	58.5	57.9
20—24	57.6	58.0	58.3	58.5	57.9	57.6	58.4	58.6	58.9	58.2	58.4	58.0
25—29	59.1	59.4	59.6	59.5	59.0	58.6	58.8	58.9	59.2	58.1	58.2	57.5
Aug. 30— 3	57.3	57.8	58.2	58.3	57.8	57.8	59.0	58.8	59.8	58.6	58.8	57.7
4— 8	56.8	57.7	58.5	58.5	57.8	57.4	58.7	58.6	59.3	57.9	58.4	57.0
9—13	57.7	58.2	59.0	59.1	58.8	58.5	59.1	59.3	59.7	58.2	58.9	57.9
14—18	58.2	58.9	59.2	59.4	58.8	58.9	58.9	59.0	59.2	58.6	58.2	57.4
19—23	57.7	58.5	59.7	59.6	59.1	58.8	60.3	60.5	60.8	59.2	59.4	58.5
24—28	57.1	57.6	58.2	58.3	57.6	57.1	58.2	58.4	59.8	58.3	59.6	59.2
29— 2	56.5	57.3	58.0	58.3	57.0	56.6	58.0	58.3	59.1	58.0	59.2	58.3
Sept. 3— 7	59.2	59.9	60.1	60.3	59.1	58.5	59.6	60.2	60.2	58.7	59.0	58.3
8—12	59.5	60.2	60.4	60.7	59.6	58.8	59.6	60.1	60.7	58.4	59.4	58.6
13—17	61.2	61.4	61.7	61.8	61.2	60.8	61.6	61.8	62.8	61.2	62.2	61.4
18—22	62.7	63.2	**64.1**	63.6	63.4	62.8	63.5	63.9	63.8	62.6	62.9	62.3
23—27	61.9	62.4	63.6	63.3	62.9	62.2	63.6	64.1	64.5	61.9	63.1	62.1
28— 2	61.1	61.5	62.8	62.4	62.2	61.4	63.1	63.5	64.0	61.1	62.9	60.6
Okt. 3— 7	56.9	57.4	59.1	58.9	58.7	58.3	60.7	60.6	62.6	59.6	61.5	59.8
8—12	61.2	61.6	63.0	62.4	62.7	62.2	63.6	63.7	64.6	62.5	64.4	63.0
13—17	57.6	57.6	60.6	58.7	59.5	60.0	62.3	61.6	64.1	62.5	64.2	63.5
18—22	62.0	61.9	63.0	62.2	62.7	62.8	64.5	64.0	65.6	64.4	65.5	64.7
23—27	58.9	59.6	61.6	61.2	62.1	61.2	63.1	62.8	64.8	63.4	65.0	64.9
28— 1	60.4	61.0	62.3	62.1	62.6	61.0	63.5	63.6	65.0	62.2	64.3	62.7
Nov. 2— 6	61.9	62.5	62.9	63.2	62.0	61.2	62.7	63.2	63.5	60.8	62.4	60.2
7—11	59.9	60.3	61.4	61.1	60.9	60.5	62.6	62.7	64.1	62.0	63.8	63.0
12—16	61.1	61.2	62.4	61.7	62.4	62.8	64.5	63.9	65.4	64.7	65.3	65.3
17—21	61.7	62.3	63.2	63.0	62.6	61.9	64.0	64.1	65.4	62.9	65.0	64.6
22—26	59.6	59.8	60.8	60.6	59.9	59.0	61.0	61.3	62.5	59.8	61.8	60.9
27— 1	55.3	56.0	**56.4**	57.0	**55.1**	**54.0**	**56.5**	**56.9**	59.5	**56.0**	58.2	57.8
Dez. 2— 6	57.4	57.9	59.7	59.3	59.2	58.7	61.1	60.9	62.7	60.2	62.2	61.7
7—11	56.0	56.5	58.2	57.9	58.2	58.6	61.6	60.6	63.8	62.6	64.5	64.5
12—16	59.4	58.9	60.4	59.3	60.7	61.4	63.5	62.2	65.3	65.1	66.3	66.7
17—21	61.6	62.0	62.9	62.5	62.5	62.3	64.2	64.1	65.6	64.4	65.4	65.7
22—26	62.6	63.1	63.8	**63.8**	63.3	62.8	65.1	65.0	66.2	63.8	64.9	63.7
27—31	59.1	59.3	60.6	60.1	59.9	59.5	61.3	61.4	62.8	60.9	62.2	61.8
Schwankung	9.9	8.2	7.7	7.0	9.1	10.3	8.9	8.3	9.6	9.6	10.3	10.5

Fünftägige Luftdruckmittel (1890—1909)
in Meereshöhe, reduziert auf Normalschwere

700 mm +

	55—60° N-Br			50—55° N-Br								
	Kasan	Jekaterinburg	Tomsk	Valencia	Holy Head	Pembroke	London	Spurn Head	Helder	Vlissingen	Helgoland	Hamburg
Jan. 1— 5	66.4	64.7	67.3	60.1	60.4	60.8	62.1	61.0	62.9	63.5	62.6	63.3
6—10	66.4	66.1	69.6	60.5	60.3	61.0	62.1	60.2	62.0	62.6	61.0	61.7
11—15	66.3	68.1	71.0	61.7	62.0	62.9	63.9	61.6	63.3	64.4	62.2	62.8
16—20	67.3	69.0	71.8	60.3	60.5	61.4	62.1	60.7	63.7	64.7	62.9	64.0
21—25	64.6	65.7	70.8	64.7	64.0	64.8	65.3	63.2	64.0	65.2	64.1	63.8
26—30	65.7	67.2	70.5	63.8	62.0	63.9	64.0	60.9	62.1	64.1	60.0	60.7
Febr. 31— 4	62.4	65.8	71.6	63.5	62.1	62.9	62.5	60.6	60.9	61.9	59.3	59.7
5— 9	61.6	64.9	73.4	62.8	62.8	63.5	63.4	61.5	63.1	64.2	62.1	62.5
10—14	61.7	65.4	71.6	60.8	60.3	61.3	61.7	59.7	61.1	62.5	59.8	60.6
15—19	64.1	65.9	70.4	62.1	62.2	62.8	63.7	62.1	63.5	64.2	62.7	63.2
20—24	67.8	68.4	69.5	60.6	60.8	61.7	62.1	61.2	62.0	62.7	61.4	62.0
25— 1	68.9	69.7	70.5	59.6	59.3	59.8	60.5	58.9	59.9	60.6	59.5	60.2
März 2— 6	67.6	69.6	71.4	61.1	59.2	60.1	59.7	58.2	59.4	60.4	58.4	59.0
7—11	67.1	69.6	72.5	60.3	58.3	59.1	59.1	57.2	58.8	59.8	58.1	58.7
12—16	68.8	70.0	70.8	58.6	57.9	58.7	58.6	57.5	58.6	59.4	58.2	59.1
17—21	67.1	69.6	70.6	58.2	58.4	58.4	59.3	57.9	59.6	60.4	58.9	59.4
22—26	64.2	66.2	68.2	60.8	60.1	60.5	60.5	59.7	60.3	59.6	59.9	60.4
27—31	63.9	65.5	67.2	58.2	57.2	58.1	58.2	56.5	58.2	59.2	57.4	58.6
April 1— 5	63.2	65.9	67.0	60.6	60.6	61.0	61.4	60.4	61.6	62.1	61.0	61.3
6—10	65.6	66.8	66.8	61.8	61.4	61.9	61.4	61.0	61.2	61.8	60.3	60.9
11—15	63.0	63.3	63.8	59.2	58.6	59.2	59.1	58.6	59.2	59.7	59.0	59.2
16—20	66.9	67.2	65.4	61.5	61.5	61.4	60.9	60.8	61.7	62.0	61.2	60.9
21—25	65.9	66.5	65.2	60.7	61.2	61.3	61.9	61.3	61.8	62.1	61.4	61.7
26—30	64.1	65.1	65.2	58.6	57.7	58.1	58.0	57.4	58.6	59.0	58.3	58.7
Mai 1— 5	63.8	63.2	61.9	59.9	59.9	60.3	60.5	59.7	61.4	62.0	60.7	61.0
6—10	63.6	62.7	61.7	61.0	61.3	61.0	61.1	61.5	61.7	61.6	61.6	61.6
11—15	62.5	63.0	61.7	63.0	63.0	62.6	62.3	62.0	62.4	62.8	61.6	61.7
16—20	61.7	61.8	60.8	62.5	61.6	61.7	61.0	60.6	60.5	61.2	59.6	59.6
21—25	61.9	62.0	61.4	61.4	61.5	61.4	61.4	61.6	62.2	62.2	62.1	62.0
26—30	60.6	60.7	59.3	62.5	62.4	62.4	62.3	62.1	62.8	63.2	62.4	62.4
Juni 31— 4	59.2	59.4	59.0	60.2	60.8	60.7	60.9	60.7	61.6	61.9	61.7	61.8
5— 9	59.4	59.3	58.2	63.7	63.8	63.4	63.3	63.5	63.2	63.4	62.5	62.3
10—14	59.8	60.6	58.7	62.9	62.4	62.2	61.7	61.9	61.9	62.3	61.3	61.0
15—19	57.9	58.8	58.0	63.2	62.6	62.9	62.1	61.5	62.0	62.7	61.4	61.6
20—24	58.2	57.9	55.8	61.8	61.6	62.1	62.1	61.3	62.3	63.0	61.7	61.8
25—29	57.8	58.0	55.9	62.4	62.4	62.5	62.1	61.7	62.6	63.2	62.2	62.2
Juli 30— 4	56.9	56.7	56.7	62.4	61.6	62.0	61.3	61.2	61.8	62.5	61.0	61.2
5— 9	57.3	57.3	56.2	64.0	62.6	63.4	62.5	61.3	62.1	63.2	60.9	61.1
10—14	56.9	57.3	56.6	62.9	62.1	62.6	62.2	61.6	61.8	62.4	60.9	61.0
15—19	58.2	57.2	54.4	63.0	62.3	62.8	62.1	61.4	61.9	62.8	60.8	61.0
20—24	58.3	57.7	56.3	62.1	61.1	61.7	61.5	60.4	61.1	61.9	60.3	60.6
25—29	57.9	57.3	56.5	61.4	60.8	61.1	60.8	60.3	61.5	62.1	61.2	61.4
Aug. 30— 3	58.6	58.2	55.7	63.4	62.6	63.1	62.8	61.7	61.9	62.7	60.8	60.9
4— 8	58.1	57.2	55.7	61.1	60.4	60.8	60.4	59.6	60.8	61.7	59.9	60.5
9—13	59.2	58.7	56.0	62.4	61.5	62.2	61.9	61.0	61.9	63.0	60.7	61.3
14—18	57.7	56.9	57.0	60.5	60.1	60.9	61.0	60.1	61.0	61.9	60.4	60.9
19—23	59.0	58.9	58.0	60.7	60.0	60.5	60.5	59.6	60.6	61.5	59.7	60.6
24—28	60.4	60.6	59.6	60.1	59.1	59.9	60.0	58.8	60.0	61.1	59.4	60.2
29— 2	59.2	59.5	59.7	61.3	60.3	61.6	61.5	59.9	60.9	62.1	59.7	60.6
Sept. 3— 7	59.3	59.4	60.5	62.5	62.2	62.8	62.6	61.3	63.0	63.8	62.1	62.6
8—12	60.1	60.4	62.8	63.4	62.7	63.4	63.1	62.4	63.1	63.8	62.4	62.9
13—17	62.5	61.8	63.6	64.4	64.3	64.6	64.3	63.7	64.2	64.7	63.3	63.6
18—22	63.3	64.0	64.2	61.7	61.9	62.1	62.4	61.8	62.9	63.1	62.5	63.3
23—27	63.4	63.2	63.5	61.4	61.5	62.4	62.4	61.6	62.6	63.2	62.2	63.1
28— 2	62.7	60.7	62.8	59.9	59.8	60.1	60.8	60.5	61.6	61.9	61.6	62.3
Okt. 3— 7	61.9	61.6	63.2	59.2	57.9	59.2	59.3	57.9	59.2	60.2	58.6	59.4
8—12	64.7	62.9	63.5	60.2	59.4	60.1	60.8	59.5	61.2	62.0	60.8	61.9
13—17	65.0	65.1	65.8	58.3	57.9	58.4	58.7	57.6	58.3	59.2	57.8	58.8
18—22	66.3	66.9	66.8	59.3	59.5	60.1	61.0	60.1	62.6	62.9	61.7	62.6
23—27	66.3	67.0	67.9	61.2	60.0	60.5	61.1	59.7	60.4	61.5	59.9	61.0
28— 1	64.7	64.0	66.0	58.4	57.9	58.1	59.4	58.3	60.4	60.7	60.4	61.6
Nov. 2— 6	62.0	60.9	64.8	59.3	60.2	60.2	61.3	60.9	62.6	62.9	62.6	63.5
7—11	64.2	63.1	64.8	59.6	59.3	59.7	61.0	59.5	61.0	61.4	60.7	61.9
11—16	66.2	67.5	69.1	56.9	56.8	57.8	59.0	57.2	59.8	60.4	59.8	61.1
17—21	66.4	66.7	69.9	64.9	64.5	64.6	64.5	63.4	64.5	65.2	63.9	64.6
22—26	62.6	63.5	69.6	63.6	62.8	63.4	63.8	62.5	62.6	63.4	60.8	62.6
27— 1	60.2	61.8	68.2	60.8	59.7	60.2	60.8	59.1	60.4	61.1	58.8	59.6
Dez. 2— 6	63.7	64.4	67.9	58.4	57.6	58.5	59.8	57.4	59.0	60.1	58.2	59.4
7—11	66.0	68.1	70.4	56.7	55.2	56.8	57.9	55.5	57.3	58.7	56.8	58.2
12—16	67.8	69.8	72.2	56.9	56.4	57.1	57.8	56.1	58.6	59.7	58.2	59.3
17—21	66.8	67.6	70.9	60.8	61.2	61.7	62.9	61.3	63.4	64.2	62.8	63.5
22—26	65.2	64.7	67.6	60.3	62.2	62.4	64.9	63.4	65.1	65.6	64.7	65.4
27—31	63.1	65.0	69.9	56.8	57.0	57.9	59.2	57.1	59.0	59.8	59.0	59.2
Schwankung	12.0	13.3	19.0	8.2	9.3	8.0	7.5	8.2	7.8	6.9	7.9	7.4

Fünftägige Luftdruckmittel (1890—1909)
in Meereshöhe, reduziert auf Normalschwere

700 mm +

		Kassel	Swinemünde	Berlin	Prag	Neufahrwasser	Breslau	Krakau	Warschau	Wilna	Pinsk	Kiew	Charkow
							50—55° N-Br						
Jan.	1— 5	64.2	63.6	64.3	66.2	63.5	65.0	66.1	64.9	64.1	65.4	65.7	66.8
	6—10	63.0	61.8	62.6	65.0	62.2	63.6	64.9	63.8	64.1	65.3	66.8	**68.0**
	11—15	64.4	62.0	63.3	65.7	61.0	64.8	64.6	62.8	61.1	62.9	63.7	64.5
	16—20	65.4	64.4	65.3	67.6	64.6	66.3	67.4	66.1	**65.3**	66.5	67.2	67.7
	21—25	65.2	63.4	64.5	67.2	63.1	65.6	66.8	65.2	63.7	65.2	65.5	65.9
	26—30	63.3	59.5	61.8	64.7	58.7	62.5	64.1	61.6	59.8	62.5	63.8	65.3
Febr.	31— 4	61.1	58.8	60.0	62.1	57.9	60.6	61.7	59.4	58.1	59.7	60.8	62.3
	5— 9	63.7	61.5	62.7	64.4	60.4	63.0	63.3	61.6	59.9	61.5	62.4	62.8
	10—14	62.1	59.7	61.0	63.5	58.9	61.9	62.9	60.8	58.4	60.3	60.7	61.2
	15—19	64.0	62.7	63.6	65.2	62.0	63.8	64.6	63.1	62.2	63.0	63.2	63.3
	20—24	63.6	62.0	63.2	64.4	62.4	63.4	64.8	63.7	63.9	64.8	65.5	66.7
	25— 1	60.9	60.3	60.8	62.6	60.6	61.7	62.9	62.1	62.5	63.9	65.4	67.2
März	2— 6	60.1	58.7	59.7	61.3	58.5	60.3	61.2	60.0	59.8	61.1	62.3	64.6
	7—11	59.7	58.7	59.2	61.2	59.0	60.2	61.2	60.3	60.2	61.3	62.6	64.2
	12—16	60.0	59.1	59.8	61.6	59.4	60.1	61.6	60.8	61.6	62.6	64.0	65.9
	17—21	60.2	58.9	59.4	60.8	59.2	60.0	60.9	60.1	60.3	61.2	62.0	63.6
	22—26	60.6	60.5	60.8	61.8	60.7	61.3	61.7	61.3	61.5	61.8	61.9	62.7
	27—31	**59.2**	**57.7**	**58.5**	60.4	58.1	**59.1**	60.1	59.2	59.8	60.6	61.6	62.7
April	1— 5	61.9	61.1	61.6	62.7	60.5	61.9	62.0	61.2	60.4	61.3	61.6	62.4
	6—10	61.7	60.9	61.2	62.1	61.2	61.6	62.0	61.7	62.1	62.7	63.1	63.8
	11—15	59.4	59.1	59.3	60.2	59.4	59.8	59.9	59.4	60.1	60.0	60.6	62.2
	16—20	61.0	60.4	60.7	61.4	60.4	60.8	61.1	60.6	61.6	61.8	62.8	64.4
	21—25	62.0	61.6	62.0	62.5	61.6	62.2	62.1	61.6	61.5	61.3	61.1	61.9
	26—30	**59.2**	58.6	59.0	**59.9**	59.2	59.6	60.0	59.7	60.4	60.7	61.4	62.5
Mai	1— 5	61.6	60.9	61.2	61.8	61.1	61.5	61.3	60.9	61.7	61.8	62.4	63.5
	6—10	61.4	61.7	61.5	61.7	62.3	61.8	61.6	61.7	63.1	62.2	62.0	63.4
	11—15	62.1	61.3	61.5	62.1	61.6	62.0	62.1	61.7	61.8	61.8	61.7	62.3
	16—20	60.3	59.0	59.6	60.4	58.9	59.9	**59.8**	59.2	59.3	59.5	59.4	60.7
	21—25	62.1	61.5	61.6	61.8	61.4	61.7	61.4	61.2	61.8	61.6	61.8	62.4
	26—30	62.6	61.8	62.1	62.5	61.5	62.3	61.8	61.4	61.0	61.0	60.4	60.3
Juni	31— 4	62.0	61.8	61.8	62.3	62.0	62.2	62.0	61.8	61.9	62.0	61.4	61.2
	5— 9	62.6	61.4	61.6	61.9	60.9	61.6	60.8	60.2	59.5	59.5	58.8	59.3
	10—14	61.5	60.4	60.6	61.1	59.7	60.8	60.3	59.6	59.0	59.2	58.6	58.8
	15—19	62.2	61.0	61.4	62.0	60.3	61.7	60.9	60.3	59.3	59.3	58.6	58.4
	20—24	62.9	61.0	61.7	62.6	60.1	62.0	61.3	60.2	59.4	59.7	59.2	59.6
	25—29	63.2	61.4	62.2	63.3	60.6	62.7	62.3	60.9	59.7	60.0	59.2	59.0
Juli	30— 4	62.3	60.8	61.5	62.4	60.2	62.1	61.6	60.4	59.3	59.7	58.8	58.5
	5— 9	62.6	60.3	61.2	62.6	59.6	61.9	61.3	60.1	58.7	59.3	58.6	58.2
	10—14	62.1	59.9	60.7	61.7	58.9	60.9	60.2	**59.0**	**57.9**	**58.8**	**57.6**	**57.5**
	15—19	62.4	60.1	60.9	62.2	59.4	61.7	61.5	60.2	59.4	60.1	59.7	59.8
	20—24	62.0	59.8	60.7	61.9	59.2	61.4	61.0	59.9	59.0	59.7	59.7	59.7
	25—29	62.5	60.8	61.5	62.4	60.3	62.0	61.8	60.7	59.9	60.3	59.7	59.6
Aug.	30— 3	62.2	60.0	60.7	61.9	59.3	61.4	61.4	60.1	59.3	60.2	60.4	60.5
	4— 8	62.0	60.0	60.9	62.0	59.4	61.9	61.6	60.6	59.4	60.3	60.3	60.4
	9—13	63.0	60.7	61.8	63.2	60.2	62.7	62.3	61.2	60.3	60.8	60.3	60.1
	14—18	62.4	60.6	61.4	63.0	60.2	62.4	62.4	61.3	60.2	61.3	61.1	60.8
	19—23	62.4	60.4	61.4	63.0	60.3	62.8	62.9	61.6	61.0	62.1	62.3	62.1
	24—28	61.8	59.8	60.7	62.5	59.4	62.1	62.1	60.7	59.5	61.0	61.5	62.0
	29— 2	62.7	60.1	61.5	63.3	59.7	62.7	62.8	61.2	59.2	61.0	60.9	61.5
Sept.	3— 7	63.7	62.6	62.6	64.0	61.3	63.3	63.5	62.1	61.1	62.0	61.9	61.8
	8—12	63.8	62.4	63.2	64.1	61.7	63.8	63.8	62.6	61.3	62.3	62.2	62.5
	13—17	64.2	63.0	63.5	64.4	62.6	64.0	63.9	63.0	62.4	62.9	62.9	63.3
	18—22	64.0	63.5	63.9	65.0	64.0	65.0	65.3	64.7	64.6	64.9	64.5	64.6
	23—27	64.1	63.4	63.8	65.3	63.8	65.2	65.9	65.0	64.6	65.7	65.8	65.6
	28— 2	62.9	62.2	62.7	63.7	62.6	63.8	64.5	63.8	63.9	65.0	65.8	66.8
Okt.	3— 7	60.8	59.3	60.3	62.2	59.2	61.6	62.4	61.0	60.5	62.1	63.3	64.6
	8—12	63.0	62.1	62.7	64.0	62.4	63.6	64.0	63.3	63.6	64.0	64.4	65.8
	13—17	60.2	58.8	59.6	61.6	59.1	61.0	62.1	60.9	61.0	62.3	63.8	65.4
	18—22	63.0	62.5	63.1	64.0	62.4	63.6	64.1	63.6	63.7	64.4	65.2	66.3
	23—27	62.2	61.3	62.2	64.1	61.8	63.4	64.6	63.5	63.0	64.4	65.2	66.2
	28— 1	62.5	62.1	62.7	64.6	62.6	64.1	65.2	64.2	63.9	65.2	66.2	67.1
Nov.	2— 6	64.3	63.7	64.4	66.0	**64.7**	65.5	**66.3**	65.4	64.5	65.8	66.2	66.1
	7—11	62.7	62.0	62.7	64.6	61.9	63.7	64.8	63.7	63.2	64.8	65.7	66.2
	12—16	61.9	61.6	62.2	64.1	62.0	63.4	64.4	63.4	63.4	64.5	65.4	66.2
	17—21	65.0	64.5	65.0	66.2	64.1	65.7	66.5	65.3	64.5	65.7	66.2	·67.8
	22—26	63.4	62.1	63.1	64.7	61.5	63.8	64.3	62.8	61.9	63.3	64.1	65.2
	27— 1	61.4	58.9	60.3	62.9	58.2	61.2	62.3	60.3	59.2	61.1	62.4	63.4
Dez.	2— 6	60.4	59.6	60.5	63.0	60.1	61.6	63.4	61.7	61.3	62.7	63.7	64.9
	7—11	60.1	58.5	59.8	62.2	58.6	61.0	62.4	60.7	60.1	61.9	63.6	65.4
	12—16	60.3	59.4	60.2	62.2	59.6	61.0	62.4	61.1	61.2	62.4	64.0	65.6
	17—21	64.6	63.3	64.1	66.0	63.1	64.8	65.7	64.5	63.1	65.3	66.0	66.5
	22—26	**66.2**	**65.1**	**66.1**	**67.9**	64.6	**66.8**	**67.7**	**66.2**	**65.3**	**66.7**	**67.3**	67.5
	27—31	61.2	60.5	61.2	63.4	60.6	62.5	63.5	62.1	61.7	62.6	63.3	64.5
Schwankung		7.0	7.4	7.6	8.0	6.8	7.7	7.9	7.2	7.4	7.9	9.7	10.5

Fünftägige Luftdruckmittel (1890—1909)
in Meereshöhe, reduziert auf Normalschwere

700 mm +

	50—55° N-Br					45—50° N-Br						
	Koslow	Uralsk	Orenburg	Omsk	Barnaul	Scilly	Cherbourg	St. Mathieu	Ile d'Aix	Paris	Le Mans	Clermont
Jan. 1— 5	66.8	68.0	68.3	66.2	70.8	61.0	62.8	62.8	64.0	64.2	64.3	65.4
6—10	67.8	68.5	68.6	67.9	71.3	61.1	62.3	62.1	63.5	63.9	63.7	65.0
11—15	64.9	68.8	69.9	69.5	73.0	62.8	64.0	64.0	64.9	65.4	65.4	66.4
16—20	67.7	68.5	69.2	70.6	73.2	62.1	64.3	64.5	65.9	65.9	65.8	67.6
21—25	65.3	67.6	68.4	68.5	73.2	65.4	66.0	66.2	67.0	66.7	67.1	68.1
26—30	65.1	69.1	69.9	69.8	73.0	65.1	65.8	66.9	68.1	66.5	67.4	68.5
Febr. 31— 4	61.9	66.8	68.2	69.4	74.0	63.2	62.9	63.8	64.6	63.5	64.1	64.7
5— 9	62.2	65.0	66.7	70.8	75.8	64.1	64.1	64.4	65.2	65.1	65.3	66.3
10—14	60.8	65.0	66.7	69.7	73.6	61.9	63.0	63.5	64.6	63.8	64.3	65.4
15—19	63.7	66.8	67.7	69.0	72.2	62.7	63.7	63.6	64.9	64.8	64.9	66.1
20—24	67.6	69.7	70.5	68.6	71.5	61.0	62.4	62.3	63.3	63.3	63.3	64.2
25— 1	68.3	70.7	71.4	71.0	73.0	60.2	60.6	60.8	62.3	61.7	61.9	63.3
März 2— 6	65.6	69.5	70.5	71.0	73.5	61.1	60.8	61.8	62.7	61.6	62.1	63.1
7—11	65.9	68.9	70.5	72.0	74.4	60.1	60.6	61.1	62.0	61.2	61.6	62.7
12—16	67.5	69.8	70.6	70.8	72.5	59.1	59.5	60.0	61.1	60.5	60.8	61.8
17—21	65.2	68.7	70.2	71.1	72.3	59.0	60.4	60.2	61.0	61.2	61.3	61.9
22—26	63.2	65.7	67.0	68.0	69.7	60.8	61.0	61.0	61.6	61.4	61.7	62.0
27—31	63.7	65.4	66.6	67.5	69.9	59.0	59.5	60.1	61.2	60.5	60.7	61.4
April 1— 5	63.1	64.7	66.0	67.0	68.8	61.3	62.1	62.2	62.5	62.3	62.7	62.6
6—10	64.8	66.1	67.1	67.8	67.7	62.3	62.4	62.8	63.1	62.5	62.7	63.0
11—15	63.1	63.7	64.2	63.7	64.6	59.8	60.7	59.7	60.6	60.4	60.3	60.9
16—20	65.9	67.9	68.7	66.5	66.5	61.5	62.2	62.2	62.0	62.0	62.0	61.8
21—25	63.5	66.6	67.6	66.5	66.7	61.5	61.6	61.4	62.2	62.3	62.1	62.2
26—30	63.5	64.3	65.0	65.6	66.2	58.7	59.1	59.4	60.3	59.7	59.7	60.3
Mai 1— 5	64.3	64.2	64.4	62.4	62.7	60.8	61.9	61.7	62.4	62.7	62.5	62.8
6—10	64.2	64.0	64.2	62.7	63.5	61.0	61.7	61.3	61.4	61.5	61.4	61.3
11—15	62.6	63.2	63.6	62.6	63.0	62.8	63.0	62.9	62.4	62.8	62.8	62.3
16—20	61.6	62.5	63.0	62.3	61.9	62.0	62.3	62.2	61.9	61.7	61.9	61.5
21—25	62.5	62.6	62.6	61.6	61.4	61.4	62.0	62.0	61.6	61.9	61.8	61.5
26—30	59.9	60.3	60.7	59.8	59.8	62.9	63.1	62.8	62.6	63.1	63.0	62.6
Juni 31— 4	60.8	59.4	59.5	58.8	59.8	60.6	61.8	61.4	61.8	62.2	62.1	62.0
5— 9	59.8	60.4	60.5	58.8	59.5	63.5	63.5	62.9	62.4	62.9	62.6	62.3
10—14	59.1	59.7	60.4	59.6	59.1	62.5	63.0	62.8	62.4	62.5	62.7	62.1
15—19	58.2	58.0	58.2	58.5	58.0	63.3	63.7	63.9	63.8	63.6	63.8	63.5
20—24	59.5	58.8	58.9	56.4	56.2	62.8	63.8	63.8	64.0	63.9	63.9	63.9
25—29	58.3	57.9	58.0	56.6	55.9	62.9	63.7	63.3	63.3	63.8	63.5	63.4
Juli 30— 4	57.7	**57.2**	**57.2**	56.6	57.8	62.7	63.3	63.4	64.0	63.3	63.5	63.7
5— 9	58.0	57.9	58.1	56.8	55.8	64.5	64.6	65.0	64.9	64.5	64.8	64.7
10—14	**57.5**	57.7	58.0	57.0	56.1	63.0	63.4	63.4	63.3	63.2	63.3	63.1
15—19	59.5	58.3	57.8	55.8	**54.3**	63.4	63.8	63.6	63.5	63.6	63.6	63.5
20—24	59.5	58.4	58.2	56.7	56.3	62.5	62.9	62.9	63.6	63.1	63.2	63.2
25—29	59.2	57.7	57.7	56.3	56.4	61.7	62.7	62.7	63.3	63.0	62.9	63.1
Aug. 30— 3	59.9	58.6	58.1	**55.4**	55.6	63.9	63.9	64.0	63.9	63.7	63.8	63.6
4— 8	59.7	59.0	58.9	55.7	55.9	61.8	62.5	62.6	63.2	63.0	63.1	63.3
9—13	60.0	60.4	60.6	56.8	56.3	63.2	64.0	64.0	64.3	64.3	64.3	64.4
14—18	59.7	58.5	58.1	56.1	57.3	61.8	62.5	62.5	62.9	63.0	62.9	63.5
19—23	61.0	60.1	59.9	57.9	58.8	61.5	62.3	62.5	63.2	62.9	62.9	63.4
24—28	61.3	61.4	61.5	59.9	60.2	60.9	62.0	62.2	63.2	62.6	62.8	63.6
29— 2	60.2	61.0	61.1	59.1	60.4	62.4	62.9	63.1	63.6	63.6	63.6	64.3
Sept. 3— 7	60.9	60.8	61.0	59.0	61.3	63.4	64.3	64.3	64.4	64.7	64.7	64.9
8—12	61.5	62.4	62.8	61.3	63.0	63.7	64.1	63.7	63.4	64.4	64.1	64.4
13—17	63.3	63.4	63.5	62.4	64.0	65.1	65.3	65.2	64.8	65.2	65.1	65.2
18—22	64.3	64.7	65.0	63.5	64.2	62.2	63.0	62.2	62.7	63.4	63.5	63.8
23—27	65.1	65.2	65.6	62.8	64.9	62.1	63.2	62.8	63.5	64.0	63.7	64.7
28— 2	65.9	65.2	64.7	62.2	64.9	60.5	61.6	61.3	62.0	62.3	62.0	62.9
Okt. 3— 7	65.1	65.0	65.2	62.3	65.6	59.8	61.2	61.0	62.2	62.1	62.0	63.1
8—12	66.1	66.5	66.0	62.8	65.6	60.3	61.8	61.6	62.7	63.0	62.8	64.1
13—17	66.5	66.9	67.5	65.4	67.9	58.6	59.2	59.3	60.7	60.6	60.5	62.1
18—22	67.0	68.7	69.2	67.2	68.4	60.1	61.3	61.0	62.3	62.8	62.4	63.4
23—27	66.1	68.4	69.2	68.1	70.0	61.1	61.5	61.7	62.6	62.7	62.5	63.8
28— 1	66.3	67.7	67.7	65.4	68.7	58.1	59.6	**59.2**	60.4	61.3	60.7	62.4
Nov. 2— 6	64.7	64.6	64.7	63.6	67.6	59.7	61.4	60.5	61.4	63.0	62.4	63.6
7—11	65.3	66.5	66.2	64.0	67.2	59.7	60.7	60.8	62.1	62.2	62.1	63.4
12—16	66.1	68.1	68.9	69.0	71.7	57.8	59.8	59.7	61.4	61.5	61.5	63.0
17—21	67.0	69.1	69.7	68.5	71.2	64.3	65.2	65.4	64.7	65.5	65.7	65.6
21—26	64.2	66.4	66.9	67.6	72.6	63.5	63.6	63.8	64.4	64.3	64.6	65.2
27— 1	61.0	64.2	64.9	66.0	70.4	60.6	61.2	61.8	62.4	62.4	62.6	64.1
Dez. 2— 6	64.5	65.8	66.3	66.2	70.5	59.3	60.4	60.9	62.3	61.8	62.1	63.7
7—11	65.8	69.0	69.8	69.3	72.3	58.2	**59.1**	60.0	62.5	61.2	61.4	63.7
12—16	66.4	69.1	70.1	70.8	74.0	**57.7**	59.3	59.7	62.3	61.4	61.6	63.5
17—21	66.7	67.9	68.4	69.1	73.0	61.5	63.7	63.5	64.1	65.0	64.9	65.7
22—26	67.1	66.7	66.2	65.8	70.3	62.1	64.0	63.2	64.3	65.8	65.5	66.6
27—31	64.2	66.2	66.9	67.9	72.1	57.9	59.4	59.5	61.4	61.2	61.2	63.0
Schwankung	10.8	13.5	14.2	16.6	21.5	7.7	6.9	7.7	7.8	7.0	7.7	8.2

Fünftägige Luftdruckmittel (1890—1909)
700 mm +   in Meereshöhe, reduziert auf Normalschwere

45—50° N-Br

	Arlon	Karlsruhe	Zürich	Turin	München	Triest	Wien	Budapest	Lemberg	Ungvar	Hermannstadt	Kischinew
Jan. 1— 5	64.3	65.4	66.3	65.1	65.2	63.7	66.2	65.5	66.2	66.0	66.4	66.3
6—10	63.9	64.4	66.3	64.7	64.3	63.6	65.4	65.1	65.6	65.4	66.6	66.9
11—15	65.4	65.8	67.2	65.4	65.5	64.4	66.0	65.4	64.4	65.5	66.3	65.2
16—20	65.8	66.7	68.4	66.8	66.8	65.5	67.8	67.1	67.3	67.4	67.6	67.2
21—25	66.1	66.8	**68.6**	**67.2**	66.8	**66.1**	67.6	67.4	66.8	67.7	**68.5**	66.9
26—30	65.7	66.0	68.4	66.1	65.8	64.8	65.4	65.6	63.3	65.9	66.9	65.6
Febr. 31— 4	62.5	63.0	64.7	62.7	62.6	61.6	62.4	62.0	61.1	62.1	62.7	62.5
5— 9	64.9	65.0	66.0	64.3	64.7	63.0	64.3	63.5	63.1	63.8	64.2	63.7
10—14	63.6	64.0	65.3	63.9	64.0	62.8	63.9	63.1	62.5	63.2	63.7	62.5
15—19	65.0	65.4	66.5	64.9	65.2	64.1	65.2	64.4	64.0	64.4	64.9	63.9
20—24	63.4	63.7	65.0	64.0	63.6	63.3	64.7	65.0	65.2	65.3	66.1	65.5
25— 1	61.7	62.2	63.6	62.3	62.3	61.5	63.0	63.2	63.9	63.6	64.3	65.5
März 2— 6	61.1	61.4	62.5	60.8	61.3	61.1	61.4	60.9	61.6	61.2	61.6	62.5
7—11	60.8	61.1	62.5	61.7	61.1	61.4	61.5	61.6	61.9	62.0	62.8	63.3
12—16	60.7	61.1	62.2	61.5	61.3	61.2	61.6	61.7	62.7	62.2	62.6	64.0
17—21	61.1	61.2	62.2	60.7	61.0	60.3	60.8	60.8	61.6	61.2	61.4	62.2
22—26	61.0	61.3	62.1	60.4	61.3	60.4	61.6	61.2	61.9	61.4	61.1	62.0
27—31	59.9	60.5	61.9	60.3	60.6	60.0	60.4	60.0	60.7	60.4	60.6	62.3
April 1— 5	62.1	62.4	62.4	61.3	62.3	60.9	62.4	61.5	61.6	61.4	61.4	62.1
6—10	61.9	62.2	62.7	60.8	62.3	60.5	62.1	61.0	62.2	61.4	62.2	62.7
11—15	60.1	61.1	60.8	59.4	60.2	59.3	60.1	59.3	60.0	**59.4**	59.5	60.6
16—20	61.4	61.3	61.6	60.2	61.3	60.2	61.1	60.6	61.6	61.0	61.3	63.0
21—25	62.0	62.2	62.5	60.7	62.4	60.7	61.9	61.0	61.6	61.1	60.7	61.3
26—30	**59.5**	**59.9**	**60.6**	**58.9**	**60.1**	**59.1**	**59.5**	**59.2**	60.3	60.0	60.1	61.3
Mai 1— 5	62.1	62.3	62.4	60.9	62.5	60.9	61.4	60.5	61.3	61.0	61.1	62.2
6—10	61.3	61.5	61.4	60.4	61.6	60.3	61.1	60.5	61.5	60.9	61.0	61.5
11—15	62.2	62.3	62.2	61.1	62.4	61.0	61.7	61.2	61.8	61.3	61.4	61.6
16—20	60.8	61.1	61.2	59.5	61.4	59.4	61.0	**59.2**	59.6	**59.4**	59.5	59.8
21—25	61.4	61.8	62.0	60.7	62.2	60.8	61.3	60.8	61.3	61.3	61.1	61.5
26—30	62.8	63.0	63.1	61.2	63.3	61.0	61.7	60.5	61.0	60.7	60.3	60.6
Juni 31— 4	62.0	62.3	62.5	61.6	63.2	61.5	61.9	61.2	61.8	61.6	61.5	61.3
5— 9	62.4	62.6	62.6	60.7	63.1	60.7	61.3	59.8	59.7	59.7	**59.2**	**58.7**
10—14	61.8	62.0	62.0	60.0	62.4	60.2	60.6	59.7	59.5	59.7	59.4	59.2
15—19	62.8	63.1	63.2	61.2	63.5	61.1	61.4	60.2	59.8	60.1	60.0	58.9
20—24	63.2	63.5	63.9	61.7	64.2	61.7	62.0	60.8	60.3	60.6	60.5	59.7
25—29	63.5	63.8	64.1	62.3	64.9	62.4	63.0	62.0	61.2	61.7	61.5	60.5
Juli 30— 4	62.8	63.2	63.4	61.8	64.2	61.7	62.2	61.3	60.8	61.3	61.1	60.1
5— 9	63.6	63.8	63.9	61.5	64.6	61.2	62.3	61.0	60.3	60.5	60.3	59.9
10—14	62.4	62.9	62.9	60.5	63.8	60.5	61.2	59.9	**59.2**	59.7	59.6	58.8
15—19	63.1	63.2	63.5	61.4	64.3	61.4	62.1	61.0	60.7	61.1	61.1	60.4
20—24	62.6	62.8	63.0	60.9	63.9	60.6	61.7	60.6	60.6	60.7	60.6	60.2
25—29	62.8	63.0	63.3	61.2	64.2	61.0	62.0	61.0	61.0	61.0	60.6	60.3
Aug. 30— 3	63.0	63.2	63.4	61.4	64.1	61.1	61.9	61.1	61.1	61.3	61.4	60.9
4— 8	62.6	62.8	63.6	61.3	64.1	61.0	62.0	61.1	61.2	61.3	61.1	60.8
9—13	63.8	64.1	64.5	62.0	65.2	61.6	62.9	61.5	61.3	61.3	61.0	60.8
14—18	62.9	63.4	64.1	62.2	64.9	61.8	62.8	62.2	62.4	62.3	62.5	62.0
19—23	62.7	63.3	64.0	62.4	64.7	62.1	63.1	62.5	62.6	62.6	63.0	62.8
24—28	62.4	63.0	63.7	62.2	64.3	62.0	62.6	62.2	62.0	62.2	62.7	62.5
29— 2	63.6	64.0	64.5	62.6	65.1	62.3	63.4	62.7	62.3	62.7	63.3	62.4
Sept. 3— 7	64.5	64.5	65.4	63.1	65.6	62.7	63.8	63.1	62.8	63.1	63.4	62.7
8—12	64.0	64.4	64.9	63.0	65.2	62.6	63.7	63.2	63.2	63.3	63.7	63.0
13—17	64.9	65.0	65.1	63.2	65.6	62.8	64.2	63.2	63.5	63.4	63.7	63.2
18—22	63.8	64.3	64.6	63.6	65.3	63.4	64.8	64.6	65.2	64.8	65.0	64.5
23—27	64.0	64.5	65.0	64.3	65.6	63.9	65.4	65.4	66.0	65.7	66.3	65.7
28— 2	62.7	63.0	63.7	63.0	64.2	62.9	63.6	63.8	64.9	64.5	65.2	65.5
Okt. 3— 7	61.8	62.2	63.8	62.3	63.3	61.8	62.3	62.3	62.6	62.7	63.4	63.7
8—12	63.2	63.8	65.0	63.6	64.8	63.2	63.8	63.7	63.9	63.8	64.5	64.3
13—17	60.7	61.5	62.8	61.9	62.3	61.6	62.0	62.5	62.7	62.8	63.9	64.0
18—22	62.9	63.5	64.2	62.9	64.3	62.2	63.8	63.3	64.3	63.6	64.2	64.8
23—27	62.7	63.2	64.1	63.4	64.1	62.8	64.4	64.6	64.8	64.8	65.2	65.6
28— 1	62.3	62.9	63.7	63.6	63.9	63.3	64.8	65.0	65.7	65.7	66.1	66.1
Nov. 2— 6	63.7	64.3	65.6	65.1	65.3	64.4	65.9	66.3	66.3	66.3	67.0	66.9
7—11	62.8	63.4	64.8	63.8	64.1	63.0	64.5	64.9	65.2	65.1	65.8	66.2
12—16	62.1	62.7	64.5	64.1	63.7	63.4	64.2	64.7	64.8	65.1	65.8	65.8
17—21	65.3	65.5	66.2	64.9	65.7	64.2	65.3	66.2	66.4	66.3	67.0	67.4
22—26	64.0	64.4	65.5	63.9	65.5	63.0	64.8	64.2	64.4	64.3	64.8	64.9
27— 1	62.2	62.9	64.4	63.5	63.1	62.5	63.4	63.6	62.6	63.8	64.8	64.2
Dez. 2— 6	61.4	62.1	64.7	62.6	62.5	61.6	63.5	63.6	63.6	63.9	64.7	64.9
7—11	60.8	61.8	64.4	62.5	62.3	60.9	62.9	62.4	62.5	62.8	63.3	63.9
12—16	61.3	62.1	64.4	63.1	62.2	61.8	62.8	63.0	63.0	63.2	64.0	64.3
17—21	65.2	65.5	67.1	65.8	65.4	64.6	66.0	65.8	65.9	66.3	66.5	66.6
22—26	**66.3**	**66.9**	68.2	**67.2**	**67.0**	65.9	**67.9**	**67.6**	**67.6**	**67.9**	**68.5**	**67.7**
27—31	61.3	62.3	64.2	63.1	62.6	62.0	63.6	63.6	63.5	64.0	64.8	64.2
Schwankung	6.8	7.0	8.0	8.3	6.9	7.0	8.4	8.4	8.4	8.5	9.3	9.0

Fünftägige Luftdruckmittel (1890—1909)
in Meereshöhe, reduziert auf Normalschwere

700 mm +

		45—50° N-Br					40—45° N-Br						
		Jelissa-wetgrad	Odessa	Rostow	Kertsch	Astrachan	Coruña	Oporto	Biarritz	Madrid	Cette	Barcelona	Nizza
Jan.	1— 5	66.4	65.8	67.5	65.8	68.6	64.8	65.5	64.5	66.7	62.8	63.6	61.8
	6—10	67.3	66.5	68.0	66.0	68.6	64.3	65.2	64.4	66.5	63.0	63.7	61.8
	11—15	64.4	64.4	65.4	64.0	67.4	65.6	66.2	65.4	67.2	63.8	64.5	62.8
	16—20	67.4	66.9	67.7	66.5	67.6	67.2	67.8	66.6	68.9	64.8	65.8	64.3
	21—25	66.2	66.3	66.7	65.6	67.6	68.0	68.2	67.7	68.7	65.7	66.2	**64.6**
	26—30	65.0	65.2	66.5	65.2	67.8	**69.1**	**70.4**	**69.2**	**71.0**	**66.1**	**66.9**	63.9
Febr.	31— 4	62.4	62.5	64.0	63.4	66.4	66.1	65.9	65.3	66.8	62.3	63.3	60.6
	5— 9	63.2	63.3	64.0	63.4	64.9	66.0	66.0	65.4	67.3	63.4	64.1	61.8
	10—14	61.8	62.1	62.6	62.1	64.8	65.2	65.8	65.3	66.9	63.2	64.1	62.1
	15—19	63.2	63.1	64.1	62.7	65.7	65.0	65.6	65.4	66.6	63.8	64.3	62.5
	20—24	65.7	65.0	66.9	65.0	67.8	63.7	64.0	63.8	65.0	62.5	62.9	61.7
	25— 1	66.3	65.4	66.2	65.0	68.3	63.4	63.6	62.9	64.3	61.4	61.9	60.3
März	2— 6	63.2	62.5	65.2	63.2	67.1	64.7	64.9	63.7	65.0	61.0	62.1	59.1
	7—11	63.2	62.8	64.3	62.5	65.9	63.7	63.6	63.0	63.4	61.3	61.5	60.1
	12—16	64.5	63.8	65.9	63.9	67.1	62.9	62.9	61.7	62.9	60.5	61.1	59.7
	17—21	62.3	62.0	64.1	62.2	65.8	**61.1**	**61.7**	61.3	61.9	60.3	60.7	59.2
	22—26	62.0	61.8	62.9	61.7	63.4	62.3	62.4	62.1	63.0	60.5	61.2	59.1
	27—31	61.9	61.4	62.9	61.6	63.7	62.7	62.5	62.2	62.8	60.4	61.2	59.0
April	1— 5	62.0	61.9	62.3	61.2	62.8	64.1	63.7	63.3	63.4	61.3	62.0	59.7
	6—10	63.0	62.4	63.3	62.0	63.4	64.6	63.9	63.7	63.2	61.7	61.9	59.7
	11—15	61.1	60.5	62.5	60.9	62.8	61.8	62.0	61.3	**61.5**	59.9	60.5	58.4
	16—20	63.4	63.0	64.5	63.2	65.3	62.9	62.4	62.4	62.1	60.4	60.8	58.8
	21—25	61.2	60.8	62.3	60.9	63.2	62.6	62.7	62.7	62.6	61.2	61.2	59.7
	26—30	61.7	61.4	62.6	61.5	62.3	62.6	62.5	61.2	61.6	**59.7**	**60.0**	**58.1**
Mai	1— 5	62.6	62.0	62.9	61.7	62.5	63.1	63.1	63.3	62.8	61.7	62.2	60.3
	6—10	62.3	61.6	63.1	61.8	62.8	62.2	62.2	62.0	62.0	60.6	60.9	59.3
	11—15	61.9	61.7	61.9	61.4	61.5	63.2	62.2	62.8	61.8	61.3	61.2	60.0
	16—20	60.0	59.9	60.8	60.0	60.8	63.1	62.6	62.7	61.7	61.1	61.1	58.9
	21—25	62.0	61.6	62.0	61.5	61.5	62.6	62.3	62.2	61.8	61.0	60.9	60.0
	26—30	60.5	60.3	60.1	60.1	59.5	62.9	62.6	63.1	62.2	61.9	61.8	60.3
Juni	31— 4	61.5	61.3	60.9	60.7	59.8	62.7	62.4	62.3	61.8	61.8	61.5	60.8
	5— 9	59.2	59.1	59.9	59.5	59.9	63.7	62.9	62.9	61.7	61.8	61.5	60.2
	10—14	58.9	58.9	58.7	58.6	58.2	64.0	63.6	63.4	62.5	61.6	61.8	59.9
	15—19	58.7	58.9	58.1	58.2	**57.2**	64.7	63.8	64.5	63.0	62.6	62.6	60.6
	20—24	59.8	59.9	59.6	59.3	58.9	64.9	64.0	64.7	63.2	63.0	63.2	61.4
	25—29	59.6	60.3	59.1	59.5	58.2	64.5	63.8	64.1	62.0	63.2	62.9	61.8
Juli	30— 4	59.3	60.0	58.7	58.9	57.9	65.8	64.8	64.9	62.8	63.1	63.0	61.2
	5— 9	58.8	59.5	58.5	58.5	57.9	66.0	64.4	65.8	63.1	63.4	63.4	61.2
	10—14	**58.1**	**58.7**	**57.6**	**57.9**	57.3	64.6	63.5	63.9	62.0	62.3	62.1	60.1
	15—19	60.0	60.1	59.2	58.6	58.5	64.5	63.7	64.2	62.4	63.3	62.8	61.2
	20—24	60.0	60.0	59.1	58.6	58.4	64.9	64.2	64.2	62.2	62.8	62.4	60.5
	25—29	59.9	60.0	58.8	58.4	57.6	64.7	63.9	64.2	62.1	62.6	62.5	60.7
Aug.	30— 3	60.7	60.6	59.4	58.8	58.0	64.8	63.5	64.4	61.9	63.0	62.6	60.8
	4— 8	60.7	60.7	59.8	59.2	59.3	64.4	63.8	63.9	62.0	62.5	62.7	60.8
	9—13	60.2	60.1	59.6	58.5	59.7	65.0	64.0	64.9	62.8	63.4	63.3	61.2
	14—18	61.6	61.7	60.3	59.9	59.1	64.1	63.8	63.7	62.3	63.2	62.8	61.5
	19—23	62.6	62.5	61.6	60.7	60.8	64.4	64.1	64.0	62.5	63.0	62.9	61.6
	24—28	62.2	62.2	61.6	60.5	61.0	64.4	64.1	64.1	63.1	63.1	63.0	61.5
	29— 2	61.9	62.3	61.3	61.0	61.2	64.5	64.1	64.2	63.3	63.5	63.5	62.0
Sept.	3— 7	62.4	62.7	61.8	61.5	61.5	64.6	64.4	64.6	63.9	64.0	63.8	62.1
	8—12	62.7	62.9	62.4	61.5	62.1	64.4	64.2	63.7	63.4	63.4	63.1	61.9
	13—17	63.2	63.3	63.1	62.3	63.0	65.2	64.2	64.5	64.2	63.7	63.6	62.0
	18—22	64.7	64.3	64.3	63.3	64.1	62.8	62.7	62.9	63.1	63.1	63.0	62.4
	23—27	66.0	65.7	65.4	64.2	64.7	64.1	64.3	63.8	64.2	63.7	63.7	63.0
	28— 2	66.3	65.6	66.1	64.6	66.1	63.6	63.5	62.6	63.6	62.3	62.4	61.6
Okt.	3— 7	64.2	63.9	64.7	63.8	65.4	63.6	63.9	63.2	64.5	**62.4**	62.9	61.2
	8—12	65.1	64.5	65.9	64.0	66.6	63.1	63.4	63.1	64.3	63.1	63.1	62.2
	13—17	64.8	64.3	65.6	64.2	66.1	62.0	62.3	61.4	63.0	61.6	61.5	60.4
	18—22	65.3	64.5	66.6	64.6	67.7	62.3	62.8	62.3	63.4	62.1	62.2	61.1
	23—27	65.8	65.4	66.6	65.2	67.3	63.4	63.3	62.9	64.0	62.3	62.2	61.1
	28— 1	67.0	66.2	67.1	65.7	67.9	61.5	62.1	**61.0**	62.6	61.1	61.3	61.0
Nov.	2— 6	66.6	66.8	66.2	66.0	66.0	61.2	61.8	61.6	63.2	62.2	61.8	62.4
	7—11	66.5	66.3	66.6	65.8	66.8	63.3	63.6	62.6	64.4	62.2	62.6	61.6
	12—16	66.0	65.6	66.7	65.2	67.2	62.7	63.4	62.1	64.4	62.1	62.6	61.8
	17—21	67.4	67.0	**68.4**	**67.0**	**68.7**	65.5	65.3	64.9	66.3	63.3	64.0	62.3
	22—26	64.8	64.6	65.7	64.5	66.8	66.2	66.1	65.1	66.7	63.1	63.6	61.3
	27— 1	64.0	64.1	65.1	64.2	65.7	63.6	63.8	63.0	64.8	62.0	62.2	61.0
Dez.	2— 6	64.7	64.6	65.9	64.8	66.6	65.0	66.1	64.0	66.5	61.9	62.5	59.9
	7—11	64.5	63.9	66.0	64.1	67.8	65.4	66.7	64.1	67.0	62.2	63.3	60.1
	12—16	64.7	64.2	66.2	64.3	67.5	64.9	66.6	63.9	66.9	62.0	63.2	60.6
	17—21	66.4	66.1	66.7	65.4	67.2	64.5	65.1	64.4	66.5	63.3	63.7	63.0
	22—26	**67.9**	**67.7**	67.7	66.7	67.5	64.8	65.5	64.6	67.3	64.4	65.0	64.4
	27—31	64.4	64.1	65.5	64.4	66.8	63.9	65.4	63.0	66.7	61.6	62.7	60.5
Schwankung		9.8	9.0	10.8	9.1	11.5	8.0	8.7	8.2	9.5	6.4	6.9	6.5

Fünftägige Luftdruckmittel (1890—1909)

700 mm +   in Meereshöhe, reduziert auf Normalschwere

	40—45° N-Br										
	Iles San-guinaires	Florenz	Rom	Neapel	Lesina	Punta d'Ostro	Bari	Pancsova-Belgrad	Sofia	Bukarest	Konstanti-nopel
Jan. 1— 5	61.4	62.8	61.9	61.9	61.9	61.5	62.0	65.9	64.7	66.1	64.4
6—10	61.9	62.7	62.4	62.6	62.5	62.4	62.7	65.9	65.9	66.9	65.4
11—15	62.7	63.6	63.1	63.4	62.8	62.6	62.9	66.2	65.5	65.8	64.6
16—20	64.0	65.2	64.5	64.5	64.0	63.6	64.4	67.4	67.8	67.4	65.9
21—25	**64.6**	**65.6**	**65.2**	**65.1**	**65.1**	**64.6**	**65.3**	**68.2**	**69.0**	67.8	**66.4**
26—30	**64.6**	64.5	64.2	64.1	63.8	63.7	64.0	66.6	66.5	66.4	65.5
Febr. 31— 4	60.8	61.1	61.6	61.0	60.7	60.7	60.8	63.0	62.3	62.8	63.2
5— 9	61.9	62.4	61.8	61.9	61.6	61.4	61.7	64.2	63.6	64.3	63.5
10—14	62.5	62.6	62.2	62.4	61.6	61.4	61.9	63.8	63.1	63.5	62.8
15—19	62.6	63.2	62.7	62.6	62.5	61.9	62.5	64.8	63.5	64.5	62.9
20—24	61.8	62.6	62.3	62.6	62.4	62.2	62.6	65.4	64.7	65.9	64.4
25— 1	60.6	60.9	60.9	61.2	60.9	61.0	61.1	63.5	63.8	65.1	63.9
März 2— 6	59.5	59.8	59.9	60.3	59.3	59.2	60.0	61.3	61.6	62.2	61.8
7—11	60.4	61.0	61.1	61.5	61.0	60.9	61.2	62.6	62.8	63.3	63.2
12—16	60.1	60.7	60.8	61.2	60.9	60.7	61.2	62.3	62.7	63.4	62.8
17—21	59.7	59.9	60.0	60.4	59.6	60.0	60.1	61.3	61.8	62.0	61.1
22—26	59.8	60.0	60.1	60.4	59.7	59.7	60.0	61.4	61.5	61.8	61.1
27—31	59.6	59.6	59.9	60.3	59.8	59.7	60.0	60.5	60.7	61.0	61.0
April 1— 5	60.0	60.3	60.1	60.2	59.9	59.8	60.0	61.6	61.4	61.7	61.1
6—10	60.1	59.9	59.7	59.9	59.5	59.2	59.5	61.0	60.3	61.7	61.2
11—15	59.4	59.1	**59.4**	**59.7**	**58.8**	**59.1**	**59.1**	**59.4**	60.0	60.2	60.5
16—20	59.4	59.3	59.6	60.3	59.7	60.3	60.0	61.0	61.8	62.4	62.3
21—25	60.4	60.2	60.2	60.6	60.1	59.9	60.2	61.1	60.7	60.8	60.7
26—30	**59.1**	**58.9**	**59.4**	59.9	59.2	59.8	59.6	59.7	60.5	60.9	61.2
Mai 1— 5	61.3	60.9	61.1	61.6	60.6	60.6	60.9	61.1	60.9	61.4	61.2
6—10	60.2	60.0	60.0	60.4	59.8	59.9	60.1	60.6	60.7	61.1	60.8
11—15	60.5	60.6	60.6	60.9	60.4	60.5	60.5	61.2	61.2	61.6	61.1
16—20	60.2	59.7	60.1	60.5	59.2	59.3	59.8	59.6	**59.5**	59.7	60.0
21—25	60.8	60.7	60.9	61.1	60.4	60.3	60.6	61.0	61.0	61.4	60.9
26—30	61.0	60.8	60.7	61.0	60.2	59.6	60.3	60.5	60.1	60.4	60.3
Juni 31— 4	61.5	61.5	61.5	61.8	61.0	60.8	61.2	61.3	61.3	61.3	61.0
5— 9	61.1	60.6	60.9	61.2	60.1	60.1	60.6	59.9	**59.5**	59.4	59.7
10—14	61.2	60.4	60.8	61.1	59.8	59.7	60.3	59.8	**59.5**	59.4	59.3
15—19	62.0	61.3	61.5	61.8	60.5	60.3	60.9	60.7	59.8	59.6	59.6
20—24	62.4	62.0	62.2	62.5	61.2	60.9	61.4	61.3	60.5	60.5	60.4
25—29	62.8	62.4	62.5	62.7	61.6	61.3	61.9	62.4	61.4	61.1	60.7
Juli 30— 4	62.4	61.8	62.1	62.4	61.2	60.8	61.5	61.4	61.1	60.8	60.4
5— 9	62.4	61.5	61.6	61.8	60.4	60.2	60.8	61.1	60.6	60.2	59.8
10—14	61.4	60.7	61.0	61.2	59.9	59.7	60.4	60.3	59.7	**59.3**	**59.1**
15—19	62.6	61.7	61.7	61.8	60.6	60.1	60.9	61.4	60.6	60.5	59.5
20—24	61.8	60.9	61.2	61.3	60.0	59.6	60.3	60.8	60.0	60.3	59.4
25—29	61.5	61.1	61.1	61.1	60.2	59.6	60.4	61.0	60.1	60.5	59.2
Aug. 30— 3	62.0	61.3	61.5	61.6	60.4	59.9	60.8	61.3	60.6	60.9	59.9
4— 8	62.1	61.3	61.4	61.4	60.5	60.0	60.8	61.3	60.8	60.8	59.5
9—13	62.4	61.7	61.6	61.6	60.5	59.9	60.8	61.5	60.6	60.6	**59.1**
14—18	62.4	61.9	61.9	62.0	61.1	60.7	61.3	62.3	61.5	62.0	60.9
19—23	62.6	62.0	62.1	62.1	61.4	61.0	61.7	62.5	62.3	62.6	60.7
24—28	62.9	62.3	62.5	62.7	61.6	61.3	62.1	62.4	62.0	62.2	61.1
29— 2	63.1	62.5	62.6	62.7	61.7	61.4	62.2	62.9	61.5	62.5	61.4
Sept. 3— 7	63.0	62.7	62.6	62.8	61.9	61.5	62.4	63.2	62.8	62.8	61.7
8—12	62.7	62.5	62.5	62.7	61.9	61.7	62.3	63.2	63.0	63.2	62.0
13—17	62.6	62.4	62.6	62.8	62.4	61.9	62.6	63.5	63.2	63.4	62.5
18—22	63.0	62.9	62.9	63.0	62.6	62.4	62.9	64.4	63.5	64.5	63.4
23—27	63.5	63.5	63.5	63.6	63.3	63.4	63.6	65.2	65.1	65.8	64.3
28— 2	62.2	62.3	62.6	62.9	62.5	62.6	62.8	63.7	64.3	65.1	63.6
Okt. 3— 7	62.0	61.9	62.3	62.6	61.7	61.8	62.4	63.0	63.2	63.7	63.6
8—12	62.8	63.2	63.1	63.2	62.4	62.1	63.0	64.0	63.6	64.5	63.1
13—17	61.0	61.3	61.7	62.2	61.6	61.9	62.4	62.9	64.2	64.3	63.9
18—22	61.0	61.8	61.4	61.7	61.3	61.2	61.9	63.6	63.8	64.5	63.6
23—27	61.3	62.2	62.2	62.7	62.2	62.1	62.6	64.6	65.0	65.8	64.7
28— 1	61.2	62.2	62.0	62.3	62.4	62.2	62.6	65.0	65.9	66.1	64.8
Nov. 2— 6	62.2	63.6	63.1	63.4	63.3	63.1	63.5	66.3	66.9	67.1	65.4
7—11	61.7	62.4	62.3	62.7	62.4	62.3	62.8	65.2	65.7	66.2	65.0
12—16	62.1	62.7	63.0	63.2	62.9	62.6	63.2	65.4	65.7	66.0	64.5
17—21	62.4	63.2	63.1	63.3	63.3	62.9	63.4	66.5	66.3	67.3	65.9
21—26	61.4	62.1	61.6	61.8	61.5	61.3	61.8	64.6	65.2	65.0	63.9
27— 1	60.9	62.0	62.0	62.4	61.8	61.8	62.5	64.5	64.5	64.8	64.0
Dez. 2— 6	60.1	60.7	60.4	60.7	60.8	60.9	60.9	64.2	64.5	65.0	63.8
7—11	60.6	60.6	60.4	60.6	60.1	59.8	60.4	63.0	62.9	63.7	62.5
12—16	61.0	61.4	61.1	61.2	60.8	60.7	61.2	63.6	64.1	64.4	63.6
17—21	62.8	63.9	63.4	63.5	63.6	63.3	63.7	66.4	66.8	66.7	65.6
22—26	64.0	65.2	64.3	64.2	64.3	63.8	64.4	68.0	67.2	**68.5**	65.9
27—31	60.8	61.3	61.3	61.3	60.9	60.4	61.3	64.2	63.5	64.6	63.8
Schwankung	5.5	6.7	5.8	5.4	6.3	5.5	6.2	8.8	9.5	9.2	7.3

Fünftägige Luftdruckmittel (1890—1909)

700 mm +   in Meereshöhe, reduziert auf Normalschwere

		40—45° N-Br				35—40° N-Br						
		Sewasto-pol	Sotschi	Tiflis	Baku	Lissabon	San Fernando	Alicante	Oran	Nemours	Palma	Ténès
Jan.	1— 5	64.3	65.1	**67.8**	67.7	65.2	64.8	64.0	64.4	64.7	63.4	63.9
	6—10	64.8	65.2	**67.8**	**67.9**	65.5	65.3	64.3	64.8	65.0	63.4	64.2
	11—15	63.3	64.5	67.1	66.9	65.9	65.4	64.4	64.8	65.0	63.8	64.6
	16—20	65.1	64.7	66.0	66.2	67.7	67.0	66.3	66.3	66.5	65.5	65.9
	21—25	65.0	64.9	67.6	67.1	67.6	66.4	66.0	66.0	65.9	65.6	65.6
	26—30	64.4	65.0	66.8	67.1	**69.7**	**68.7**	**67.9**	**67.8**	**68.1**	**66.6**	**67.3**
Febr.	31— 4	62.4	64.0	66.9	66.5	66.0	65.9	64.7	64.9	65.2	63.0	64.4
	5— 9	62.7	63.3	65.4	65.2	65.8	65.6	64.8	65.4	65.6	64.0	65.0
	10—14	61.2	62.4	64.4	64.6	66.1	66.1	65.1	65.6	65.8	64.2	65.2
	15—19	61.7	62.5	64.5	64.6	65.4	65.0	64.6	64.6	64.9	64.0	64.4
	20—24	63.8	64.2	65.9	66.5	64.1	63.8	63.0	63.6	64.0	62.6	63.1
	25— 1	63.9	64.0	66.2	67.1	63.8	63.6	62.6	62.7	63.1	62.0	62.4
März	2— 6	61.8	62.7	65.3	66.1	65.0	64.4	63.0	63.4	63.6	62.1	63.1
	7—11	61.6	62.2	64.4	64.7	63.0	62.4	61.9	62.2	62.4	61.1	61.9
	12—16	62.8	63.3	64.9	65.7	62.8	62.3	61.9	61.7	61.9	61.1	61.5
	17—21	61.2	62.0	64.3	65.1	62.1	62.0	61.4	61.7	61.9	60.6	61.3
	22—26	60.9	60.9	62.8	63.1	62.4	62.1	62.0	61.3	61.7	60.9	61.0
	27—31	60.6	61.1	63.0	63.6	62.4	62.2	61.6	61.6	61.9	61.0	61.5
April	1— 5	60.6	60.8	62.5	62.8	63.3	63.1	62.3	62.3	62.6	61.7	62.0
	6—10	61.2	61.3	62.0	62.8	63.2	62.5	62.2	61.8	62.0	61.6	61.3
	11—15	60.2	61.1	62.1	63.1	62.1	61.8	61.1	61.4	61.6	60.5	61.0
	16—20	62.3	62.3	63.3	64.3	62.4	62.2	61.2	61.7	62.0	60.7	61.1
	21—25	59.9	61.0	62.2	62.6	62.6	62.6	61.7	61.7	62.0	61.1	61.6
	26—30	60.8	61.3	61.8	62.3	62.4	62.4	**60.7**	**61.1**	**61.4**	**60.0**	**60.7**
Mai	1— 5	61.0	60.9	61.8	62.4	63.2	62.8	62.6	62.4	62.6	62.1	62.1
	6—10	60.8	61.0	61.7	62.3	62.2	62.4	61.2	61.6	61.9	60.9	61.3
	11—15	60.8	60.8	61.1	61.5	**61.6**	**61.6**	61.2	61.3	61.5	61.3	61.0
	16—20	59.6	59.8	60.3	60.7	62.5	62.4	61.1	61.6	61.7	61.0	61.1
	21—25	60.8	61.1	61.1	61.4	62.2	62.4	61.3	61.6	61.9	61.0	61.3
	26—30	59.7	60.1	60.3	60.5	62.8	62.6	61.7	62.0	62.1	61.4	61.6
Juni	31— 4	60.4	60.1	60.3	60.8	62.6	62.6	61.2	61.5	61.7	61.5	61.3
	5— 9	59.0	59.7	59.9	60.3	62.6	62.5	61.4	61.9	62.0	61.6	61.5
	10—14	58.3	58.6	58.5	58.6	63.6	63.0	61.7	62.2	62.4	61.8	61.9
	15—19	58.3	58.2	57.6	57.9	63.6	63.0	62.6	62.8	63.1	62.9	62.7
	20—24	59.5	59.3	59.1	59.2	64.0	63.5	63.3	63.3	63.3	63.1	62.9
	25—29	59.7	59.5	58.9	59.2	63.8	62.8	62.4	62.1	62.2	62.6	61.9
Juli	30— 4	59.1	58.9	58.2	58.5	64.5	63.2	62.7	62.5	62.7	63.0	62.3
	5— 9	58.6	58.5	58.0	58.0	63.8	62.9	63.2	62.7	62.6	63.5	62.5
	10—14	**58.0**	57.9	57.5	**57.6**	63.4	62.5	62.2	61.9	62.1	62.4	61.8
	15—19	58.8	57.7	57.7	58.2	63.4	62.7	62.6	62.4	62.5	62.9	62.2
	20—24	58.6	57.5	57.5	57.7	63.8	62.9	62.3	61.9	62.0	62.5	61.7
	25—29	58.6	**57.4**	**57.3**	**57.6**	63.4	62.4	62.6	62.3	62.2	62.4	61.8
Aug.	30— 3	59.2	58.0	57.8	57.9	62.9	62.0	62.3	61.8	61.8	62.5	61.4
	4— 8	59.2	58.0	58.5	58.8	63.6	62.7	62.2	62.1	62.1	62.6	61.8
	9—13	58.6	57.7	58.4	58.7	63.6	62.4	62.6	62.5	62.6	63.1	62.2
	14—18	60.0	58.6	58.5	58.9	63.5	62.3	62.3	62.3	62.3	62.8	62.0
	19—23	60.6	59.3	60.3	60.8	63.9	62.6	62.1	62.1	62.2	62.8	61.8
	24—28	60.6	59.3	60.2	60.6	63.8	62.8	62.8	62.5	62.6	63.0	62.3
	29— 2	61.2	60.0	60.8	60.8	63.9	62.7	63.2	62.7	62.7	63.4	62.3
Sept.	3— 7	61.6	60.7	61.3	61.5	64.0	63.0	63.7	62.8	62.8	63.6	62.6
	8—12	61.6	60.8	61.6	61.7	63.9	63.0	62.8	62.2	62.4	63.1	62.1
	13—17	62.2	61.4	62.2	62.5	63.9	62.9	63.4	62.6	62.6	63.1	62.3
	18—22	63.1	62.4	63.2	63.5	62.6	62.5	62.8	62.2	62.2	62.7	62.1
	23—27	64.1	62.5	63.4	63.8	63.9	63.3	63.7	63.2	63.1	63.5	63.0
	28— 2	64.1	63.4	65.3	65.6	63.7	63.1	62.6	62.6	62.6	62.3	62.3
Okt.	3— 7	63.1	63.1	64.8	65.0	64.0	63.4	63.3	63.2	63.2	63.0	63.0
	8—12	63.3	62.8	65.4	65.6	63.6	63.0	63.3	63.1	63.0	63.2	62.8
	13—17	63.5	63.2	65.2	64.8	62.9	62.5	61.5	62.1	62.1	61.8	61.8
	18—22	63.4	63.6	66.4	66.6	62.8	62.5	61.9	61.9	62.0	61.8	61.7
	23—27	64.4	64.3	66.4	66.5	62.9	62.4	62.0	62.2	62.4	62.1	62.0
	28— 1	64.8	64.7	67.2	67.4	62.1	62.0	61.6	61.4	61.6	60.9	61.0
Nov.	2— 6	65.6	64.7	65.9	65.8	62.0	61.9	62.2	61.9	62.2	61.6	61.7
	7—11	65.1	65.0	66.8	66.5	63.6	63.5	62.7	62.9	63.1	62.3	62.7
	12—16	64.5	64.0	66.1	66.0	63.6	63.3	62.8	63.3	63.4	62.4	63.3
	17—21	**65.9**	**65.4**	67.0	67.5	65.1	64.4	63.6	63.8	63.9	63.1	63.5
	22—26	63.6	64.2	66.5	66.3	66.1	65.2	64.0	64.7	64.9	63.3	64.3
	27— 1	63.3	63.5	66.1	65.6	63.3	63.0	62.6	62.9	62.9	61.7	62.4
Dez.	2— 6	63.7	64.4	66.4	66.4	66.0	65.4	63.3	64.1	64.4	62.4	63.6
	7—11	62.8	63.9	66.4	66.4	66.9	66.0	64.2	64.9	65.3	63.2	64.5
	12—16	63.1	63.6	66.2	66.4	66.7	66.3	64.2	65.1	65.5	63.1	64.2
	17—21	64.6	64.2	66.1	66.2	65.0	64.6	64.0	64.2	64.4	63.2	63.7
	22—26	**65.9**	65.1	66.9	66.9	64.9	65.6	65.0	65.6	65.8	64.6	65.1
	27—31	63.3	63.7	66.3	66.4	65.9	65.8	64.1	65.1	65.1	62.7	64.5
Schwankung		7.9	8.0	10.5	10.3	8.1	7.1	7.2	6.7	6.7	6.6	6.6

Fünftägige Luftdruckmittel (1890—1909)

700 mm +　　　in Meereshöhe, reduziert auf Normalschwere

	35—40° N-Br										30-35° N-Br
	Algier	Cagliari	Bizerte	La Calle	Palermo	Malta	Patras	Athen	Lenkoran	Kisil-arwat	Funchal
Jan. 1— 5	63.3	61.4	62.1	62.4	61.9	61.7	61.9	62.8	68.1	68.3	65.1
6—10	63.6	62.1	62.9	63.1	63.0	62.9	63.1	64.3	**68.4**	**68.6**	65.4
11—15	64.1	62.7	63.2	63.3	63.2	63.0	63.2	63.7	67.3	67.8	65.0
16—20	65.5	63.9	64.5	64.8	64.6	64.0	64.3	64.8	66.7	66.4	66.4
21—25	65.5	**64.5**	**65.0**	64.9	**65.4**	**65.1**	**65.3**	**65.6**	67.6	68.1	65.9
26—30	**66.7**	64.4	64.6	**65.2**	64.6	64.2	64.3	64.8	67.6	67.9	**67.8**
Febr. 31— 4	63.8	61.1	62.3	62.7	61.4	61.6	62.4	62.5	67.2	67.7	65.4
5— 9	64.6	62.1	63.0	63.3	62.2	61.9	62.3	62.7	65.7	65.9	65.3
10—14	64.7	62.7	63.4	63.6	62.7	62.5	62.2	62.0	64.9	65.0	65.2
15—19	64.0	62.3	62.7	63.0	62.7	62.4	61.6	62.1	65.3	65.2	64.9
20—24	62.8	61.7	62.3	62.3	62.6	62.2	63.1	63.7	66.6	66.4	64.0
25— 1	62.3	60.9	61.3	61.5	61.3	61.4	62.5	62.7	67.0	67.1	64.0
März 2— 6	62.6	60.6	61.4	61.7	61.3	61.6	61.2	61.1	66.2	66.2	64.4
7—11	61.5	60.7	61.2	61.1	61.5	61.6	61.8	62.2	64.9	64.6	63.4
12—16	61.1	60.3	60.9	60.5	61.4	61.4	62.2	61.4	65.8	64.7	63.6
17—21	60.9	60.0	60.4	60.4	60.5	60.7	61.1	61.1	65.0	64.6	62.7
22—26	60.6	60.1	60.4	60.3	60.4	60.6	60.7	60.6	63.3	62.9	61.9
27—31	61.1	60.3	60.8	60.7	60.7	60.5	60.8	61.0	63.9	63.5	**61.8**
April 1— 5	61.6	60.3	60.8	61.0	60.4	60.4	60.4	60.6	62.8	62.1	63.4
6—10	60.8	60.2	60.3	60.6	**60.1**	60.3	60.2	60.3	62.8	61.6	63.1
11—15	60.6	60.1	60.4	60.6	60.4	60.6	60.5	60.0	63.0	62.3	63.1
16—20	60.8	59.8	60.1	60.3	60.4	60.8	61.8	61.7	64.5	63.0	63.2
21—25	61.4	60.7	60.7	61.1	60.8	60.8	60.7	60.4	62.7	62.1	63.3
26—30	**60.3**	**59.7**	**59.8**	**59.9**	60.3	**60.1**	60.7	60.6	62.3	61.2	64.0
Mai 1— 5	62.0	61.8	62.1	62.1	62.2	62.1	61.7	60.9	62.6	61.5	64.0
6—10	61.1	60.5	60.5	60.6	60.6	60.4	60.8	60.2	62.6	61.5	63.3
11—15	60.9	60.7	60.8	61.0	61.0	60.7	61.1	60.5	61.7	60.8	62.5
16—20	61.0	60.9	60.6	60.6	61.0	61.0	60.3	59.8	60.8	59.8	63.2
21—25	61.1	61.0	61.1	61.1	61.3	61.3	61.0	60.6	61.6	60.4	63.4
26—30	61.5	61.3	61.1	61.4	61.2	61.0	60.4	59.8	60.6	59.6	63.6
Juni 31— 4	61.2	61.4	61.4	61.4	61.9	61.7	61.4	60.8	60.8	59.7	63.9
5— 9	61.4	61.2	61.2	61.3	61.4	61.4	60.8	60.0	60.3	59.0	64.0
10—14	61.8	61.4	61.6	61.8	61.6	61.5	60.4	59.3	58.5	57.4	64.4
15—19	62.7	62.2	62.3	62.6	62.3	62.4	61.0	59.9	**57.6**	56.4	64.5
20—24	63.0	62.6	62.8	62.8	62.9	62.9	61.6	60.4	59.0	57.7	64.8
25—29	61.8	62.3	62.4	62.1	62.7	62.8	61.5	60.4	58.8	57.6	64.9
Juli 30— 4	62.3	62.4	62.2	62.2	62.5	62.4	61.2	60.2	58.3	57.0	65.1
5— 9	62.6	62.4	62.5	62.4	62.3	62.3	60.7	59.6	58.2	56.6	64.3
10—14	61.7	61.5	61.4	61.4	61.6	61.5	60.0	58.8	57.7	**56.2**	64.3
15—19	62.2	62.2	62.0	62.1	62.2	61.9	60.1	59.0	57.9	56.7	64.1
20—24	61.7	61.8	61.9	61.9	61.7	61.4	59.7	**58.7**	57.8	56.3	64.4
25—29	61.8	61.6	61.5	61.5	61.4	61.1	**59.6**	**58.7**	**57.6**	56.3	63.9
Aug. 30— 3	61.4	62.0	61.6	61.6	61.9	61.6	59.9	59.1	58.0	56.4	63.6
4— 8	61.8	62.2	61.8	61.8	61.8	61.6	59.9	59.2	58.8	57.3	64.2
9—13	62.1	62.3	61.9	62.0	61.8	61.6	59.7	**58.7**	58.6	57.7	63.7
14—18	61.9	62.4	61.9	61.8	62.2	62.0	60.3	59.7	58.9	57.8	63.5
19—23	61.7	62.3	62.0	61.9	62.3	62.1	60.6	60.1	60.8	59.5	63.9
24—28	62.0	62.7	62.2	62.1	62.9	62.7	61.4	60.6	60.6	59.7	64.2
29— 2	62.3	62.9	62.3	62.3	62.9	62.6	61.6	60.8	61.0	60.0	63.8
Sept. 3— 7	62.6	62.9	62.6	62.6	63.1	62.8	61.7	61.1	61.4	60.8	63.9
8—12	62.0	62.3	62.4	62.2	62.8	62.8	62.1	61.6	61.4	61.0	63.7
13—17	62.1	62.6	62.3	62.1	62.8	62.7	62.4	61.9	62.2	61.4	63.9
18—22	61.9	62.6	62.2	62.0	63.0	62.8	62.4	62.6	63.4	62.7	62.9
23—27	62.8	63.3	63.1	62.8	63.5	63.4	63.2	63.6	63.8	62.9	64.0
28— 2	61.9	62.1	62.2	61.9	62.8	62.9	63.0	63.3	65.6	65.2	63.4
Okt. 3— 7	62.7	62.4	62.7	62.7	63.0	63.0	63.0	63.0	65.2	65.0	63.0
8—12	62.6	62.8	62.7	62.6	63.3	63.3	62.8	62.7	65.6	65.7	62.7
13—17	61.6	61.3	61.8	61.6	62.4	62.4	63.3	63.4	65.3	65.5	61.9
18—22	61.4	61.1	61.3	61.2	61.8	61.9	62.8	62.9	66.5	66.8	62.0
23—27	61.7	61.7	62.0	61.7	62.5	62.6	63.6	63.6	66.6	66.8	61.9
28— 1	60.8	61.0	61.0	61.0	61.9	62.0	63.5	63.7	67.6	67.9	62.3
Nov. 2— 6	61.6	61.6	62.0	61.8	63.0	63.0	64.3	64.5	66.2	66.2	62.0
7—11	62.4	61.8	62.2	62.2	62.8	62.8	64.0	64.4	66.9	66.9	63.3
12—16	62.8	62.1	62.7	62.6	63.2	63.0	63.9	64.0	66.4	66.6	63.8
17—21	63.0	62.3	62.7	62.7	63.3	63.3	64.3	64.9	67.6	67.9	63.9
22—26	63.7	61.6	62.5	62.8	62.4	62.4	62.5	63.0	67.2	67.2	64.3
27— 1	61.8	61.2	61.5	61.5	62.4	62.4	62.8	64.2	66.4	66.6	62.4
Dez. 2— 6	63.0	60.3	61.4	61.7	60.8	61.1	62.0	62.7	67.0	66.8	64.9
7—11	63.7	60.9	61.7	62.1	61.3	61.6	61.6	61.8	66.9	67.2	66.6
12—16	63.7	61.3	62.2	62.5	62.0	62.1	62.5	62.5	66.7	67.1	67.0
17—21	63.1	62.6	62.6	62.8	63.2	63.1	64.6	64.9	66.6	66.7	64.2
22—26	64.5	63.5	63.7	63.7	63.9	63.5	64.5	64.8	67.3	67.4	65.3
27—31	63.8	61.1	62.5	62.7	61.8	61.9	62.5	62.8	66.9	67.2	65.9
Schwankung	6.4	4.8	5.2	5.3	5.3	5.0	5.7	6.9	10.8	12.4	6.0

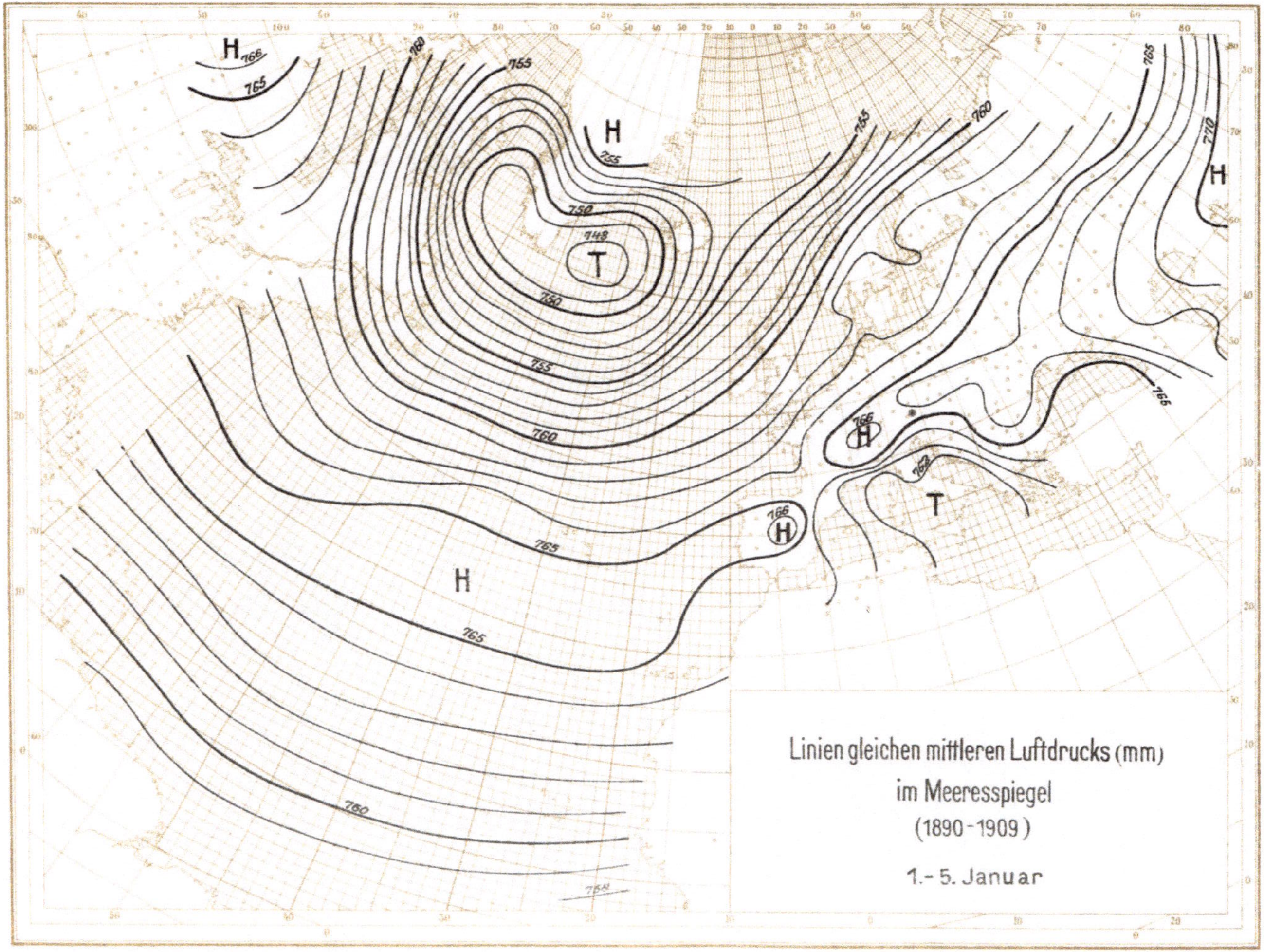

Linien gleichen mittleren Luftdrucks (mm)
im Meeresspiegel
(1890–1909)
1.– 5. Januar

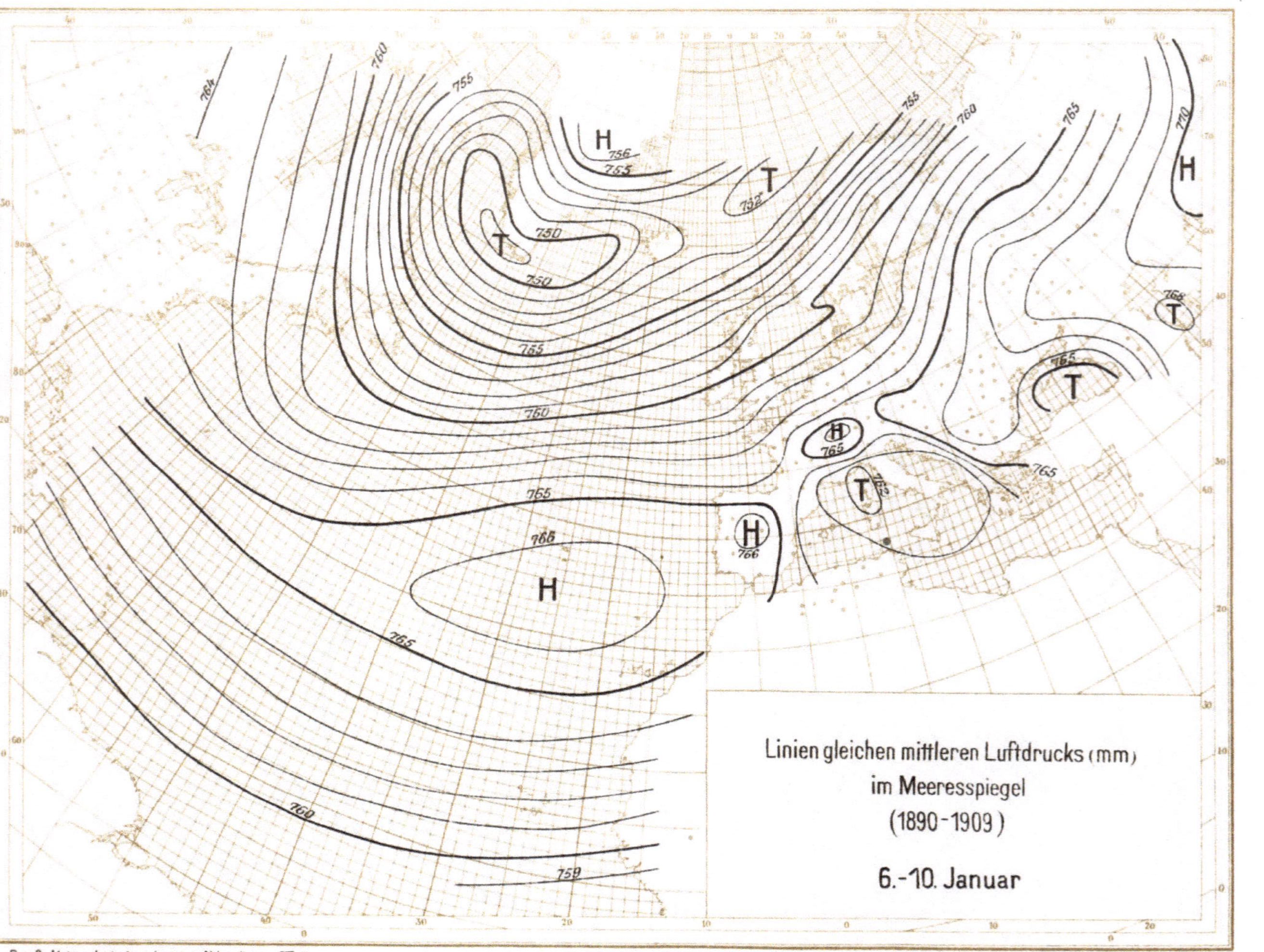

Linien gleichen mittleren Luftdrucks (mm)
im Meeresspiegel
(1890-1909)
6.-10. Januar

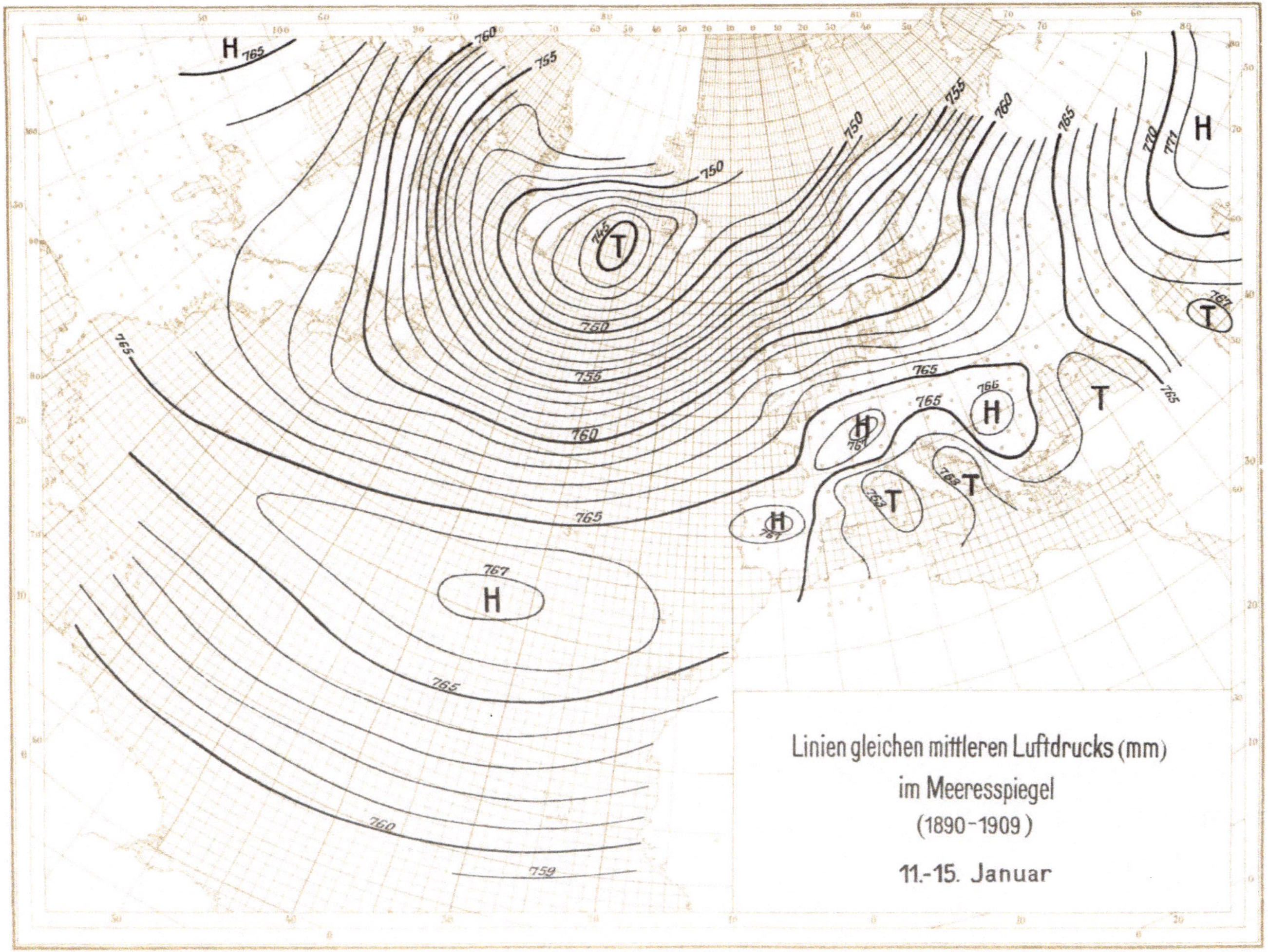

Linien gleichen mittleren Luftdrucks (mm)
im Meeresspiegel
(1890–1909)
11.–15. Januar
H
T
H
T
T
H
T
H
H
H
765

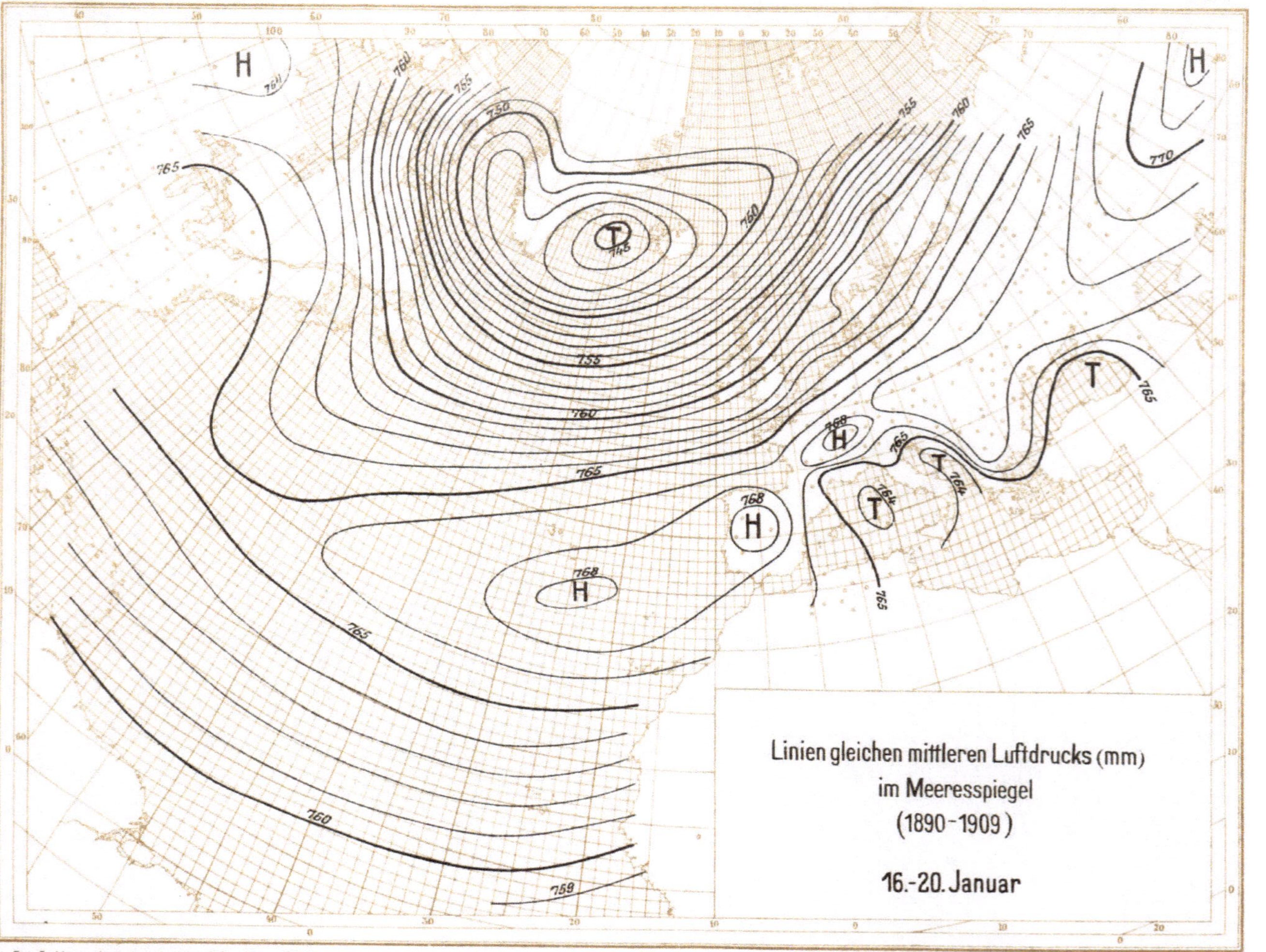

Eisendruck v. Bogdan Gisevius, Berlin W.

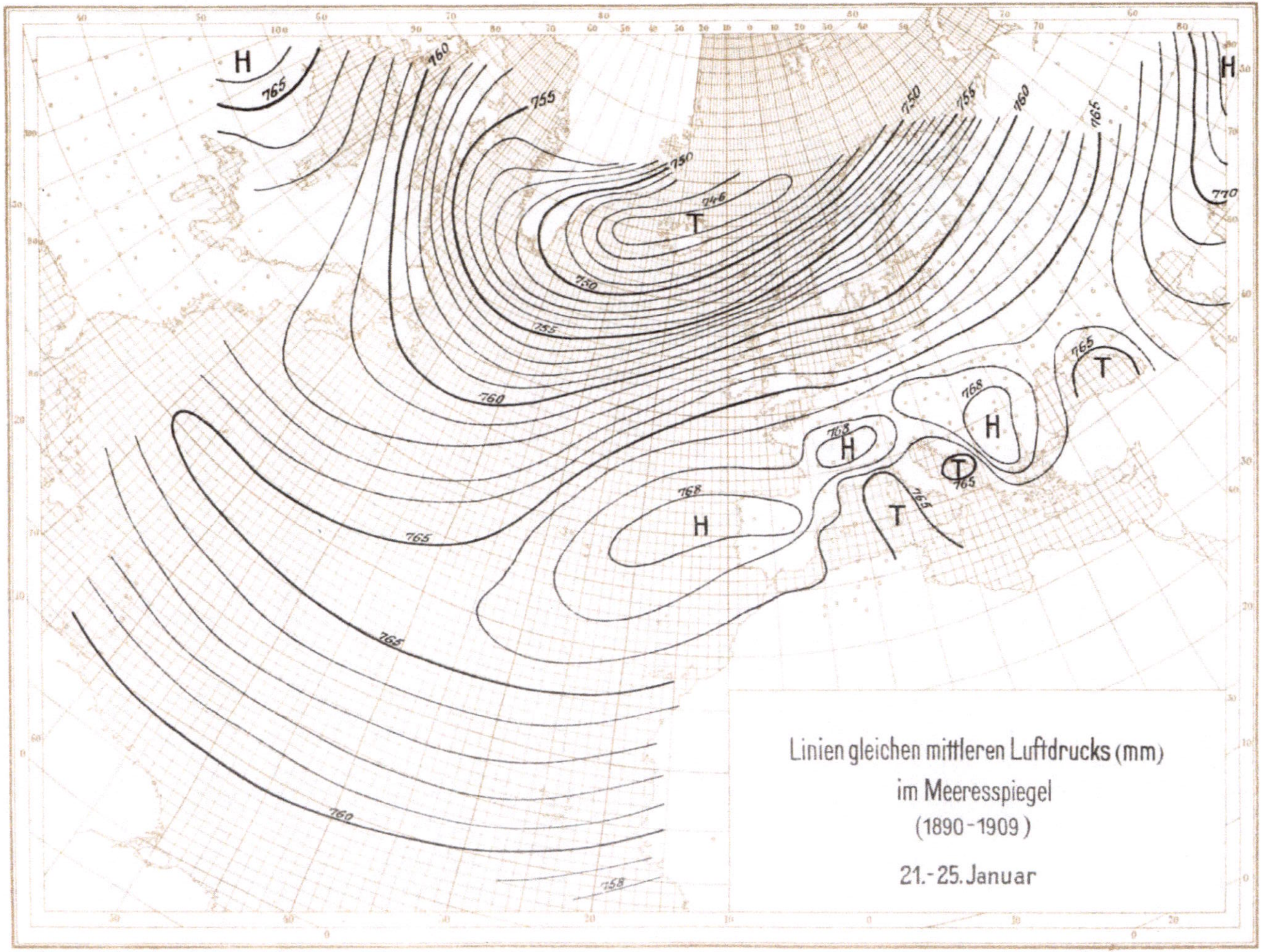

Linien gleichen mittleren Luftdrucks (mm)
im Meeresspiegel
(1890-1909)
21.-25. Januar

Preuß. Meteorologisches Institut. Abhandlungen VII, 7

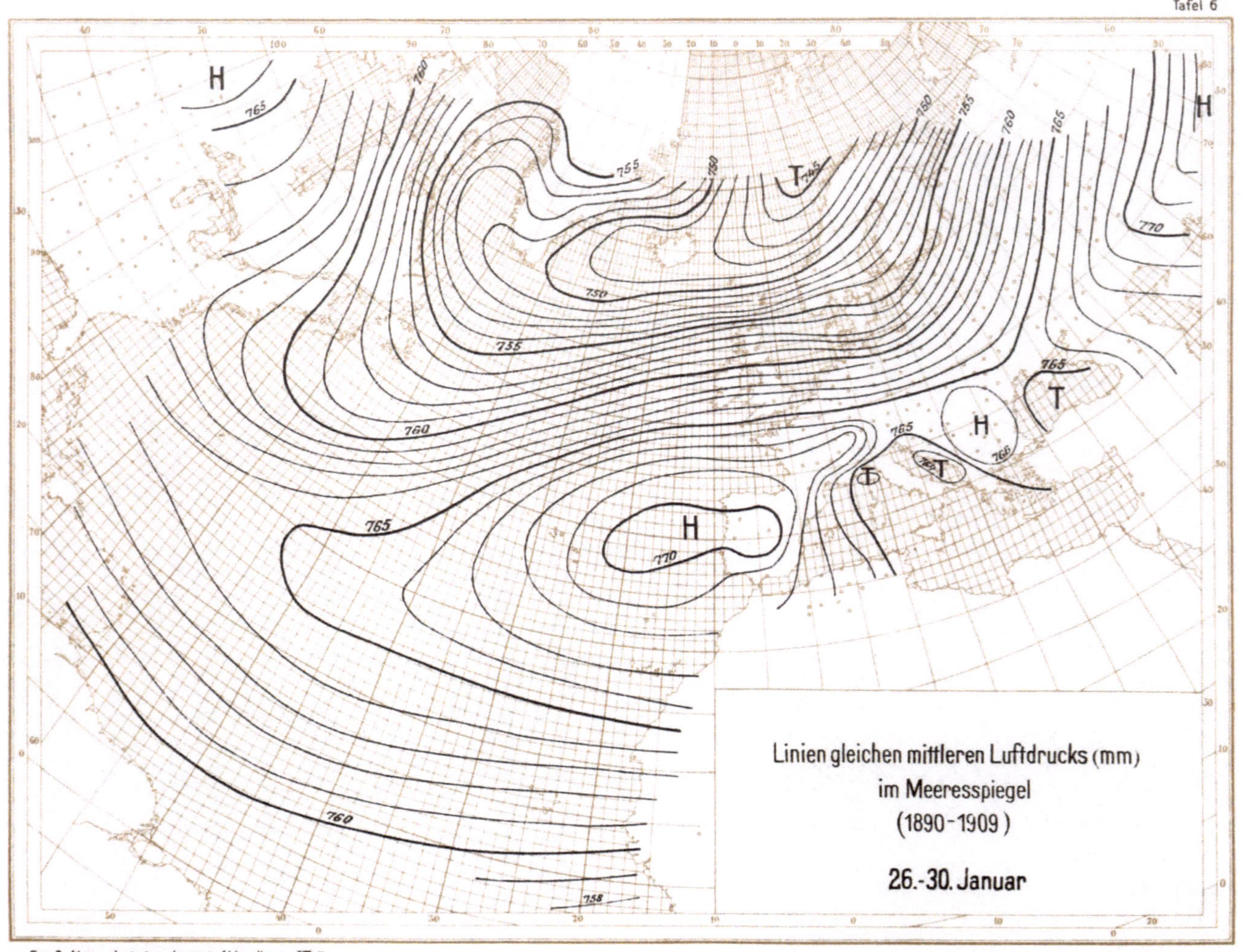

Linien gleichen mittleren Luftdrucks (mm)
im Meeresspiegel
(1890-1909)
26.-30. Januar
H
H
H
H
T
T
T
T
745
750
755
758
760
765
770

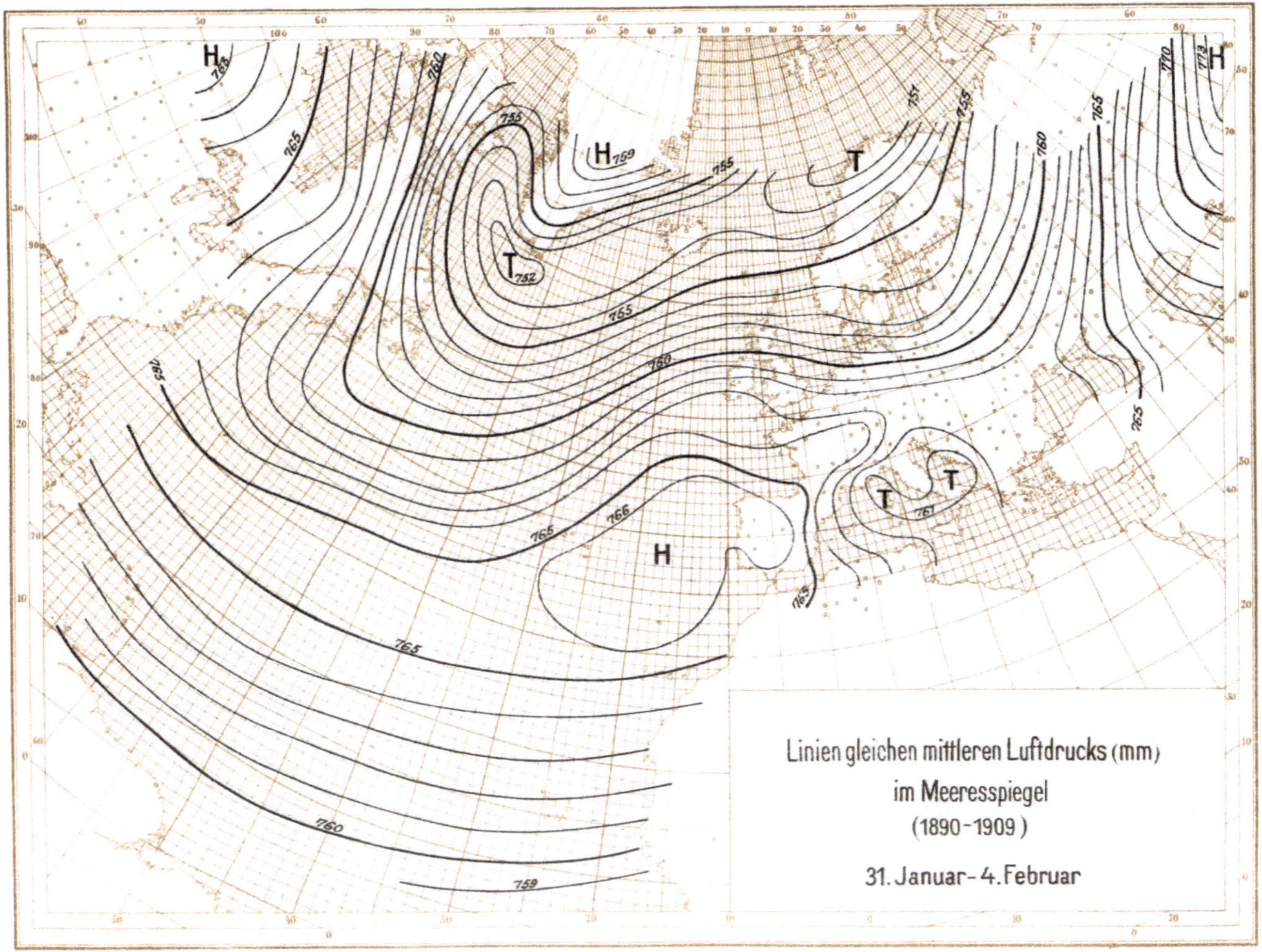

Linien gleichen mittleren Luftdrucks (mm)
im Meeresspiegel
(1890-1909)
31. Januar - 4. Februar

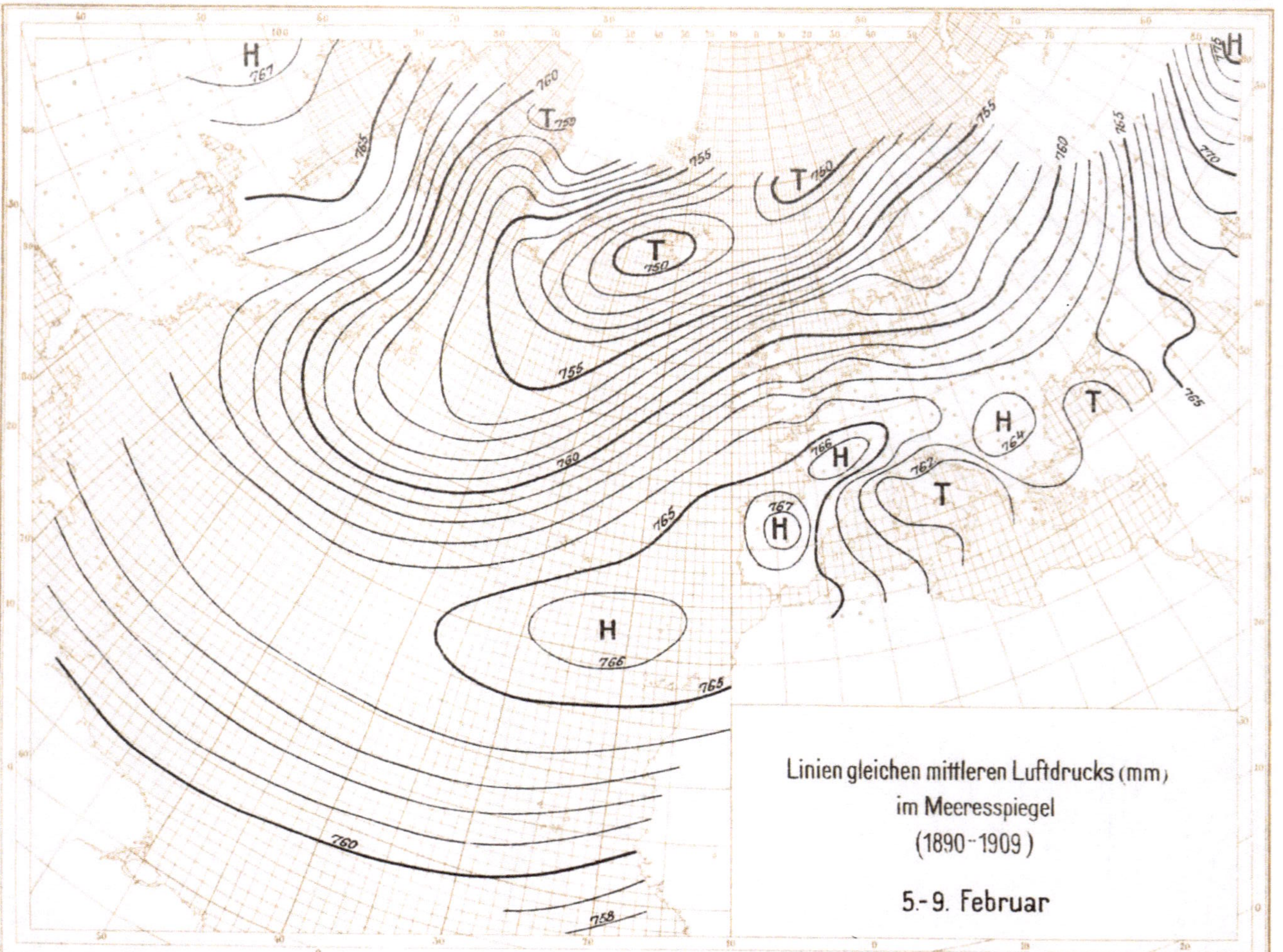

Linien gleichen mittleren Luftdrucks (mm)
im Meeresspiegel
(1890-1909)
5.-9. Februar

Linien gleichen mittleren Luftdrucks (mm)
im Meeresspiegel
(1890 - 1909)
10. - 14. Februar
H
H
H
H
T
T
T
T
770
765
760
755
750
745
755
760
765
758

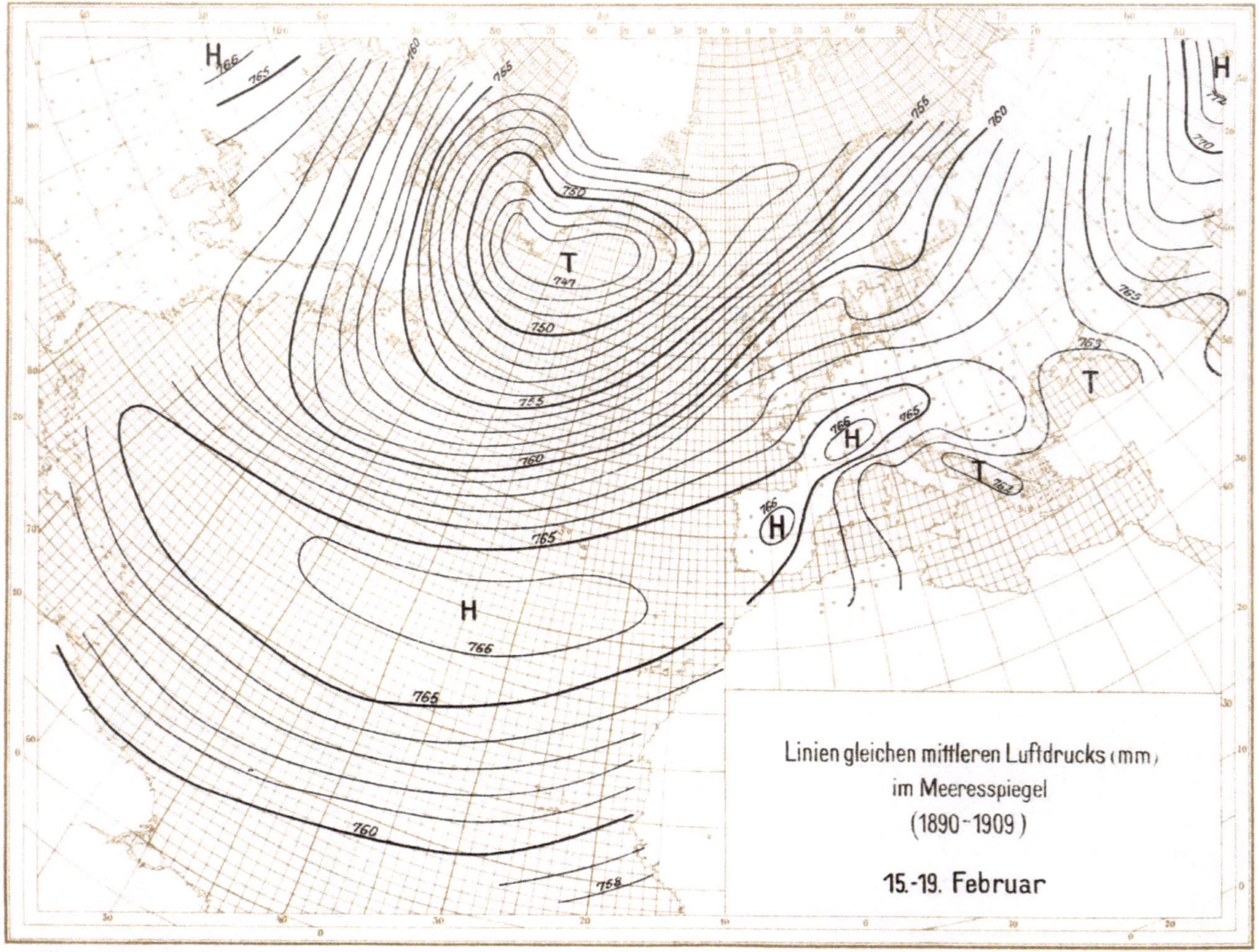
H
766
765
760
755
750
T
747
750
755
760
765
H
766
765
760
758
766
H
765
H
766
T
762
T
763
765
760
755
770
772
H
Linien gleichen mittleren Luftdrucks (mm)
im Meeresspiegel
(1890–1909)
15.-19. Februar

Giselaruck v. Bogdan Gisevius, Berlin W.

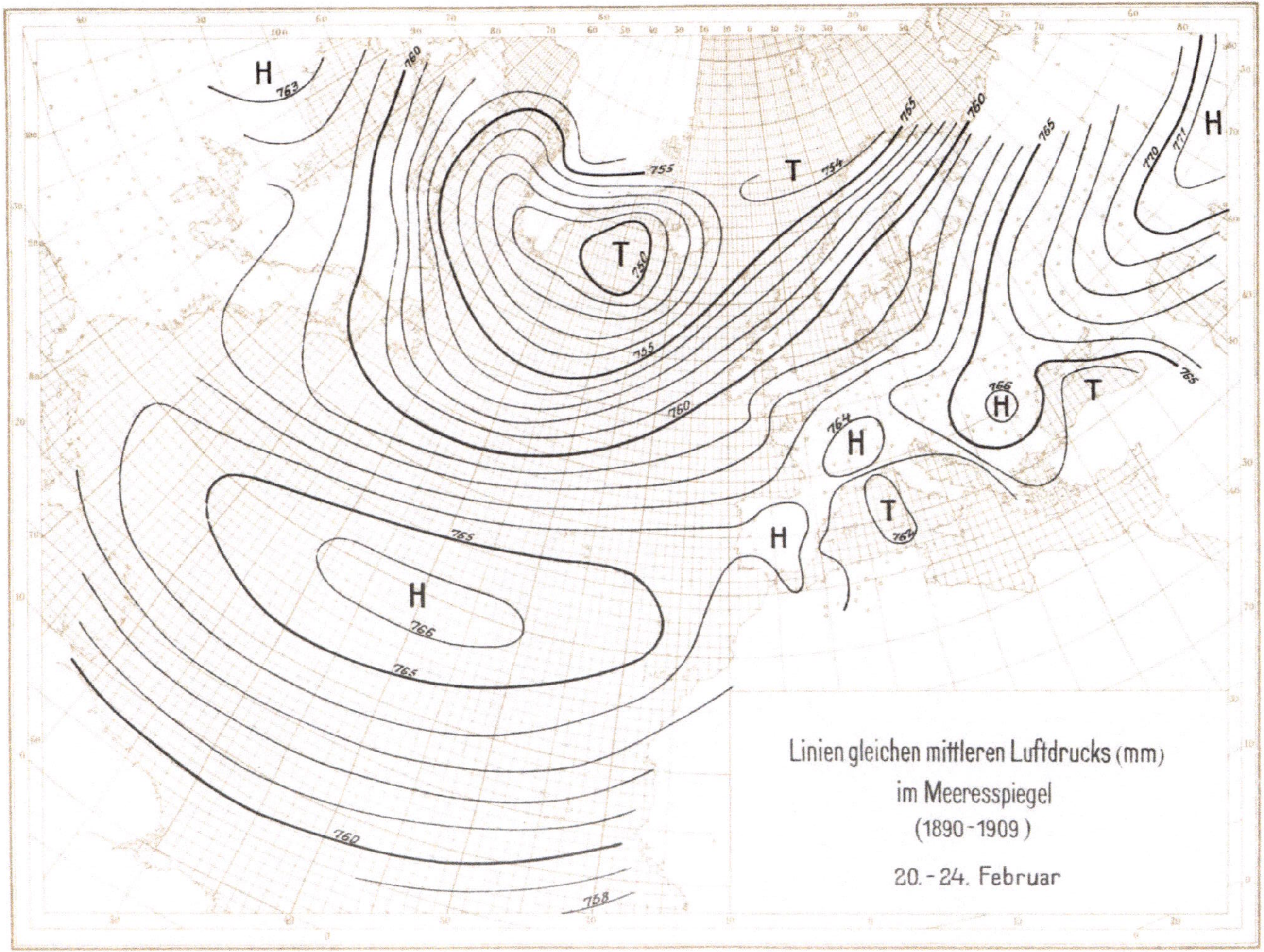
Linien gleichen mittleren Luftdrucks (mm)
im Meeresspiegel
(1890-1909)
20.-24. Februar
H
763
760
T
750
755
T
754
765
760
765
770
771
H
766
H
T
764
H
T
762
H
765
H
766
765
760
758

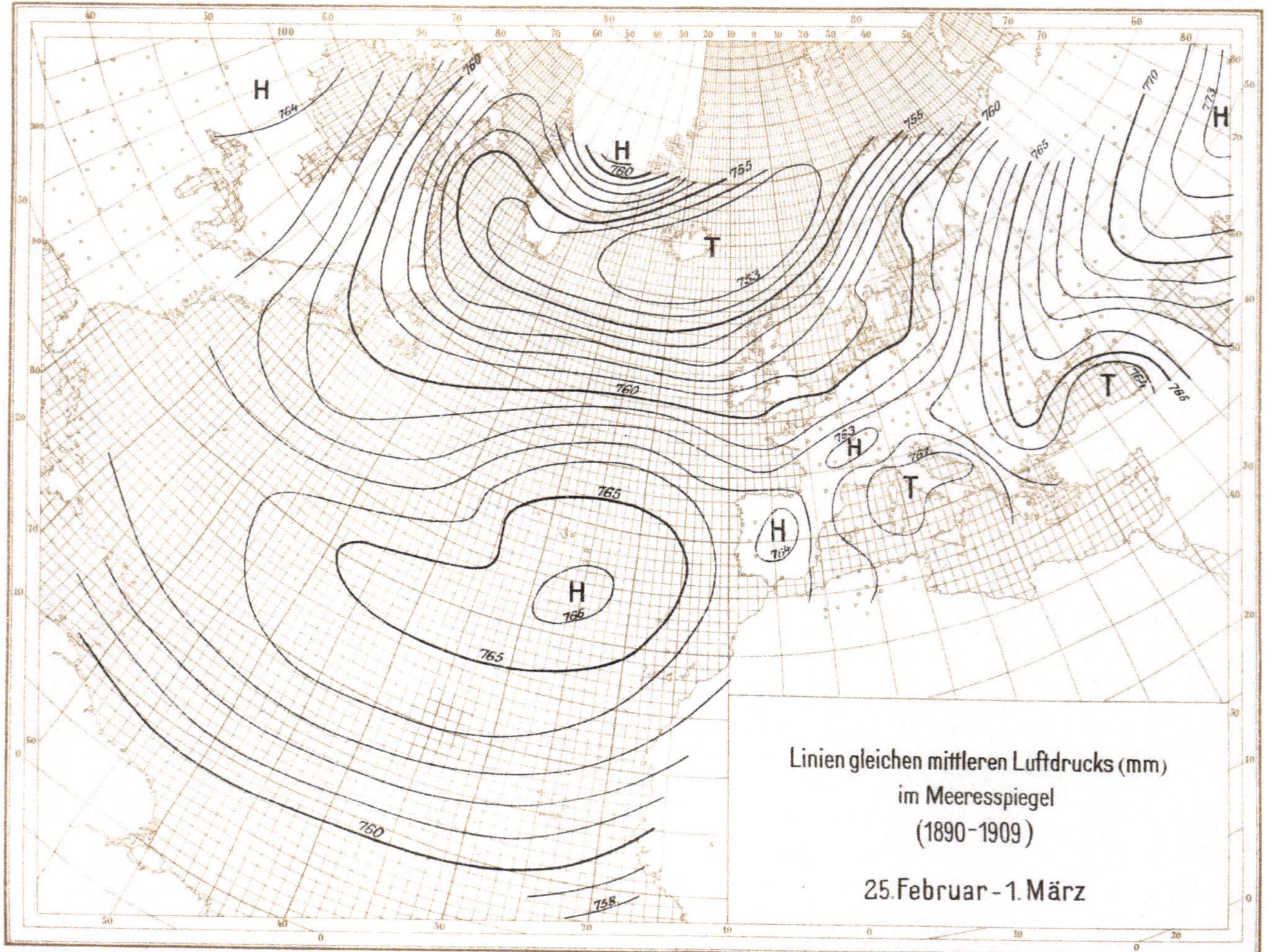

Gisaldruck v. Bogdan Gisevius, Berlin W.

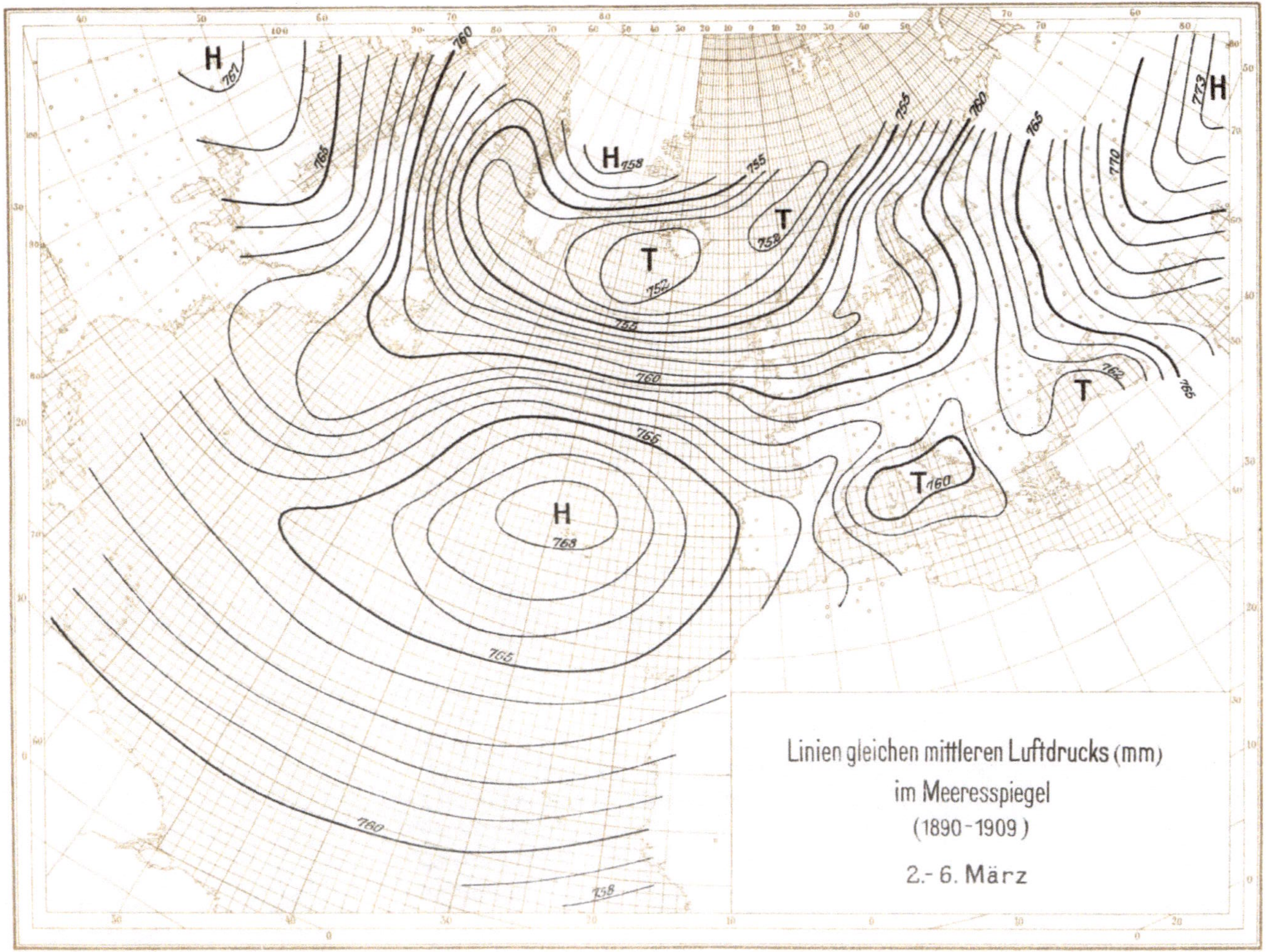

Preuß. Meteorologisches Institut. Abhandlungen VII, 7

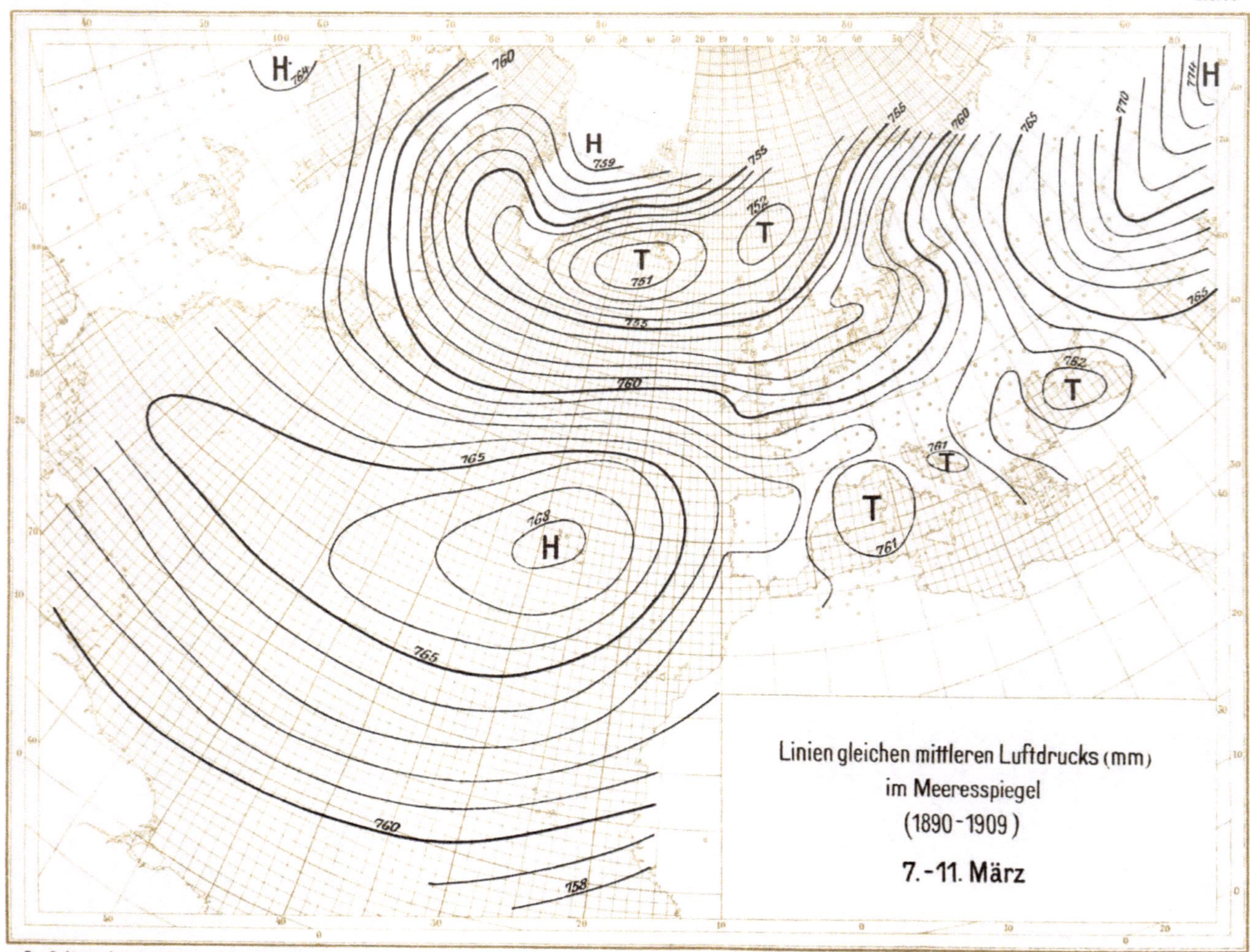

Linien gleichen mittleren Luftdrucks (mm)
im Meeresspiegel
(1890–1909)
7.–11. März

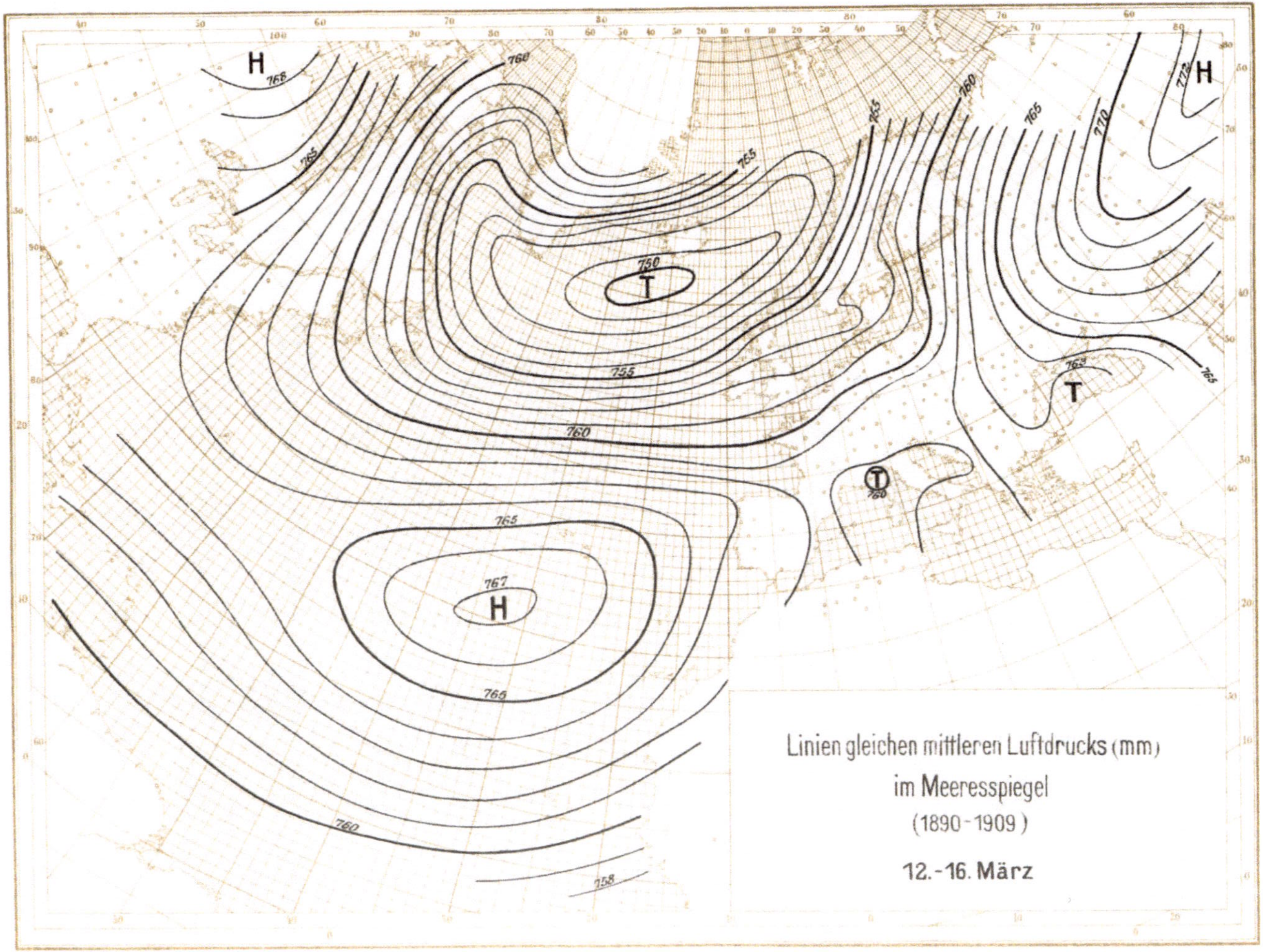
Linien gleichen mittleren Luftdrucks (mm)
im Meeresspiegel
(1890 - 1909)
12. - 16. März
H
768
765
760
755
750
T
760
765
767
H
765
760
758
T
760
763
T
765
770
772
H

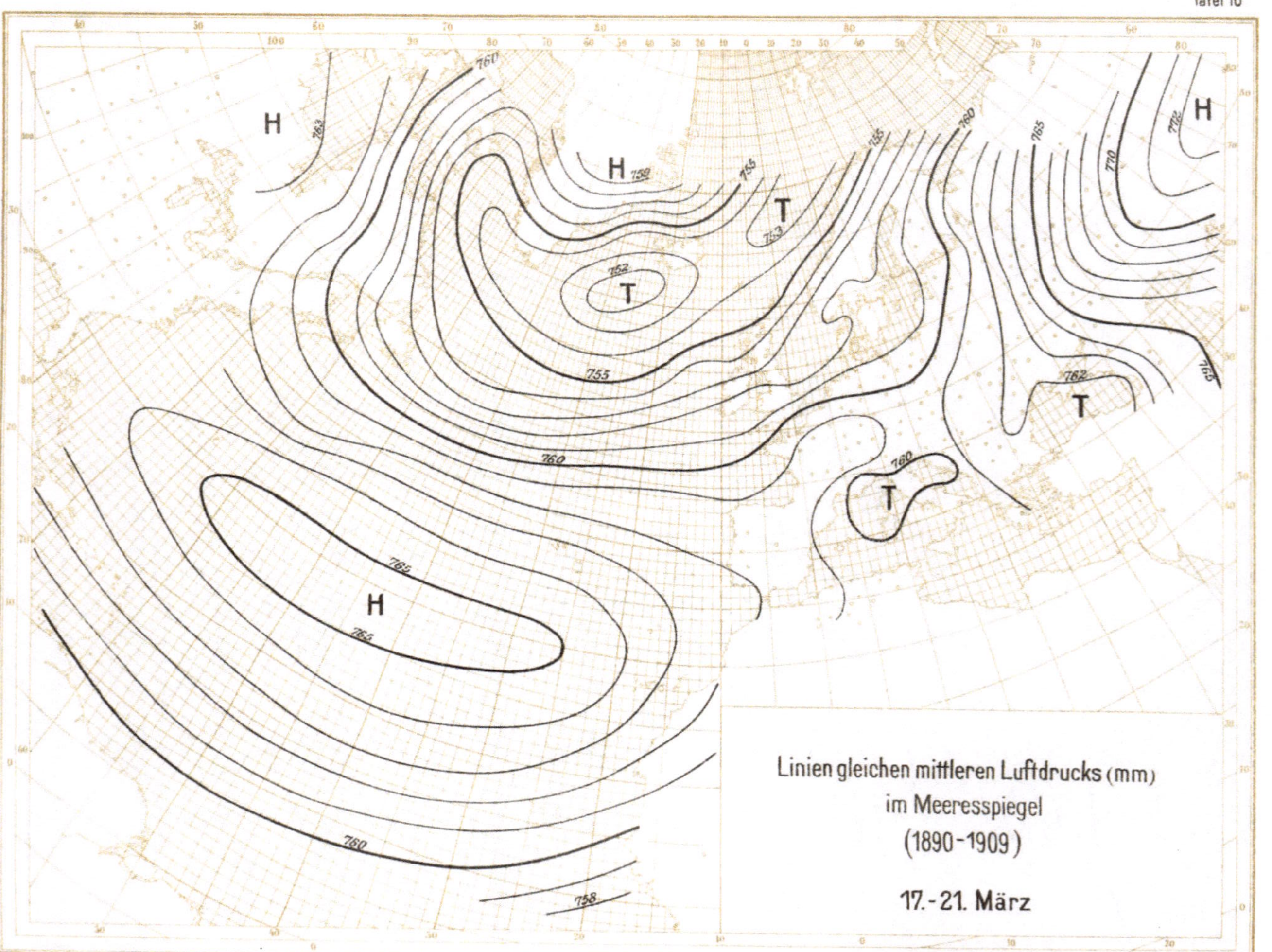

Preuß. Meteorologisches Institut. Abhandlungen VII, 7

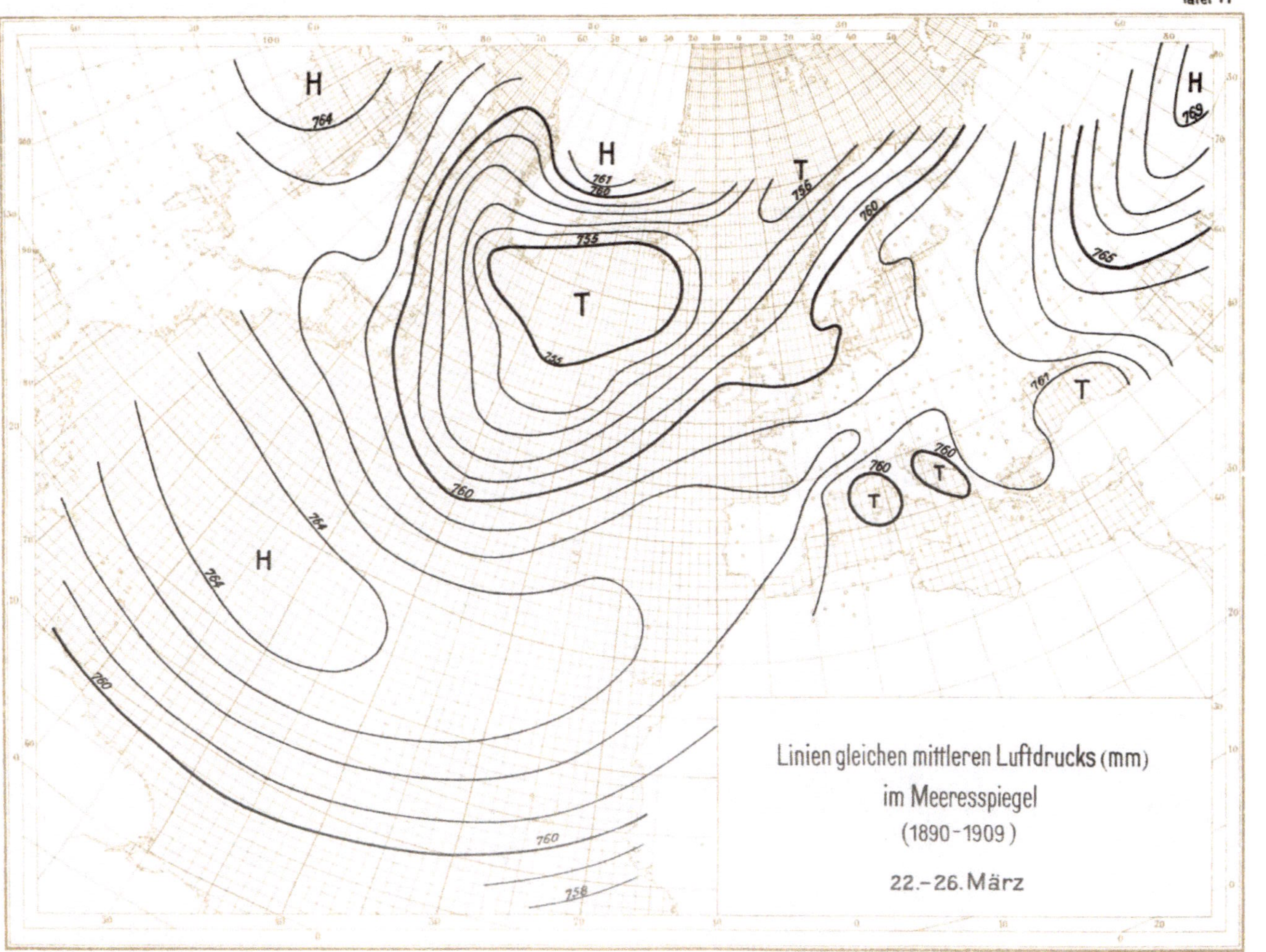

Linien gleichen mittleren Luftdrucks (mm)
im Meeresspiegel
(1890–1909)
22.–26. März

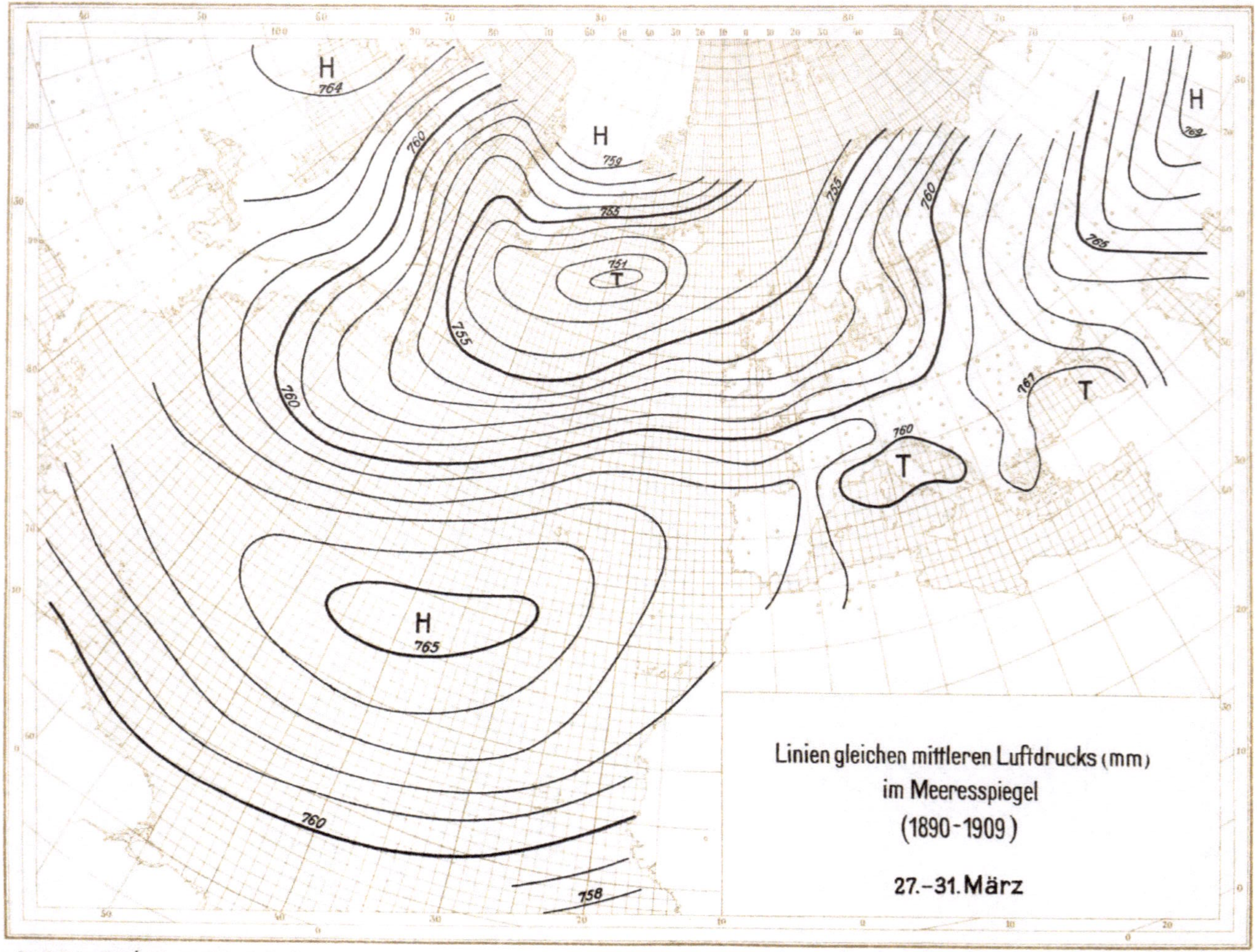
Linien gleichen mittleren Luftdrucks (mm)
im Meeresspiegel
(1890-1909)
27.-31. März
H
764
760
H
759
765
751
T
755
760
760
H
765
760
758
755
760
T
760
767
T
H
769
765

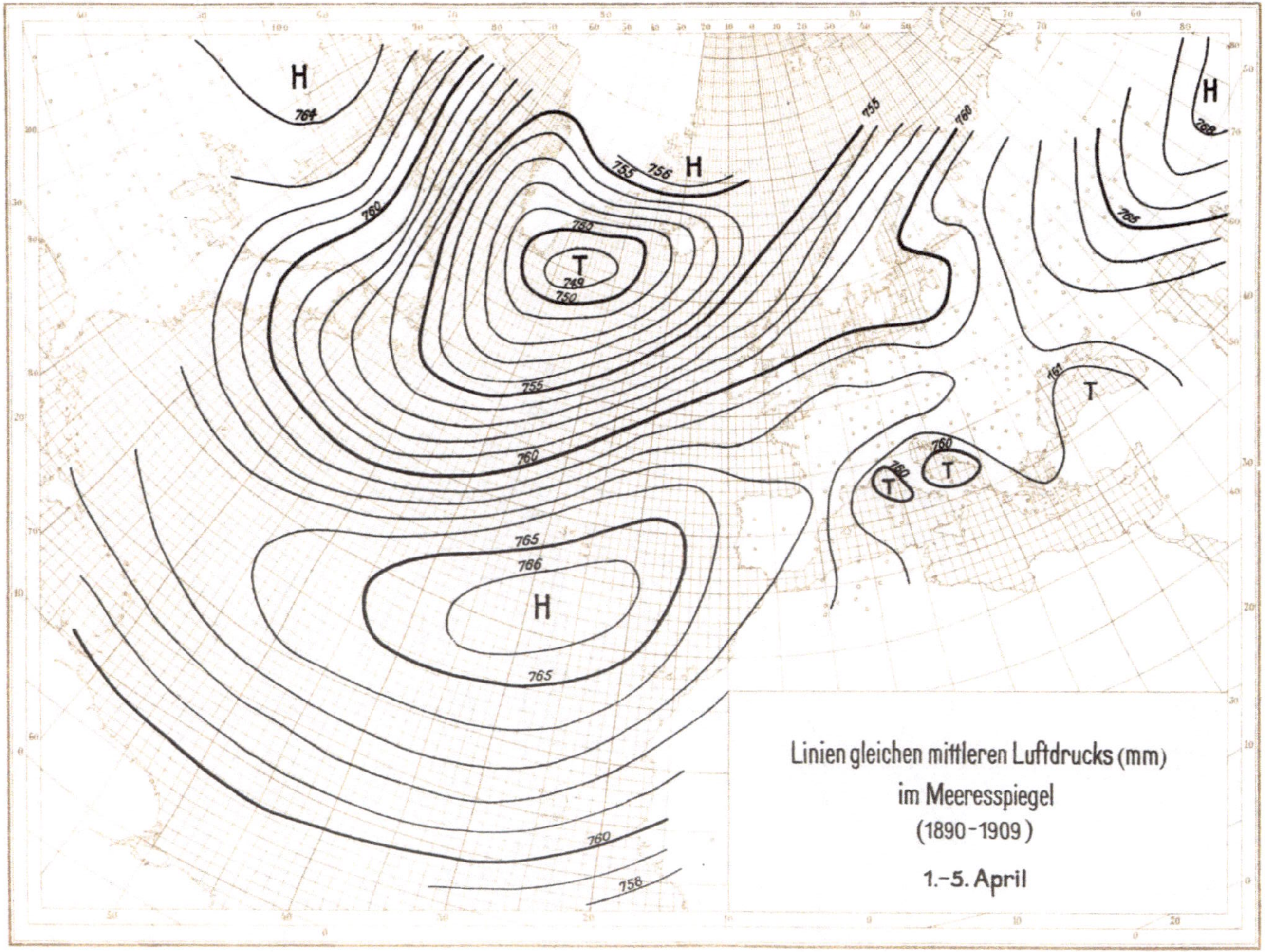
H
764
760
755
756
H
T
750
749
750
755
760
755
760
H
768
765
T
761
760
T
760
T
765
766
H
765
760
758
Linien gleichen mittleren Luftdrucks (mm)
im Meeresspiegel
(1890-1909)
1.-5. April

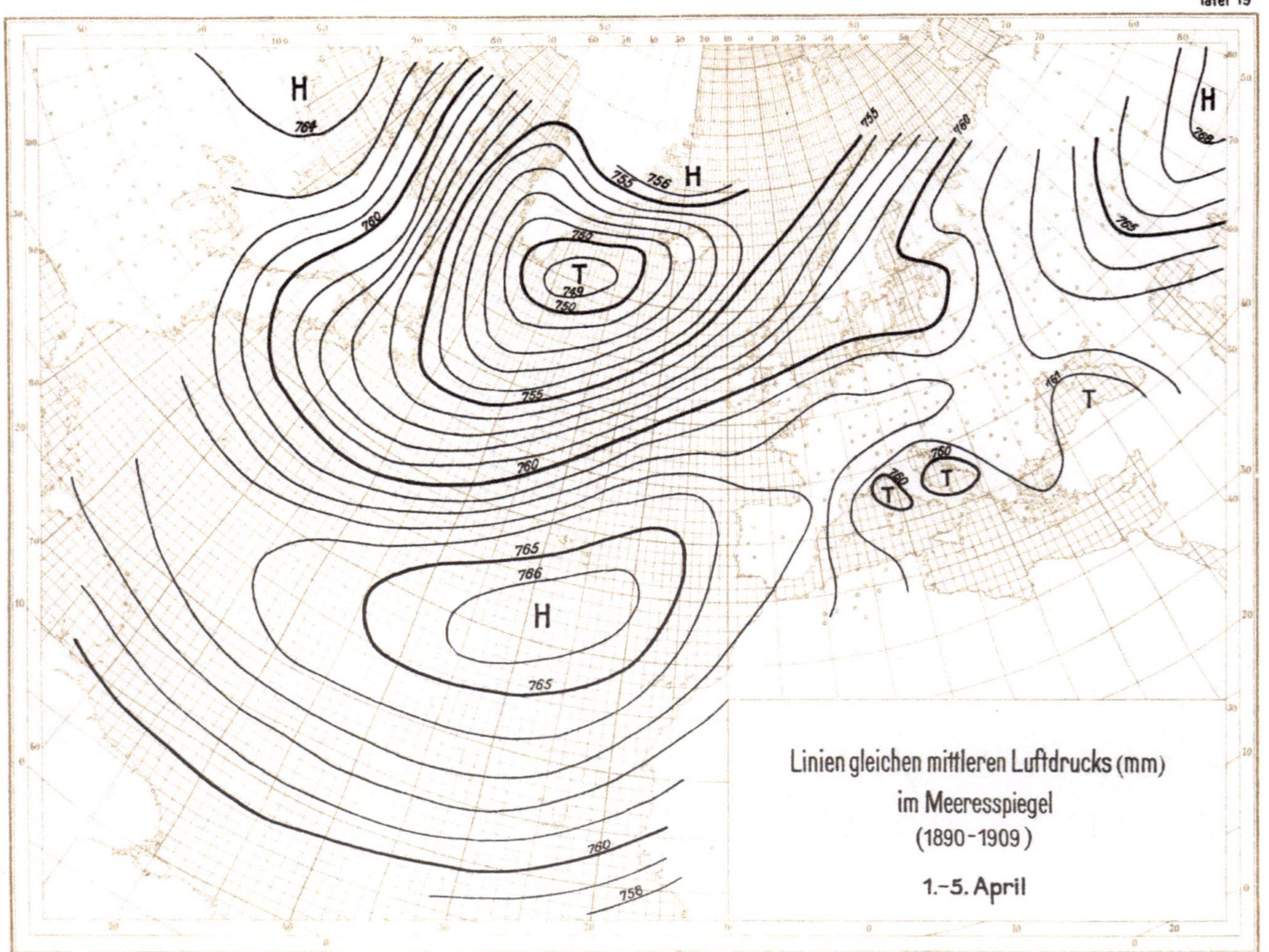

Preuß. Meteorologisches Institut. Abhandlungen VII, 7

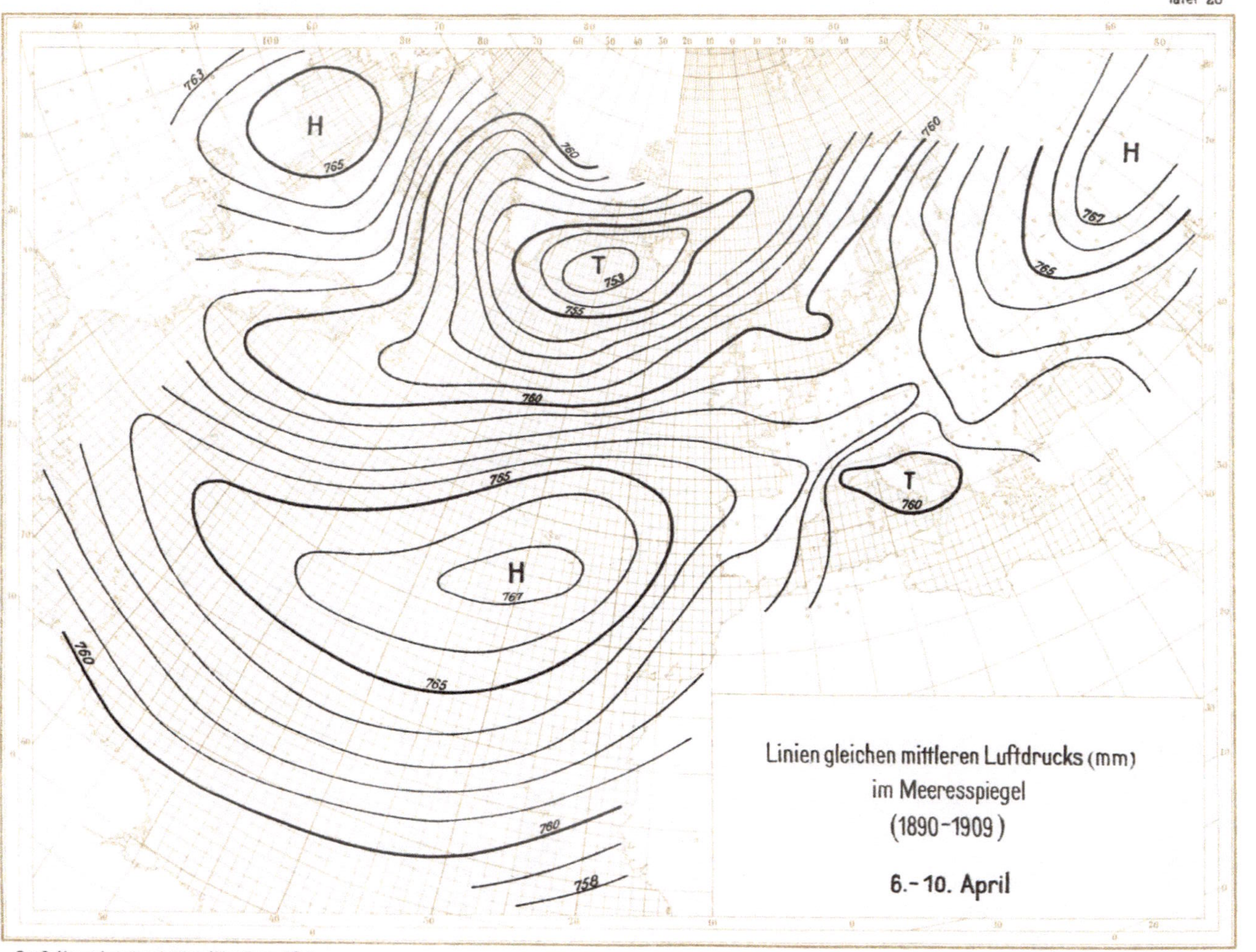

Preuß. Meteorologisches Institut. Abhandlungen VII, 7

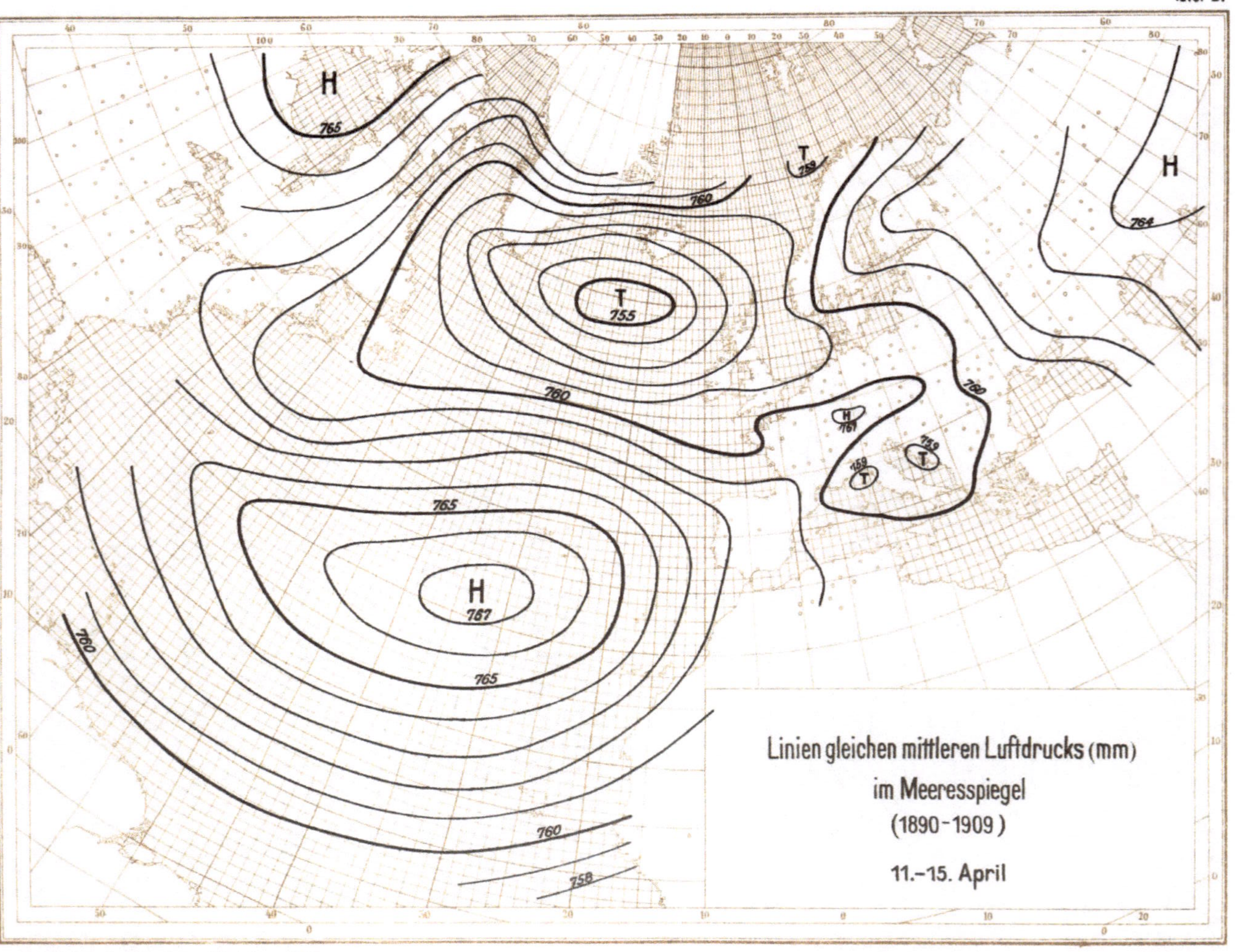

H
765
T
759
760
T
764
H
T
755
760
H
761
759
759
T
T
760
765
H
767
760
765
758
Linien gleichen mittleren Luftdrucks (mm)
im Meeresspiegel
(1890–1909)
11.–15. April

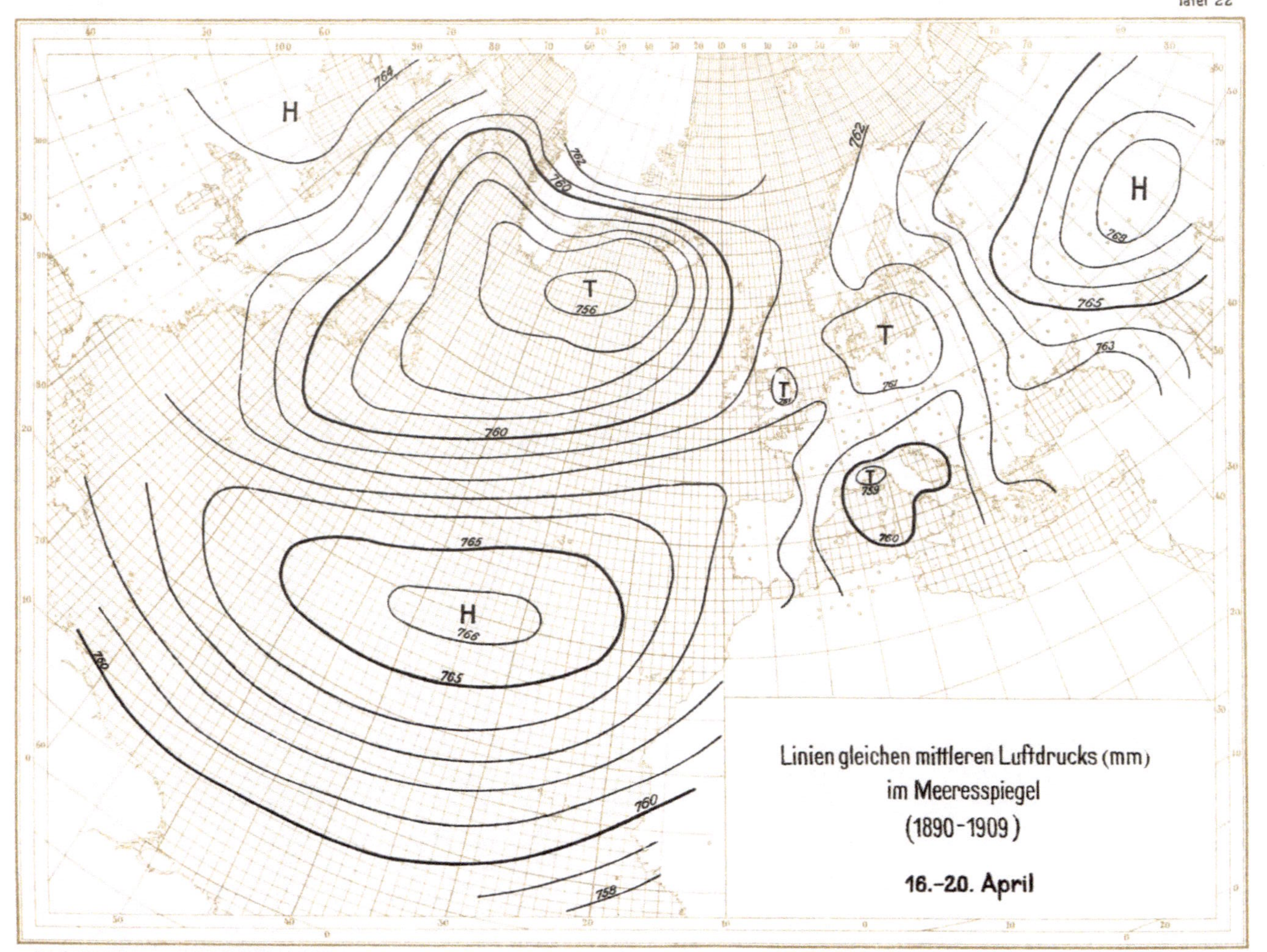

H
T
756
H
766
765
760
765
758
762
T
T
761
762
T
759
760
H
769
765
763
764
760
Linien gleichen mittleren Luftdrucks (mm)
im Meeresspiegel
(1890–1909)
16.–20. April

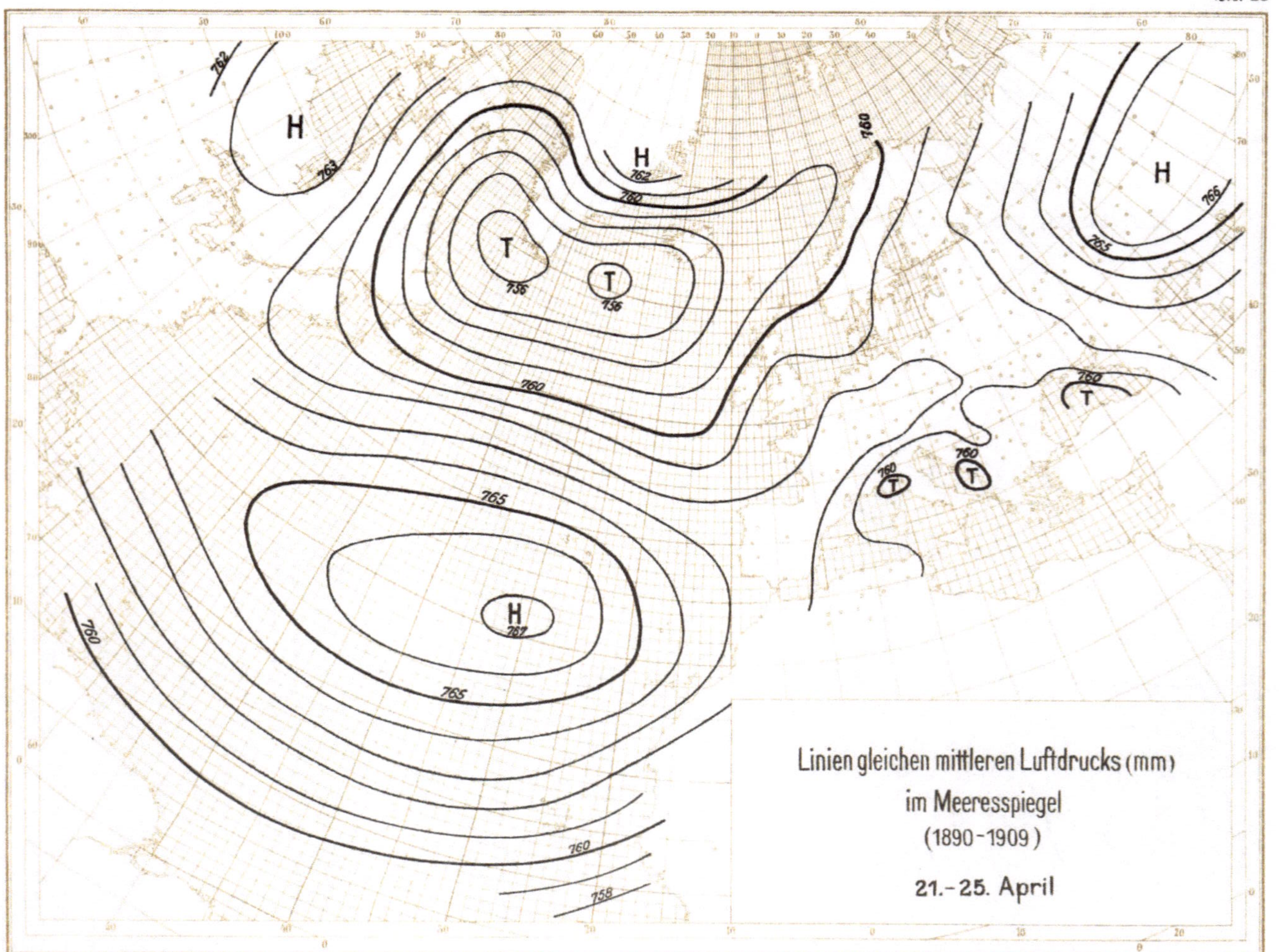
Linien gleichen mittleren Luftdrucks (mm)
im Meeresspiegel
(1890–1909)
21.–25. April
H
H
T
T
H
T
T
T
H
762
763
762
760
760
756
756
760
765
765
767
760
758
765

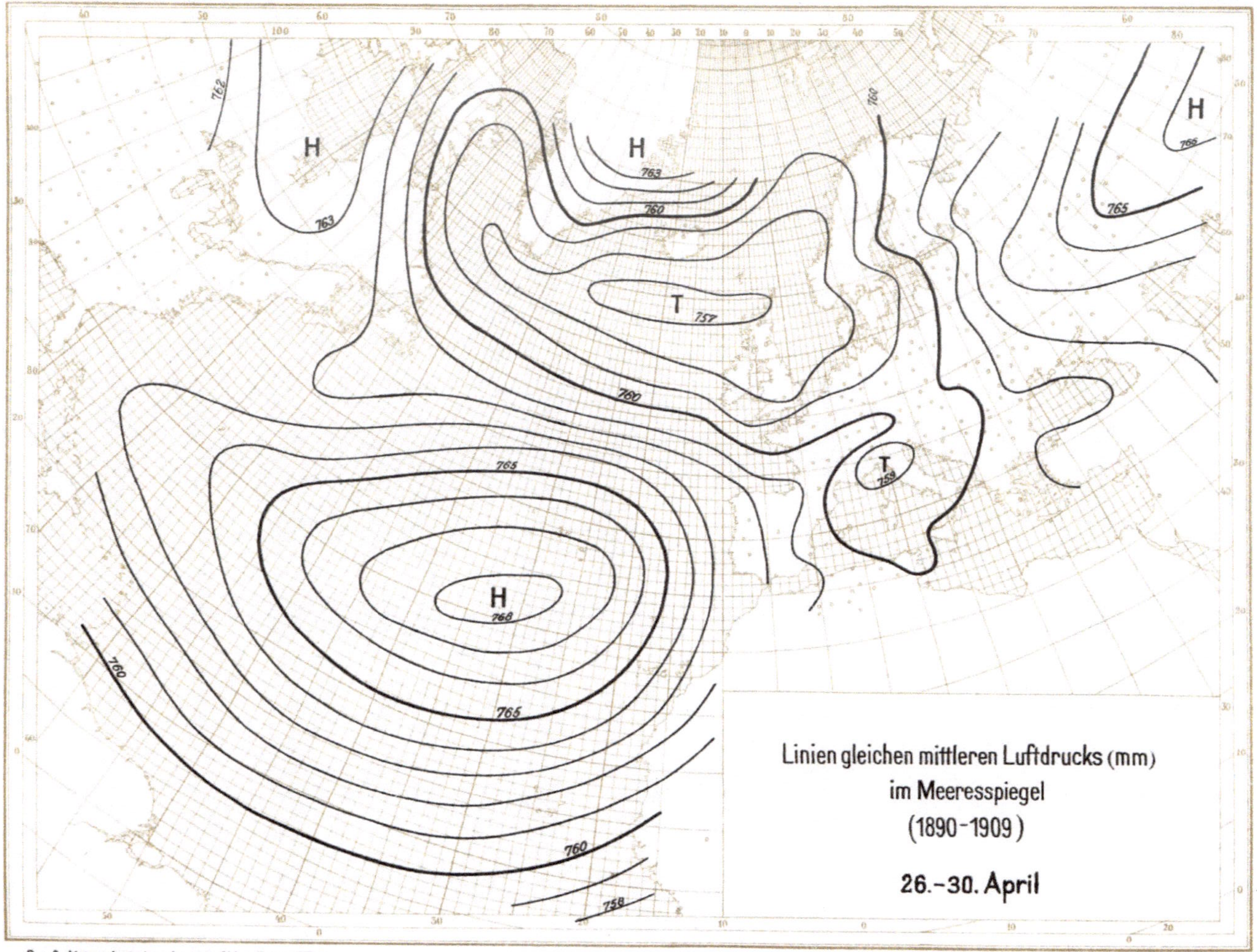

Linien gleichen mittleren Luftdrucks (mm)
im Meeresspiegel
(1890–1909)
26.–30. April
H
H
H
H
T
T
T
757
758
759
760
762
763
765
768

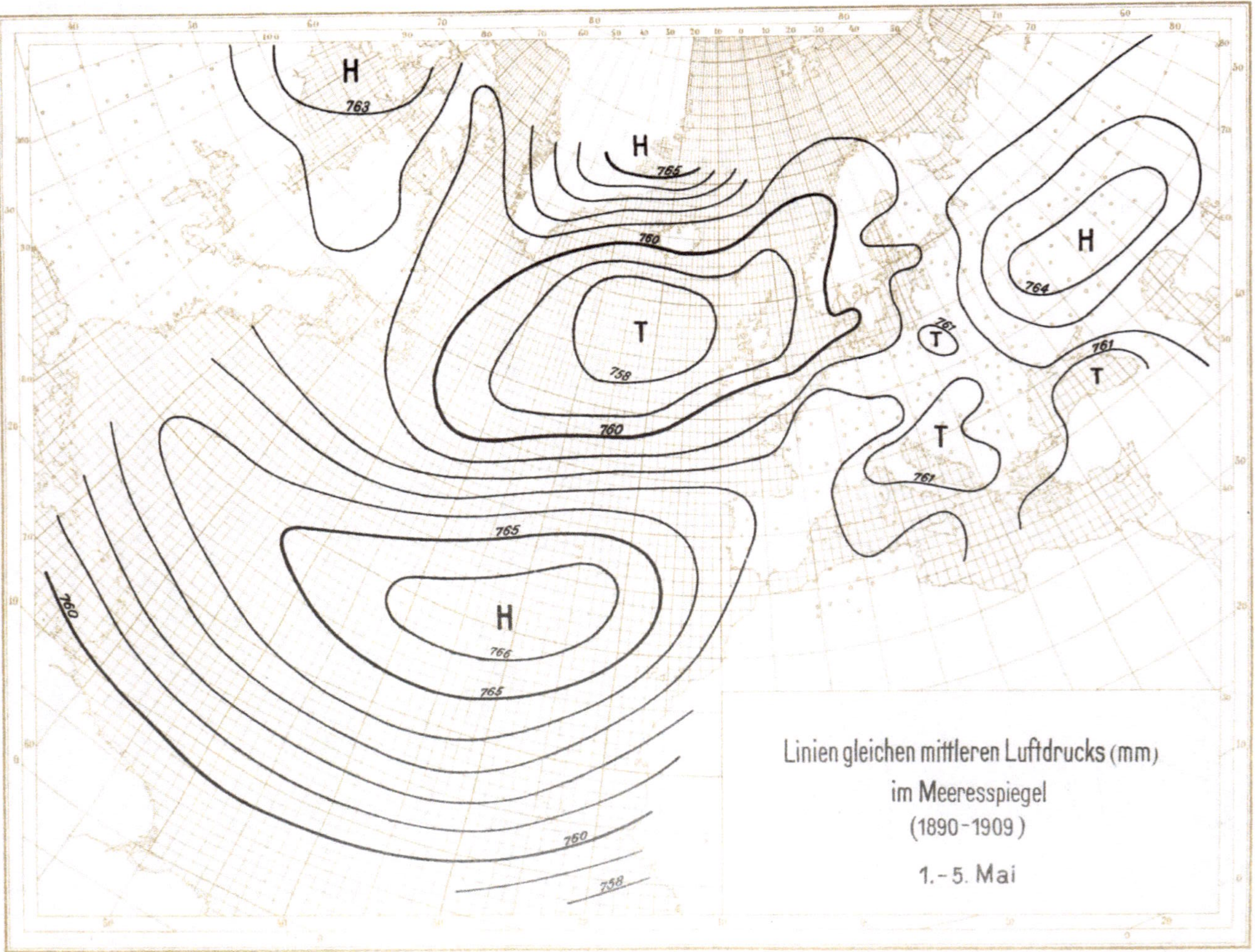
Linien gleichen mittleren Luftdrucks (mm)
im Meeresspiegel
(1890–1909)
1.–5. Mai
H 763
H 765
H 764
T 761
T 761
T 758
H 766
760
760
765
765
760
758

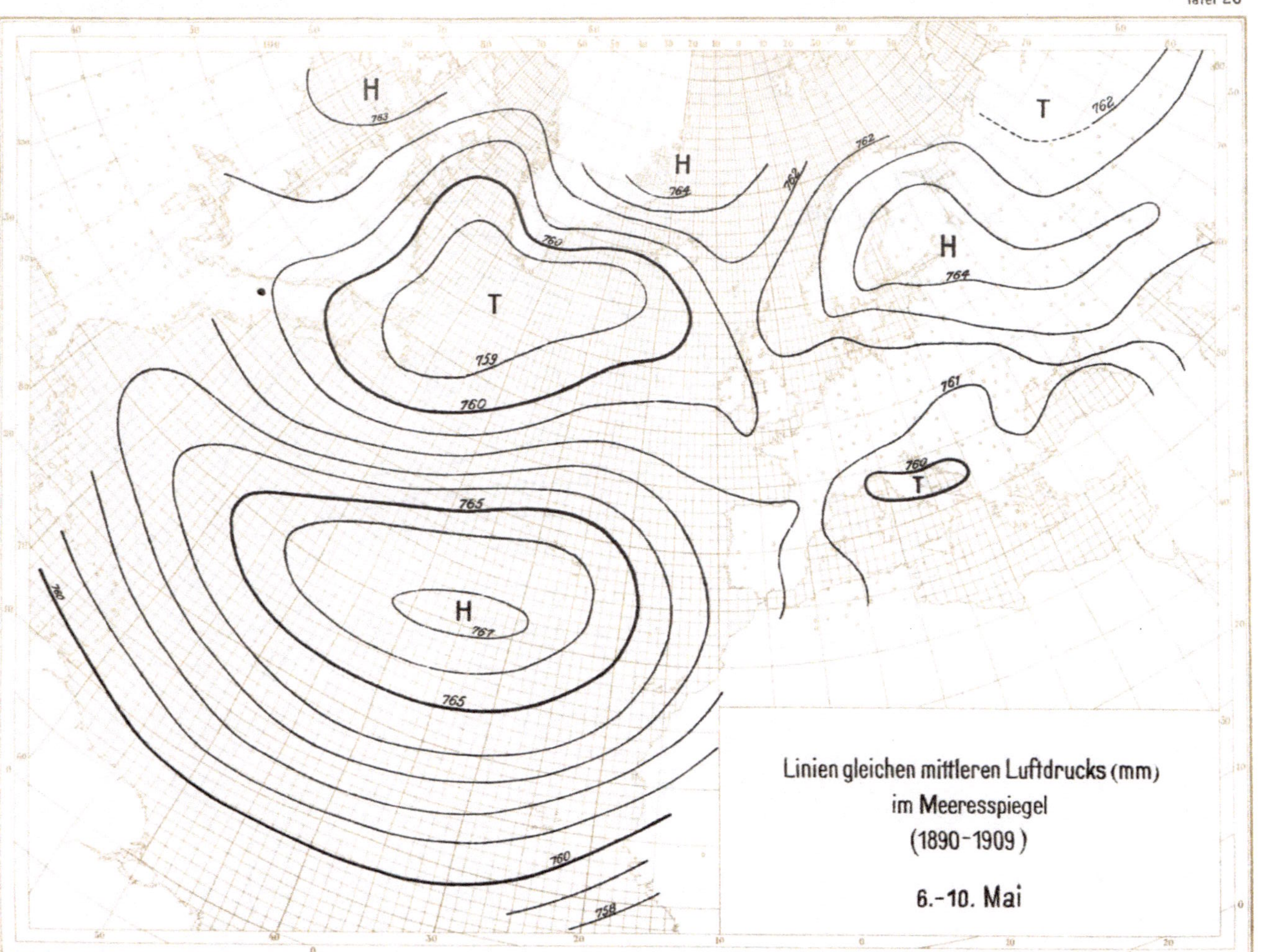

Linien gleichen mittleren Luftdrucks (mm)
im Meeresspiegel
(1890–1909)
6.–10. Mai
H
T
H
T
H
H
T

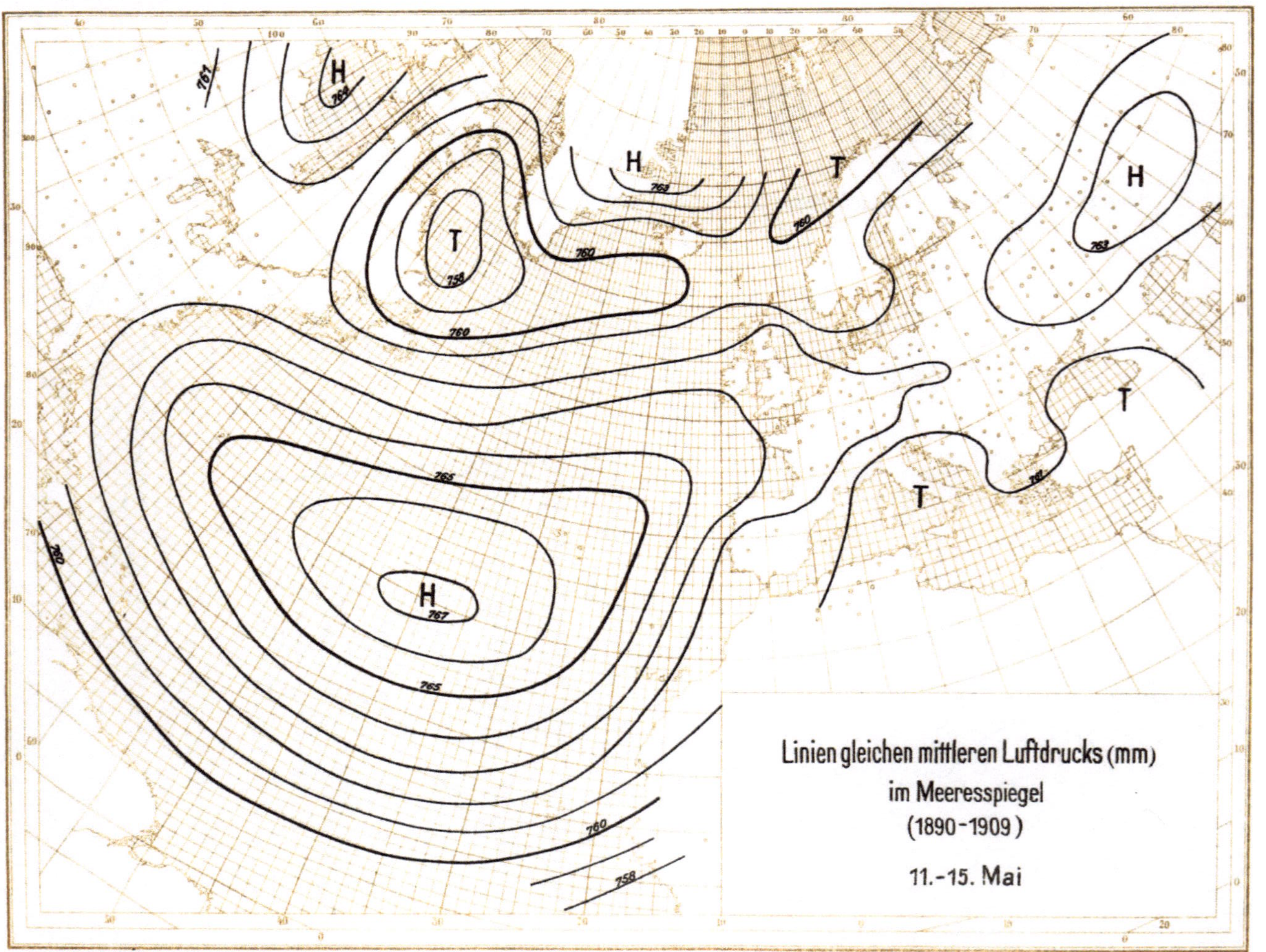

Preuß. Meteorologisches Institut. Abhandlungen VII, 7

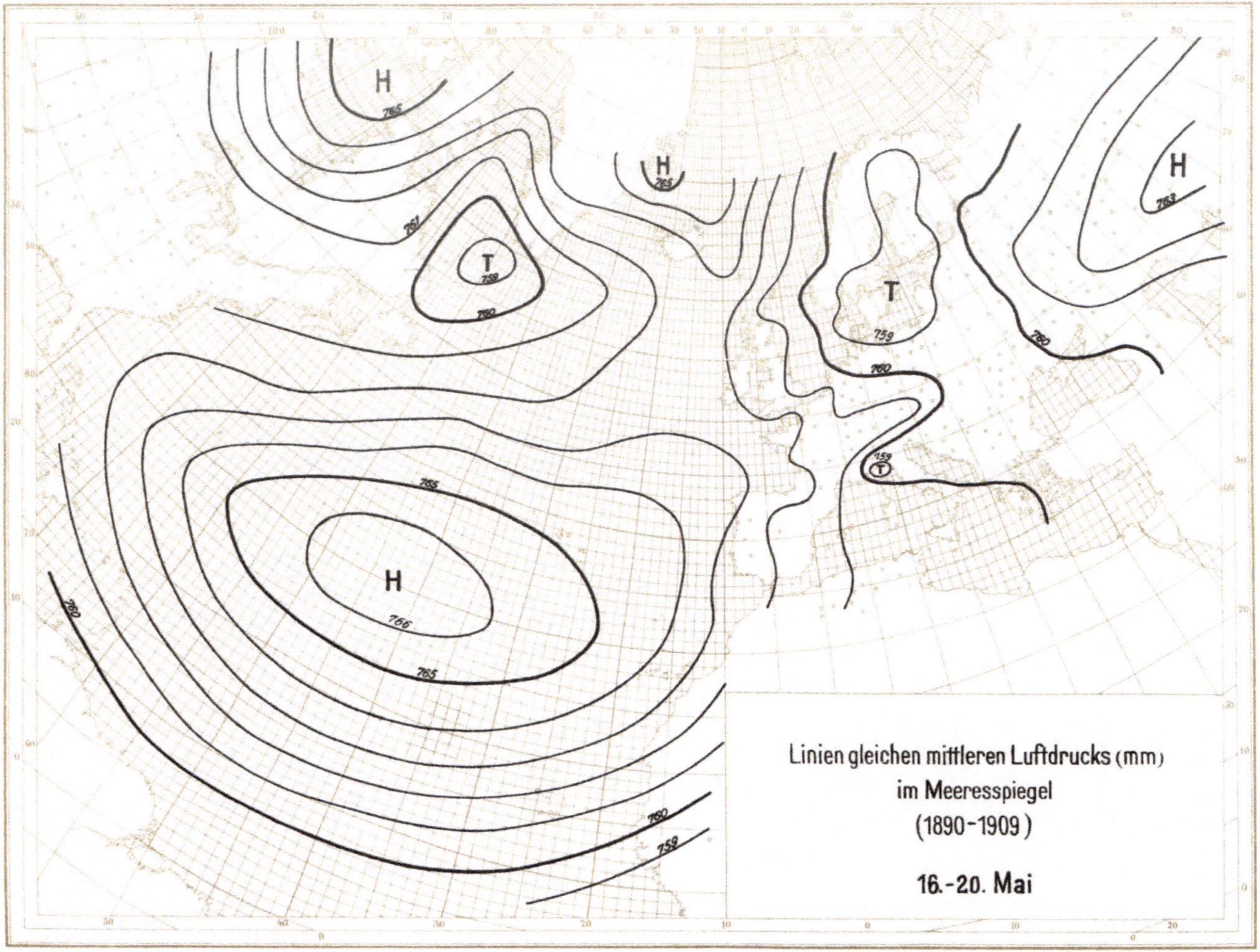
H
765
761
T
759
760
H
765
T
759
760
H
763
760
760
759
T
765
H
766
765
760
760
759
Linien gleichen mittleren Luftdrucks (mm)
im Meeresspiegel
(1890-1909)
16.-20. Mai

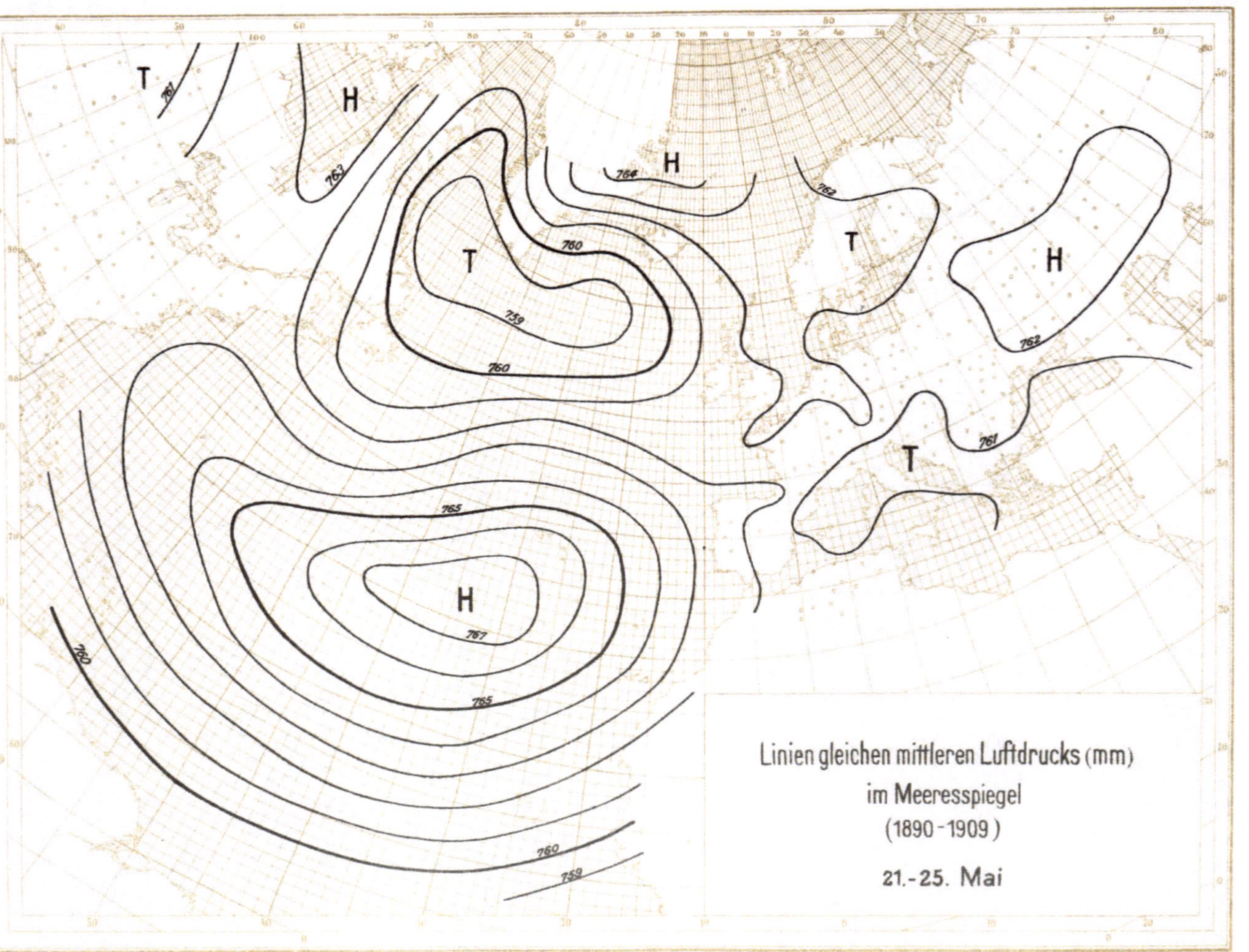
Linien gleichen mittleren Luftdrucks (mm)
im Meeresspiegel
(1890 - 1909)
21. - 25. Mai
T
H
H
H
H
T
T
T
H
762
761
764
762
760
759
760
765
757
765
760
760
759
761
762

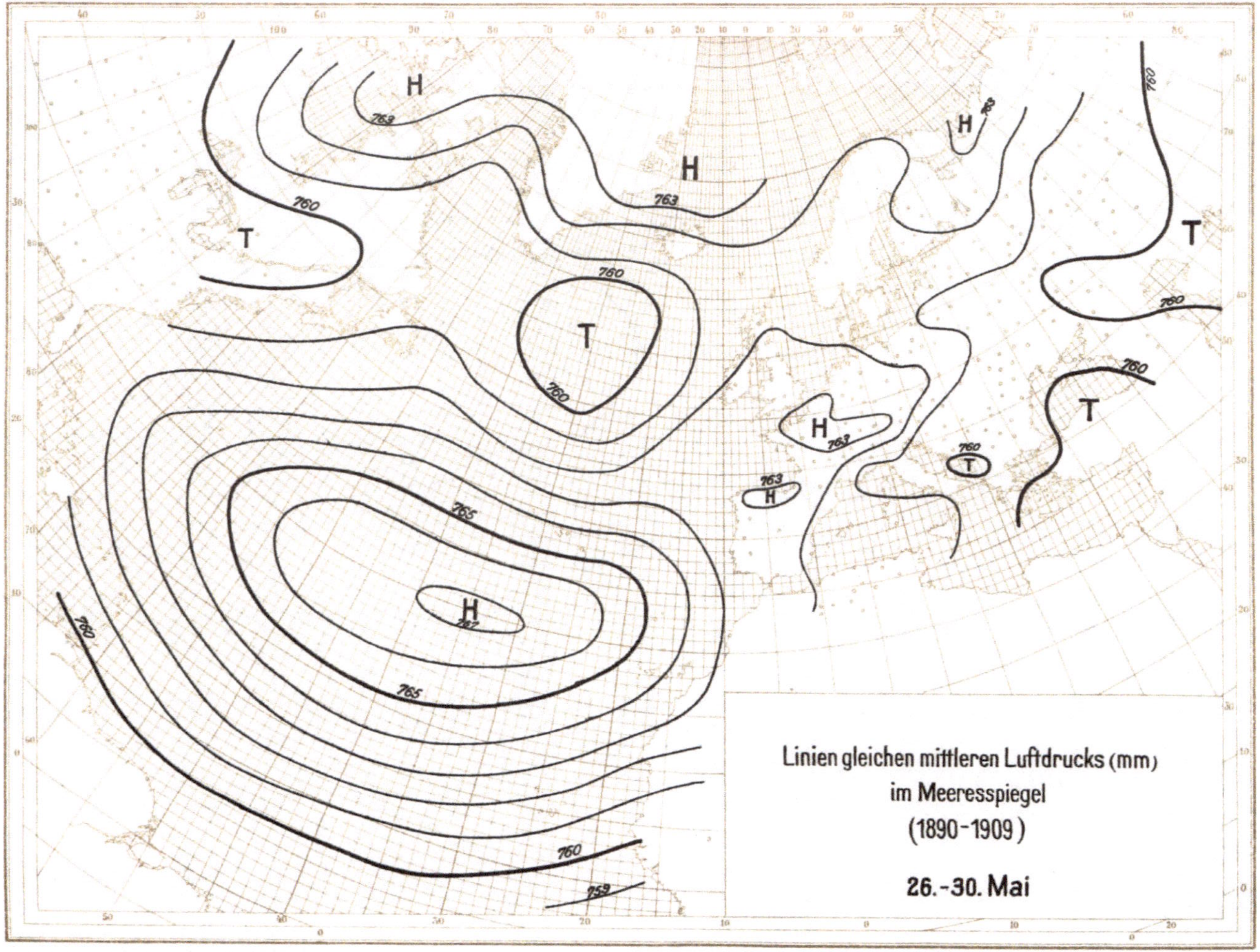
H
763
H
763
H
763
760
T
760
T
760
T
760
760
T
760
760
H
763
763
H
T
760
765
H
767
765
760
760
759

Linien gleichen mittleren Luftdrucks (mm)
im Meeresspiegel
(1890-1909)

26.-30. Mai

Gisaldruck v. Bogdan Gisevius, Berlin W.

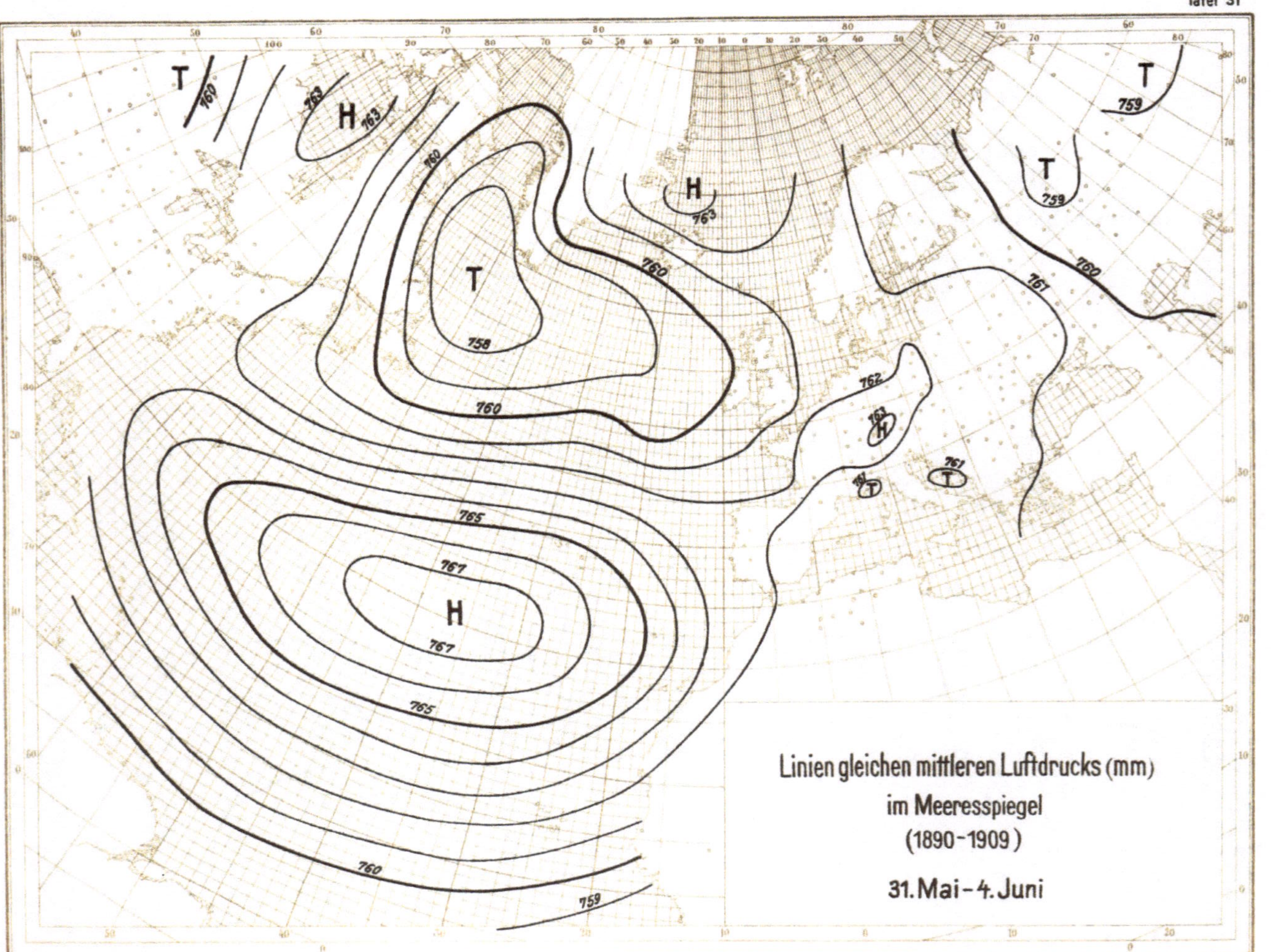

Preuß. Meteorologisches Institut. Abhandlungen VII, 7

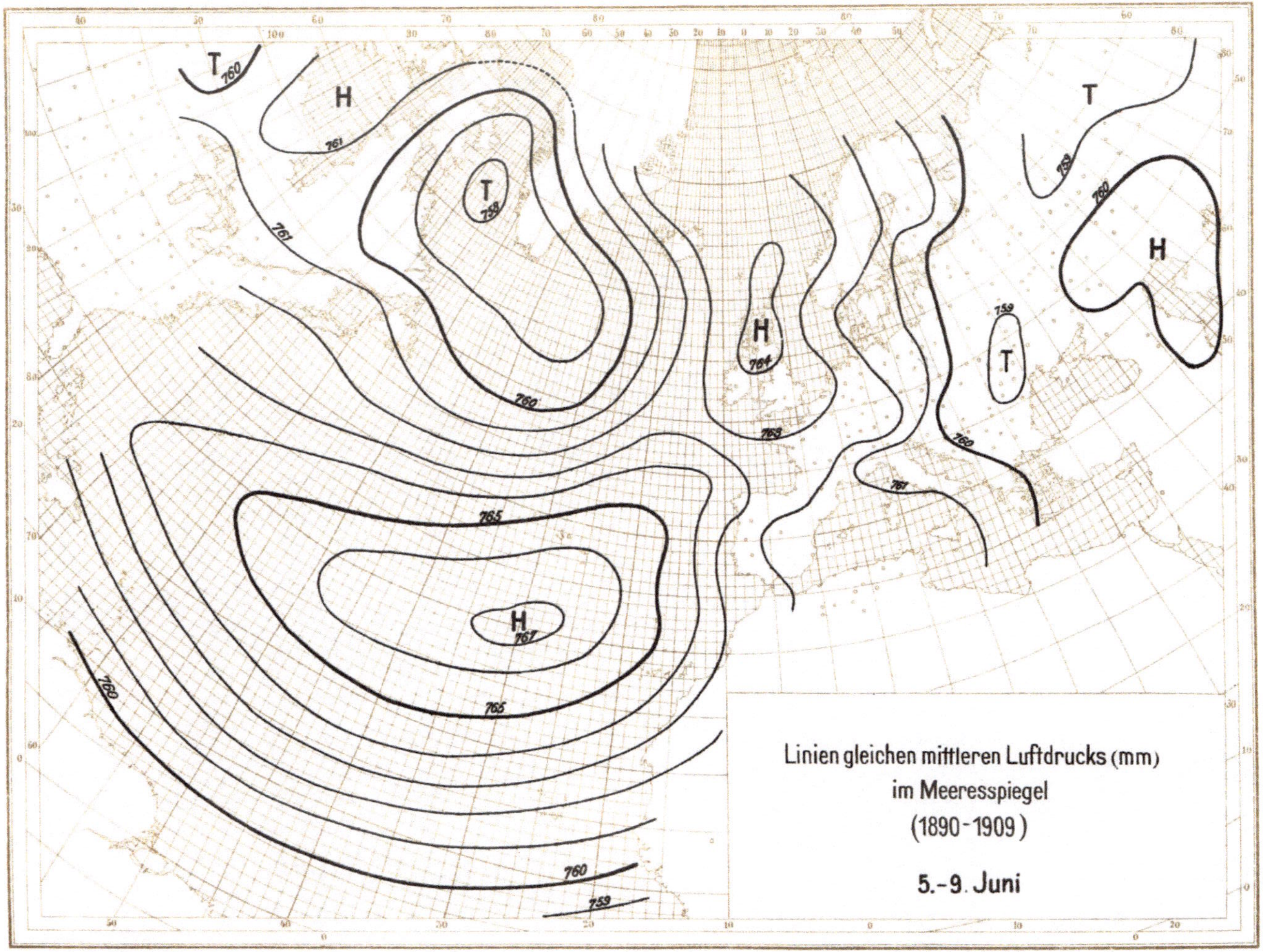
Linien gleichen mittleren Luftdrucks (mm)
im Meeresspiegel
(1890-1909)
5.-9. Juni
T 760
H 761
761
T 759
760
765
H 767
765
760
759
H 764
763
761
T 759
760
T 759
760
H

Gisaldruck v. Bogdan Gisevius, Berlin W.

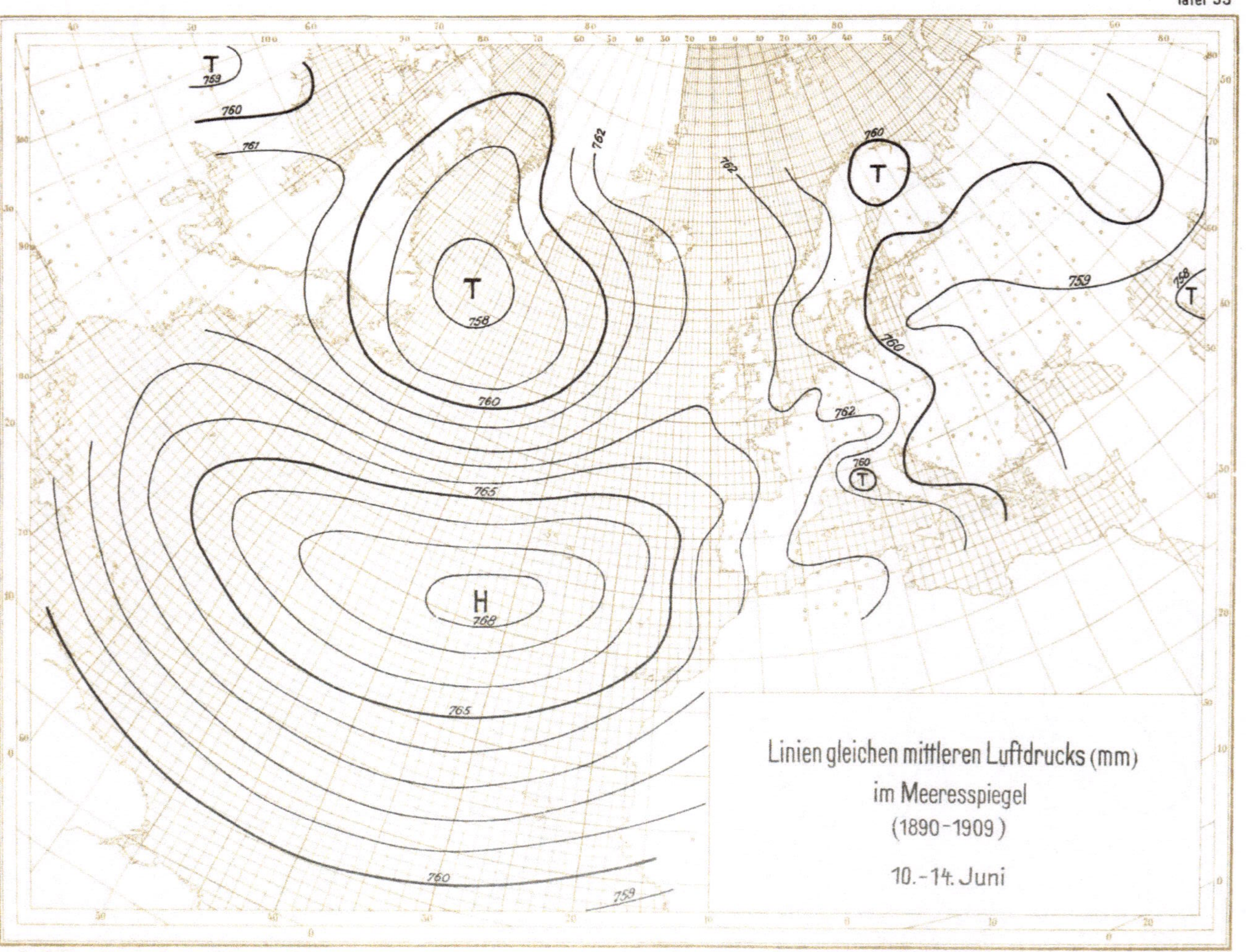

Linien gleichen mittleren Luftdrucks (mm)
im Meeresspiegel
(1890–1909)
10.–14. Juni

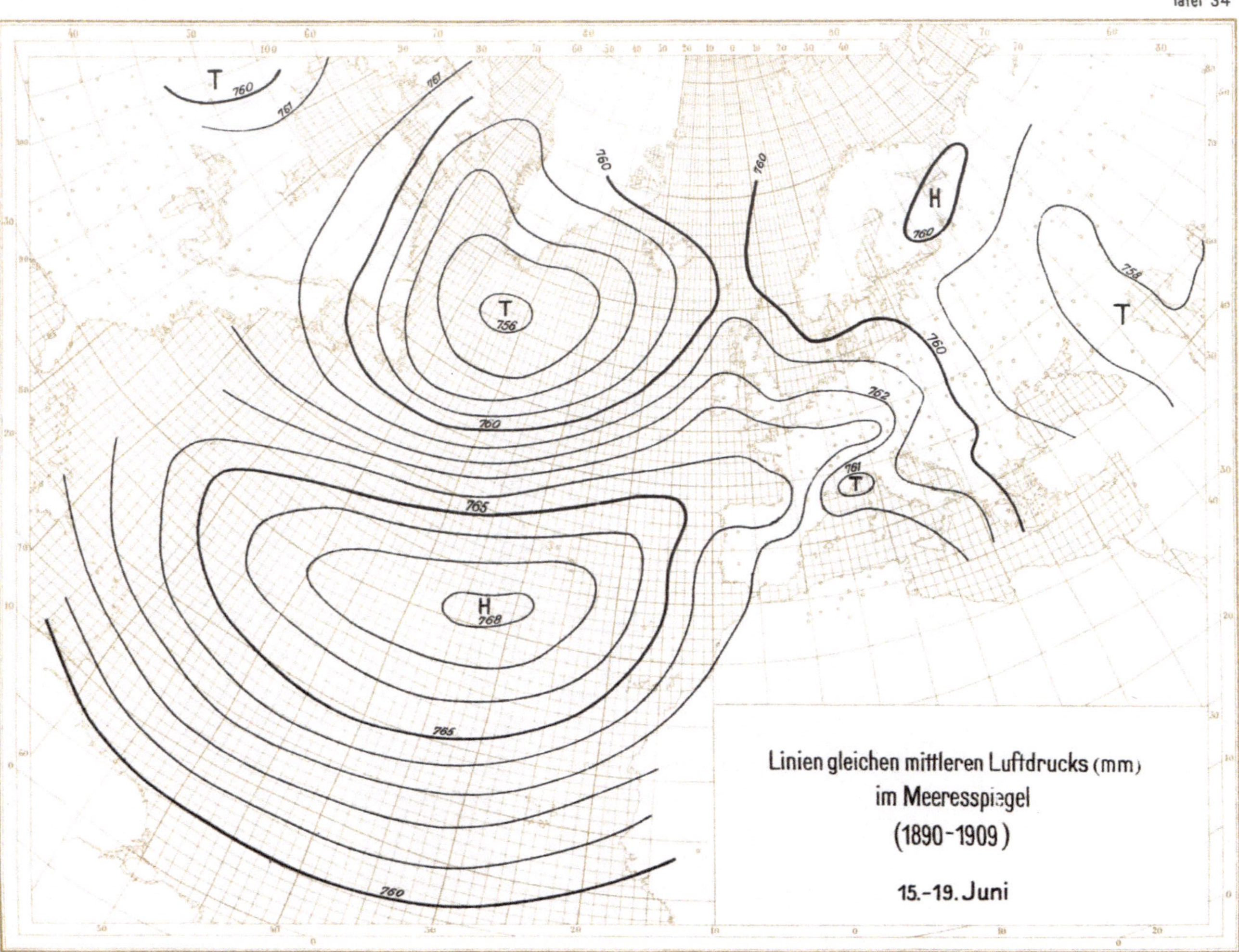
Linien gleichen mittleren Luftdrucks (mm)
im Meeresspiegel
(1890–1909)
15.–19. Juni
T
H
760
761
762
765
768
756
758

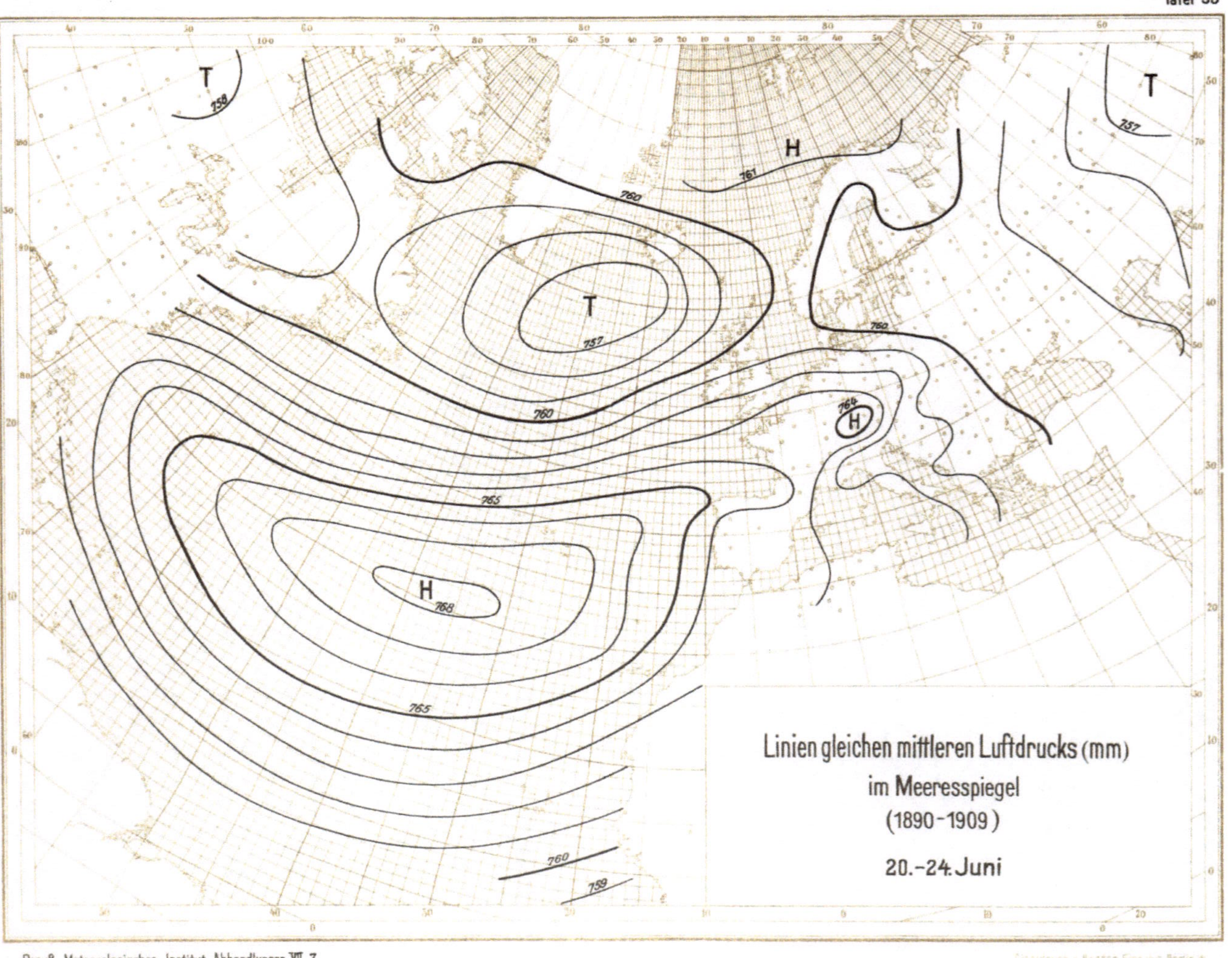

Preuß. Meteorologisches Institut. Abhandlungen VII, 7

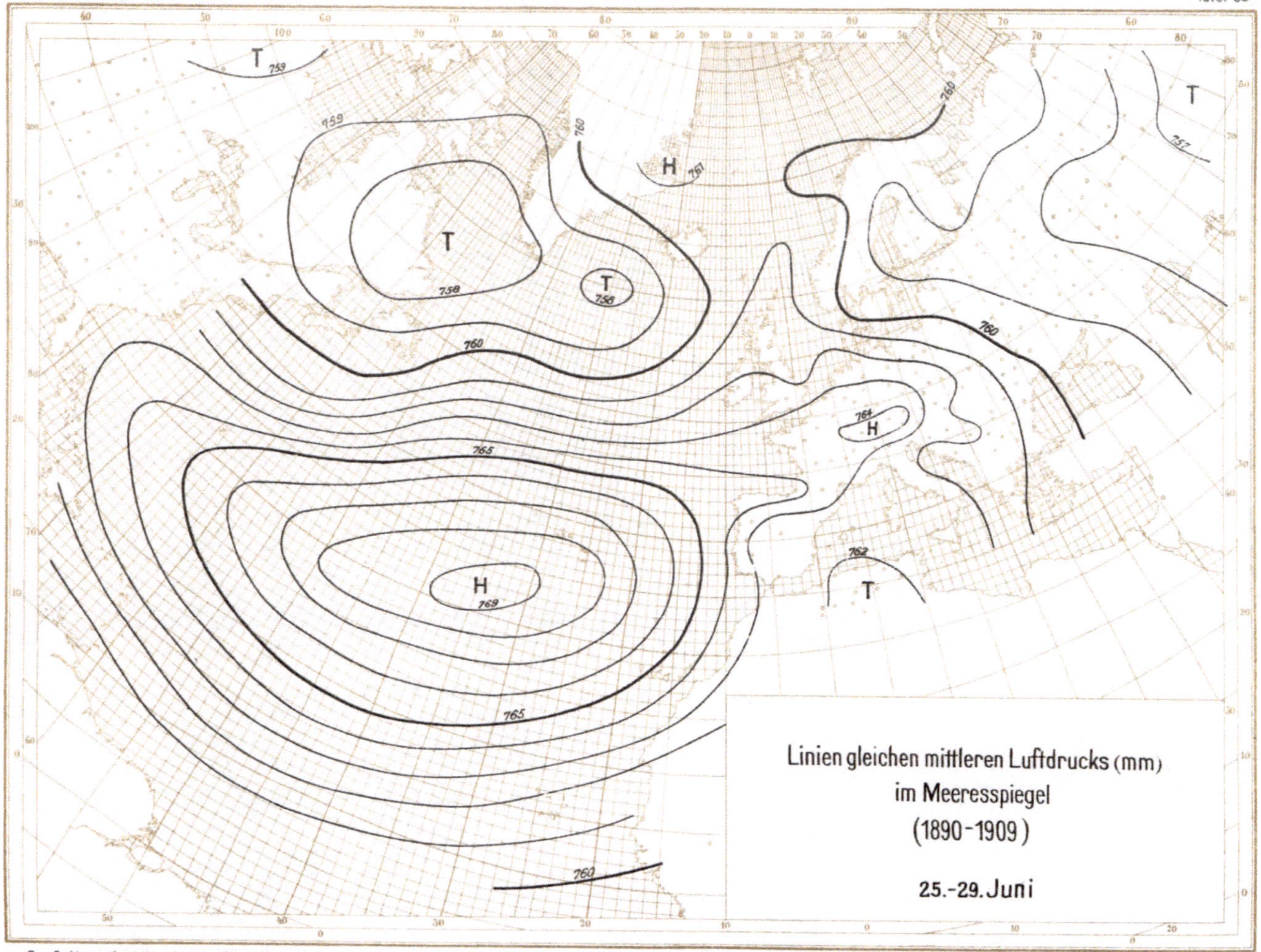

Preuß. Meteorologisches Institut. Abhandlungen VII, 7

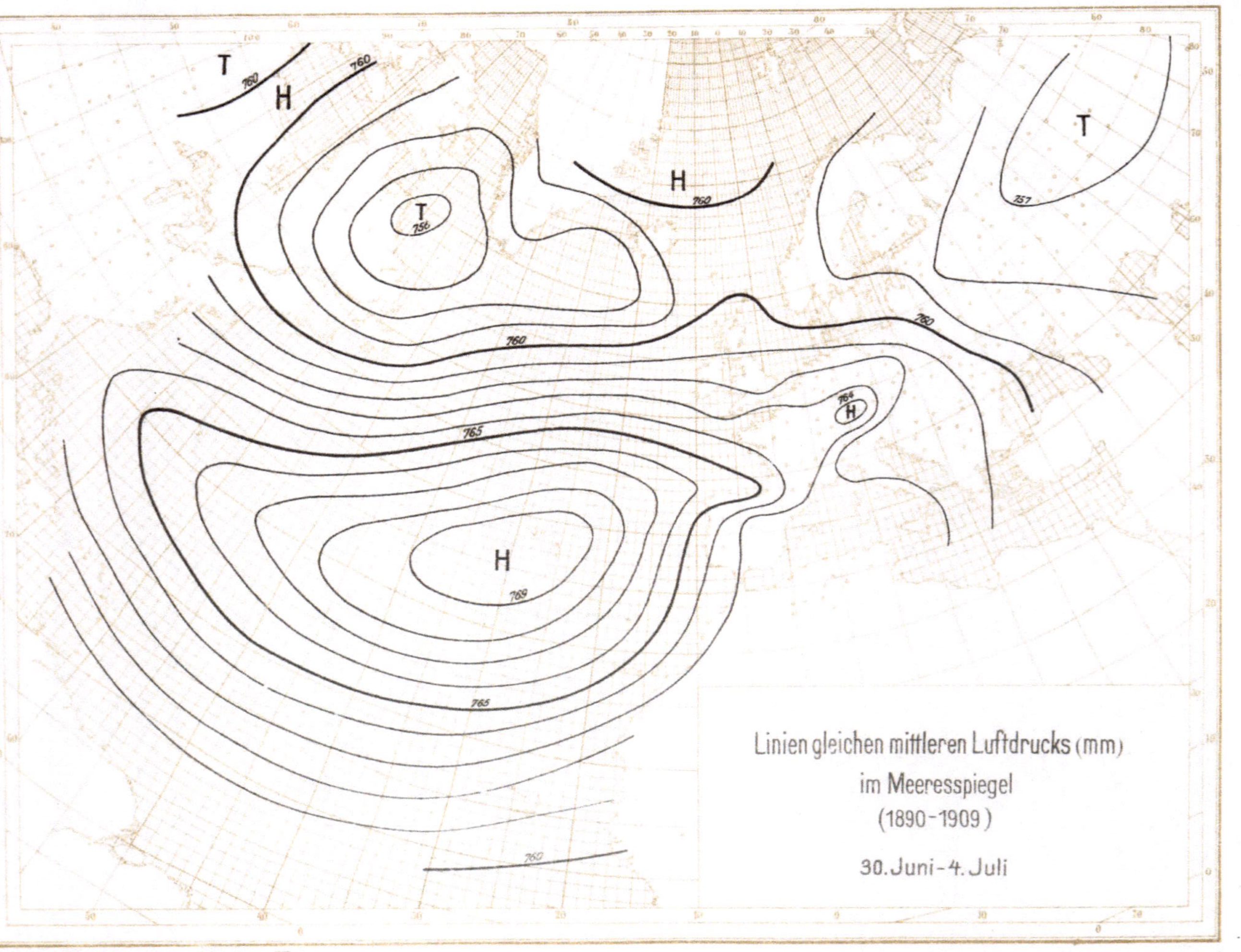
T
H
T
H
T
H
H
Linien gleichen mittleren Luftdrucks (mm)
im Meeresspiegel
(1890–1909)
30. Juni–4. Juli

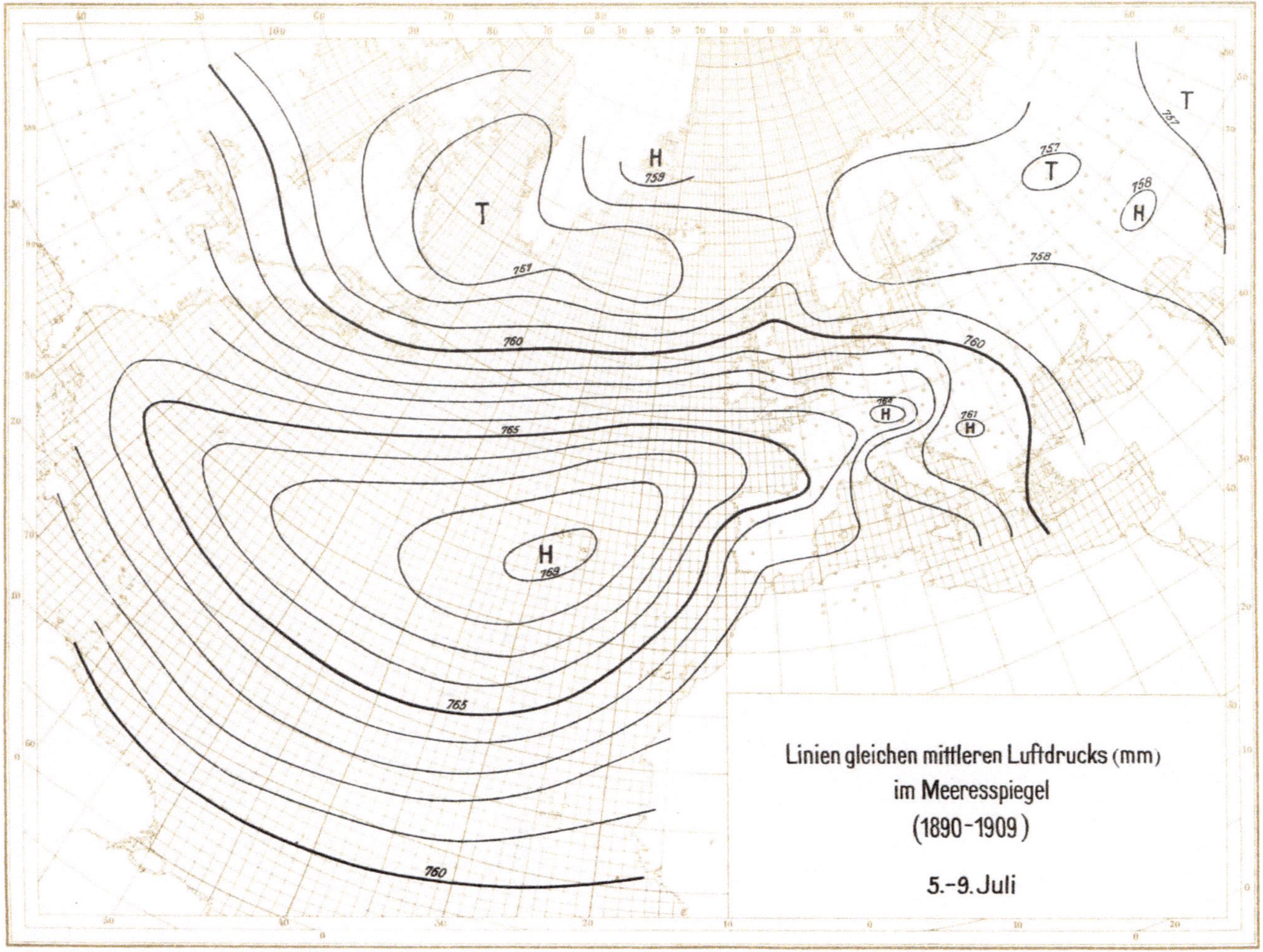

Preuß. Meteorologisches Institut. Abhandlungen VII, 7

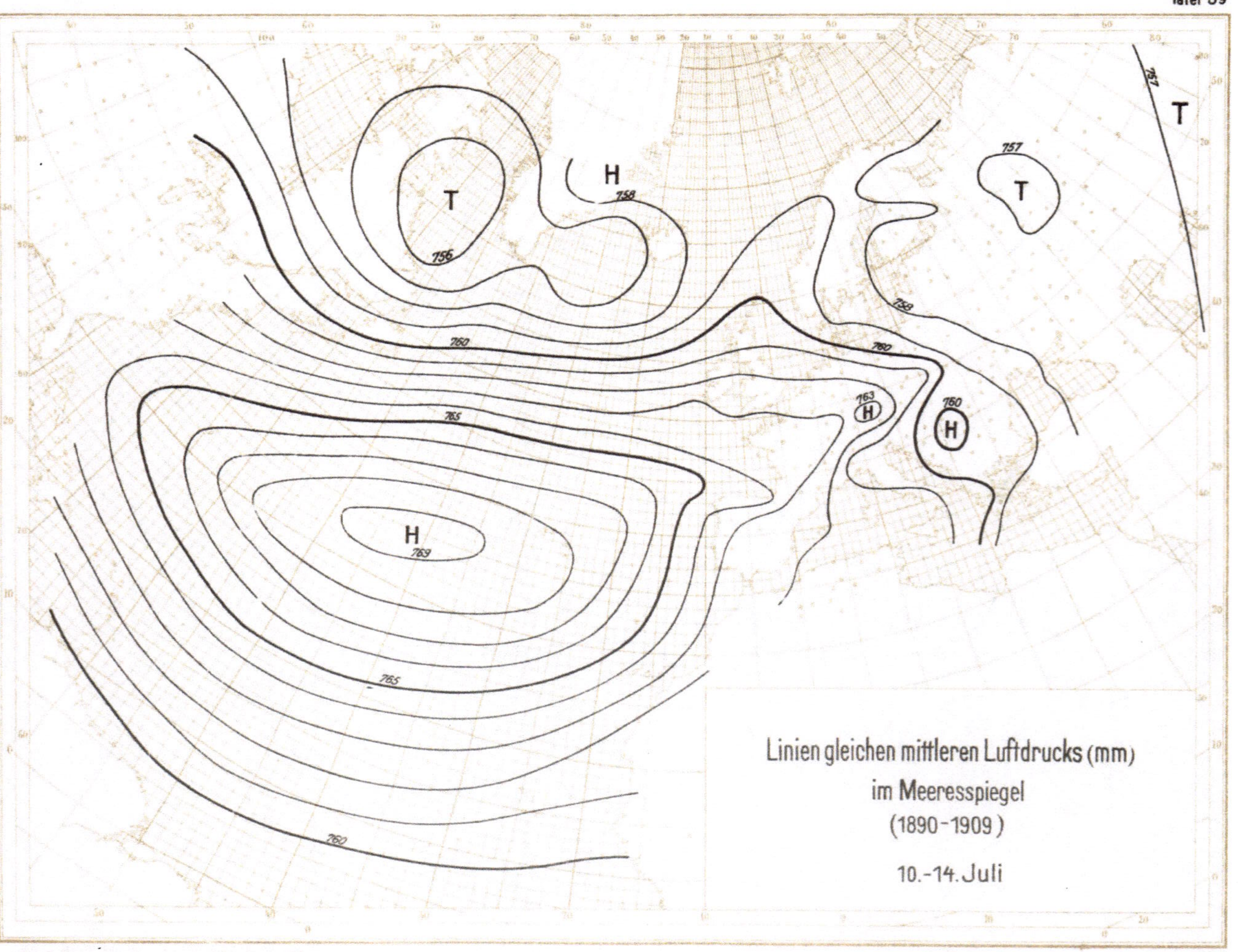

Linien gleichen mittleren Luftdrucks (mm)
im Meeresspiegel
(1890–1909)
10.–14. Juli
T
H
T
T
H
H
H
H

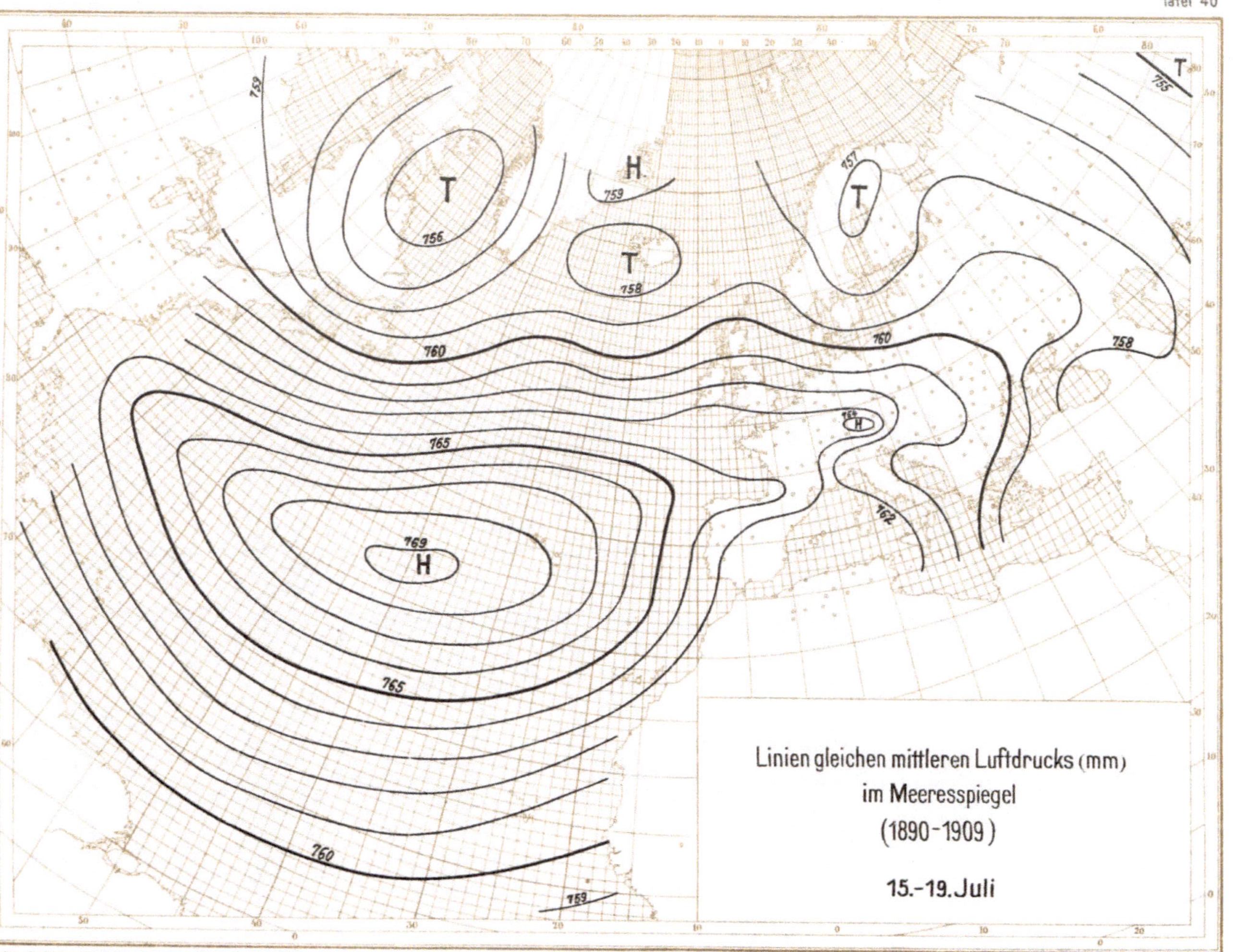
Linien gleichen mittleren Luftdrucks (mm)
im Meeresspiegel
(1890–1909)
15.–19. Juli

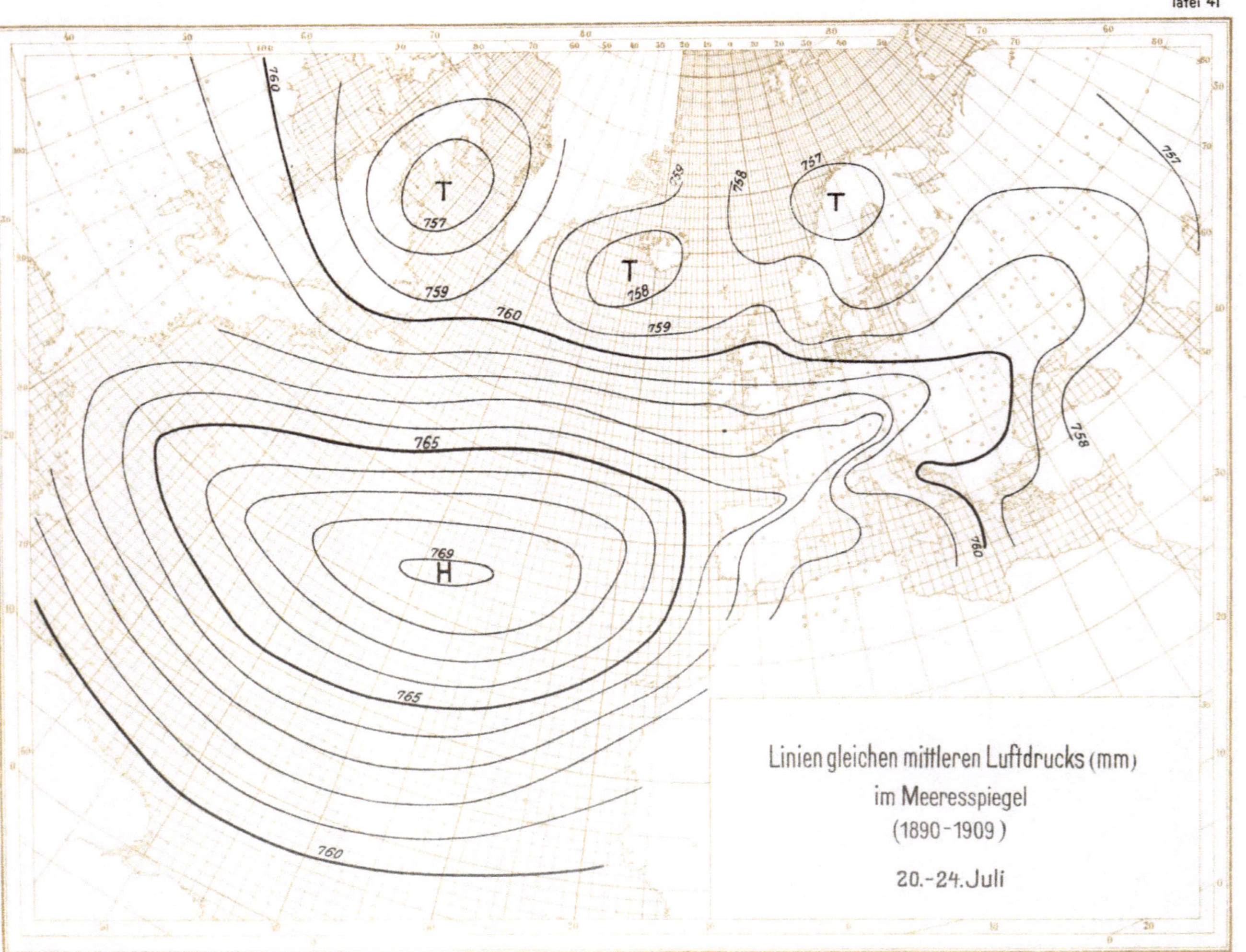

Linien gleichen mittleren Luftdrucks (mm)
im Meeresspiegel
(1890–1909)
20.–24. Juli
757
758
759
760
765
769
H
T

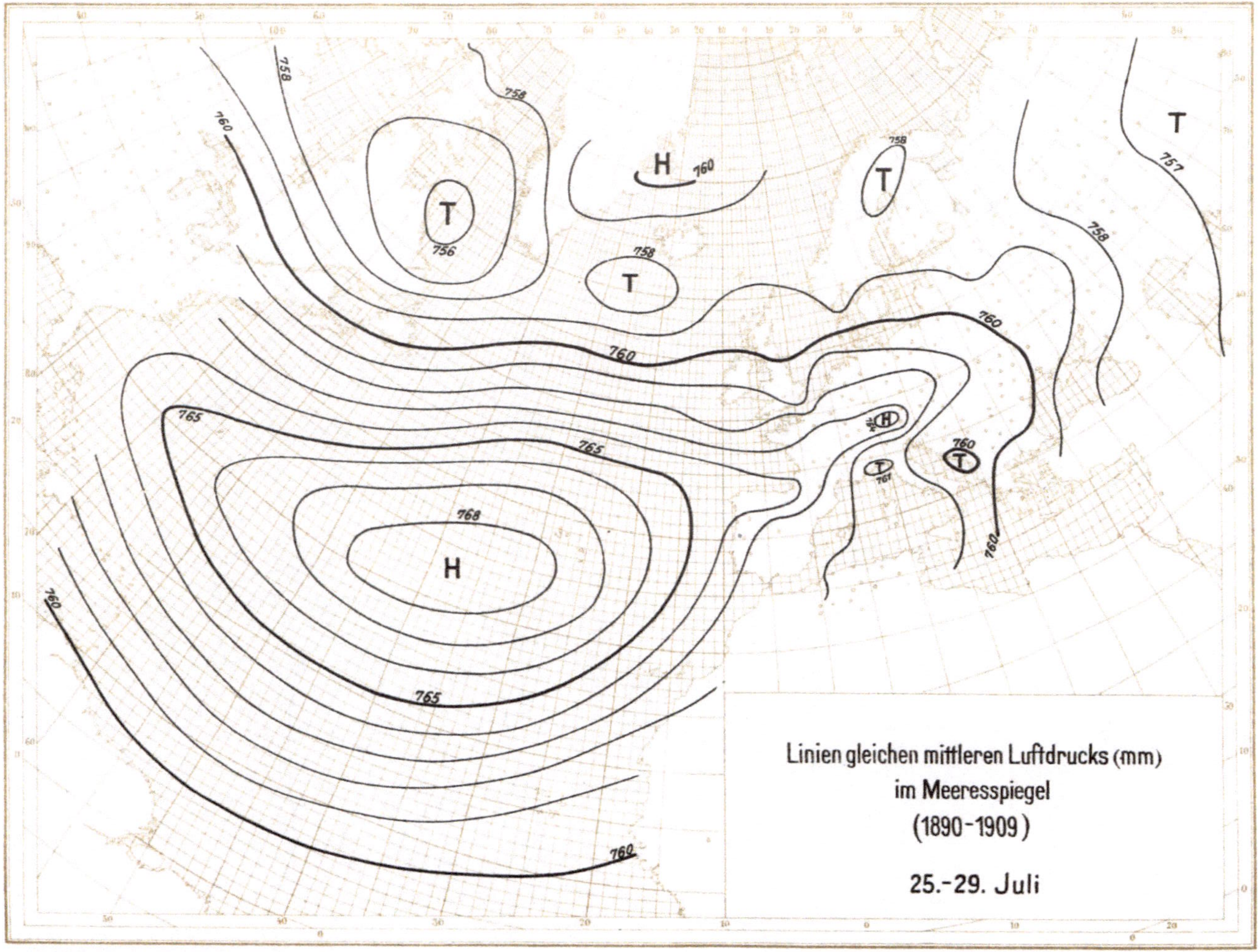
Linien gleichen mittleren Luftdrucks (mm)
im Meeresspiegel
(1890–1909)
25.–29. Juli
T
H
757
758
760
756
765
768

Gisaldruck v. Bogdan Gisevius, Berlin W.

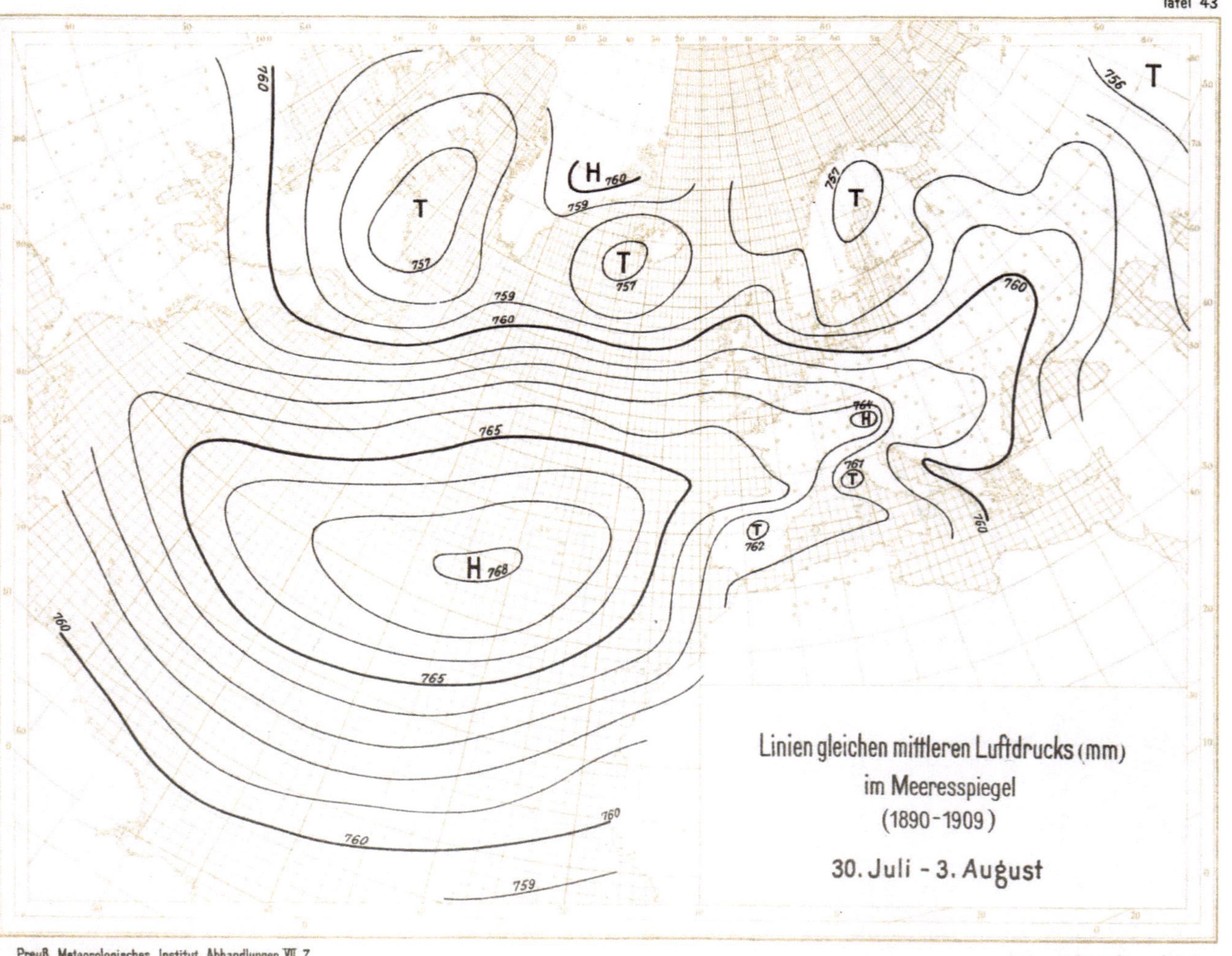

Preuß. Meteorologisches Institut. Abhandlungen VII, 7

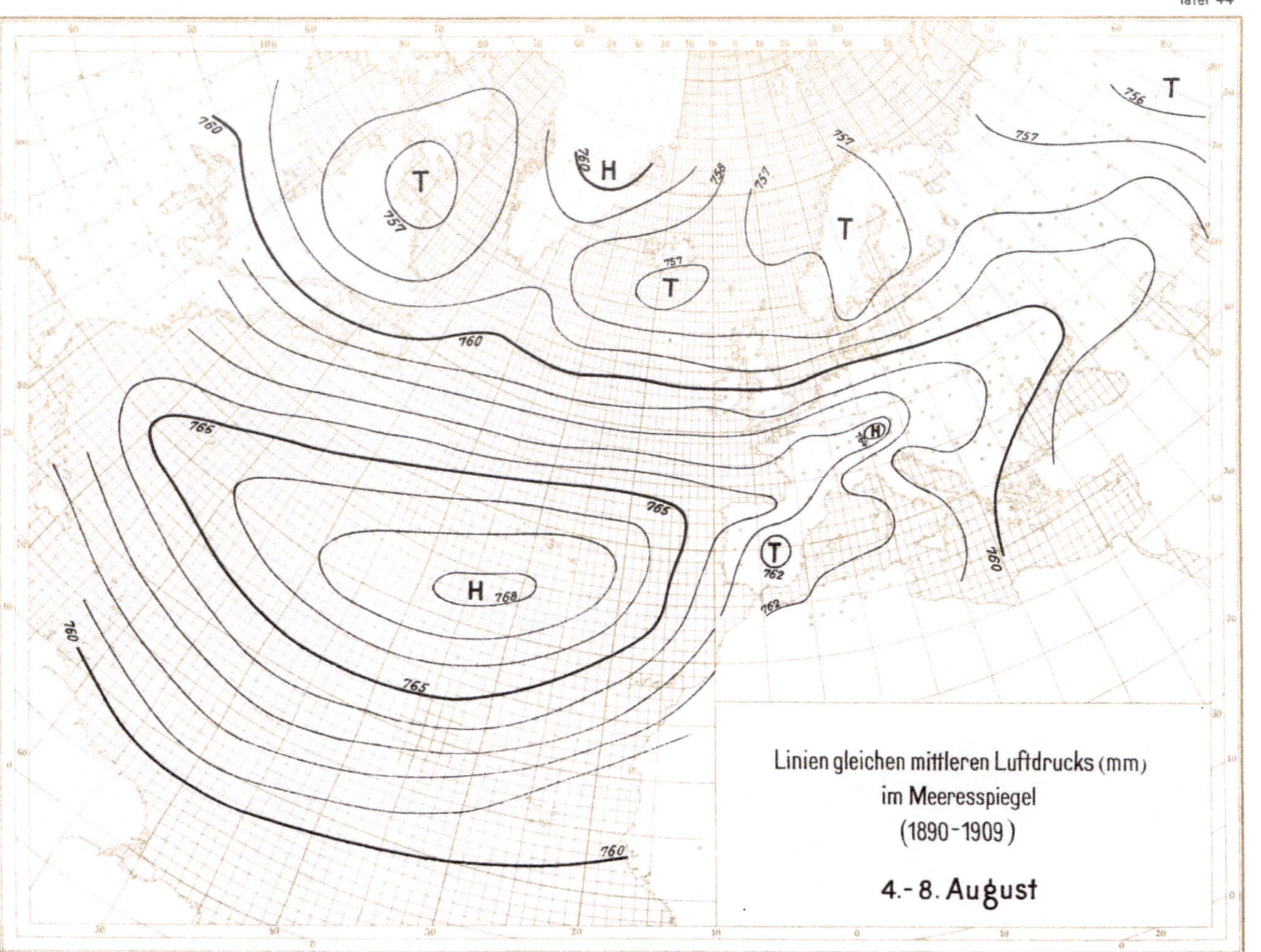

Linien gleichen mittleren Luftdrucks (mm)
im Meeresspiegel
(1890-1909)
4.-8. August

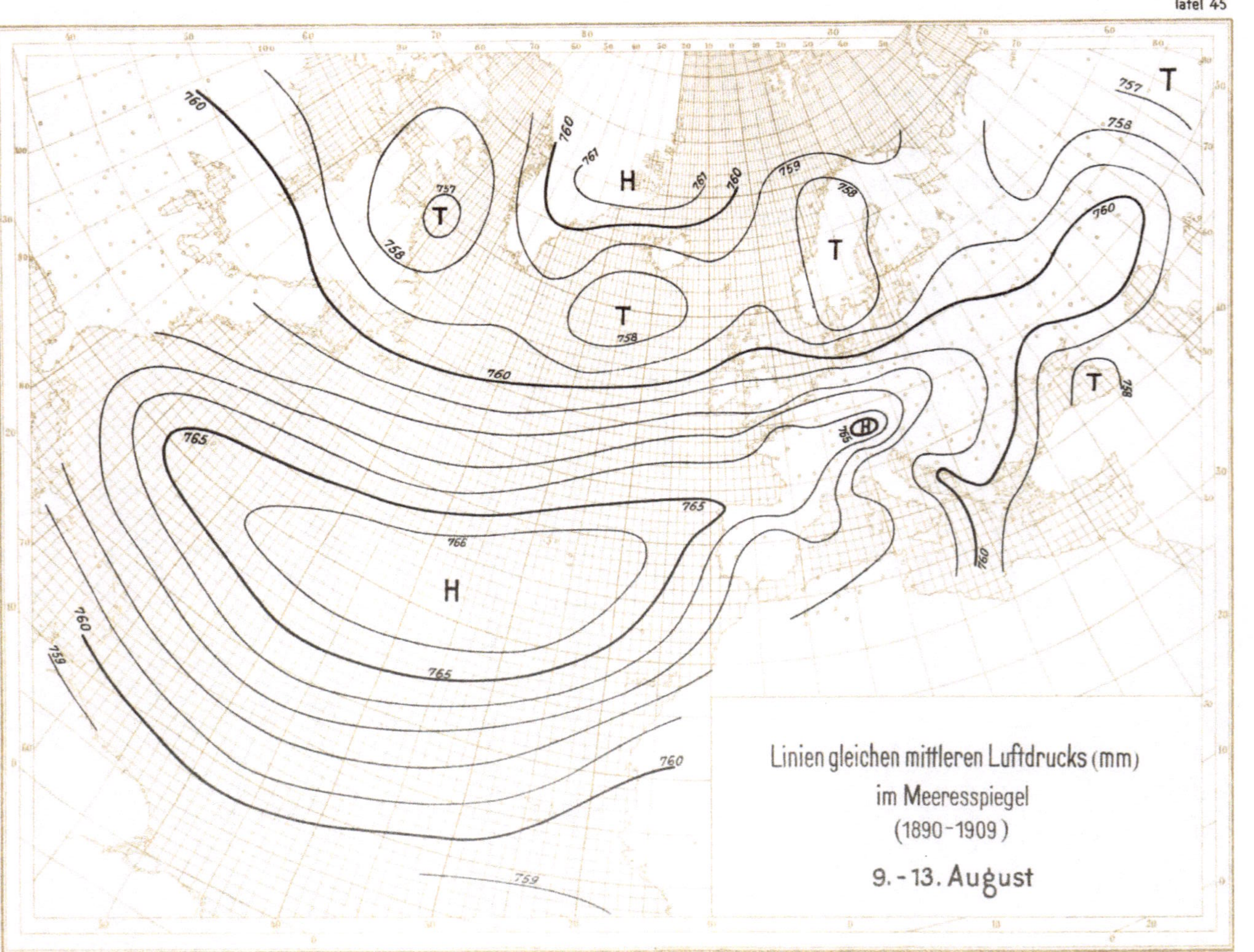
T
H
T
T
T
T
H
H
Linien gleichen mittleren Luftdrucks (mm)
im Meeresspiegel
(1890–1909)
9. – 13. August
757
758
760
761
760
761
760
759
758
758
760
757
758
765
765
766
765
760
759
760
759

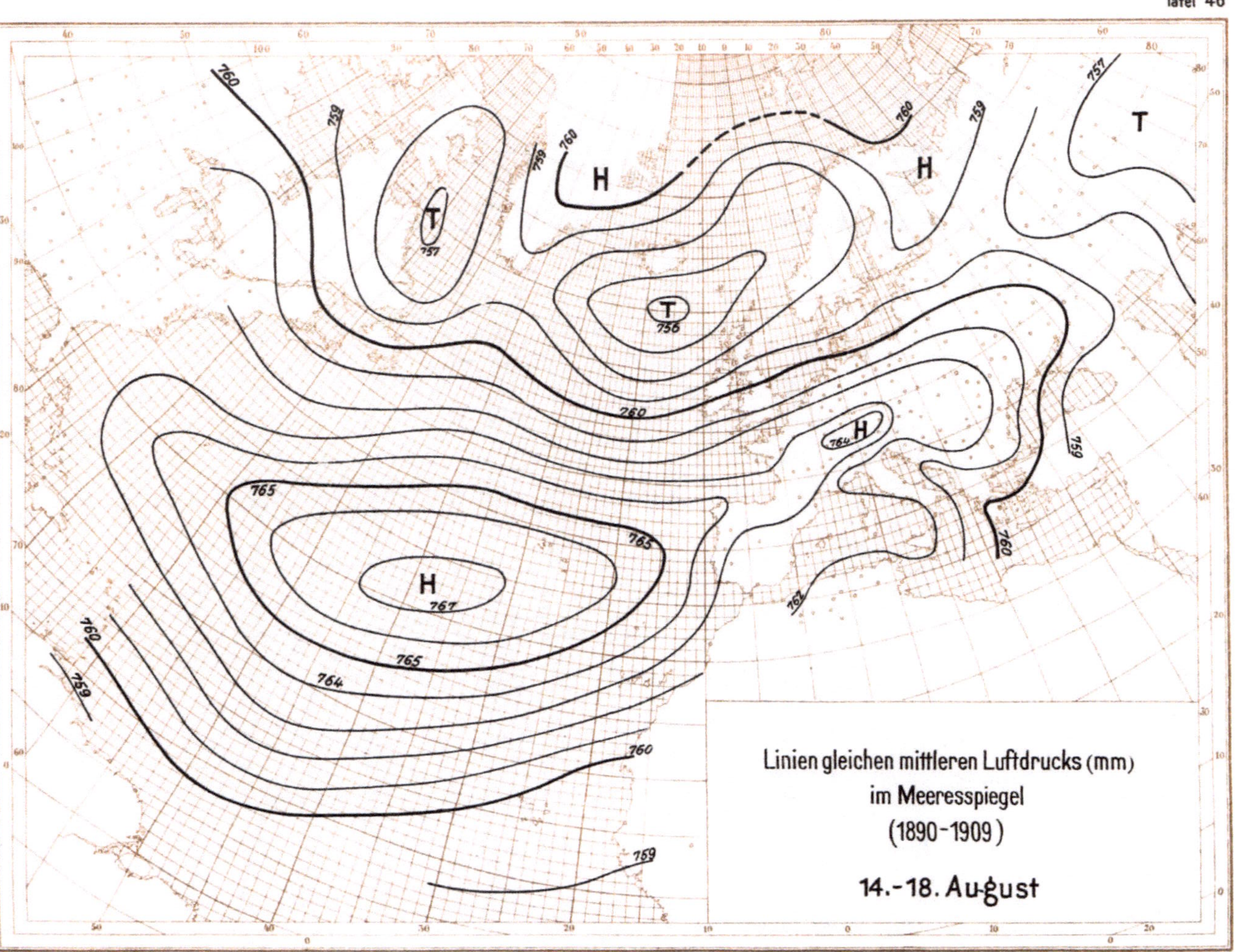

Preuß. Meteorologisches Institut. Abhandlungen VII, 7

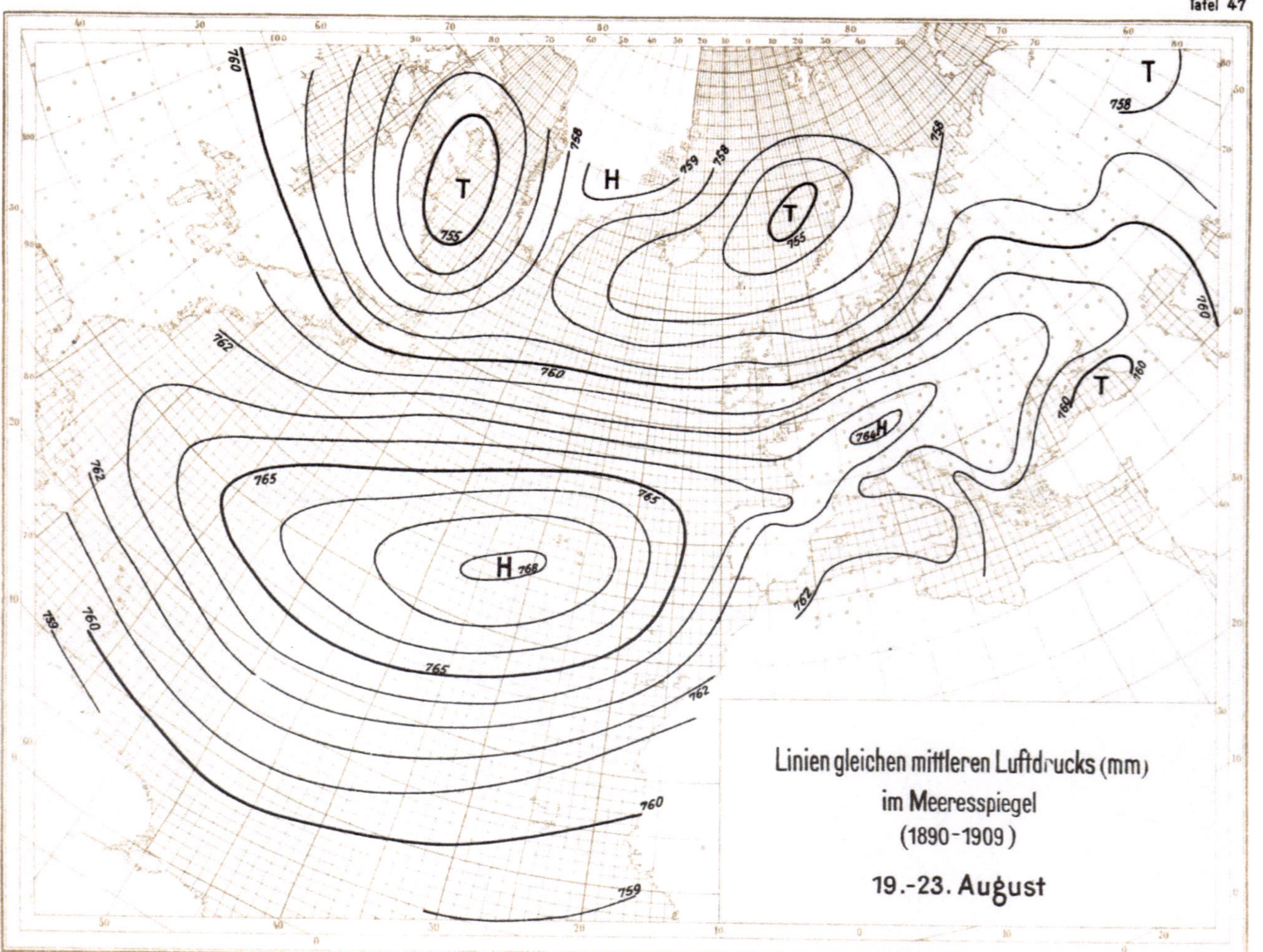

Linien gleichen mittleren Luftdrucks (mm)
im Meeresspiegel
(1890–1909)
19.–23. August
T
H
T
T
T
H
H
H
760
758
759
758
758
760
755
755
762
760
762
764
762
760
765
765
768
765
759
760
762
760
759

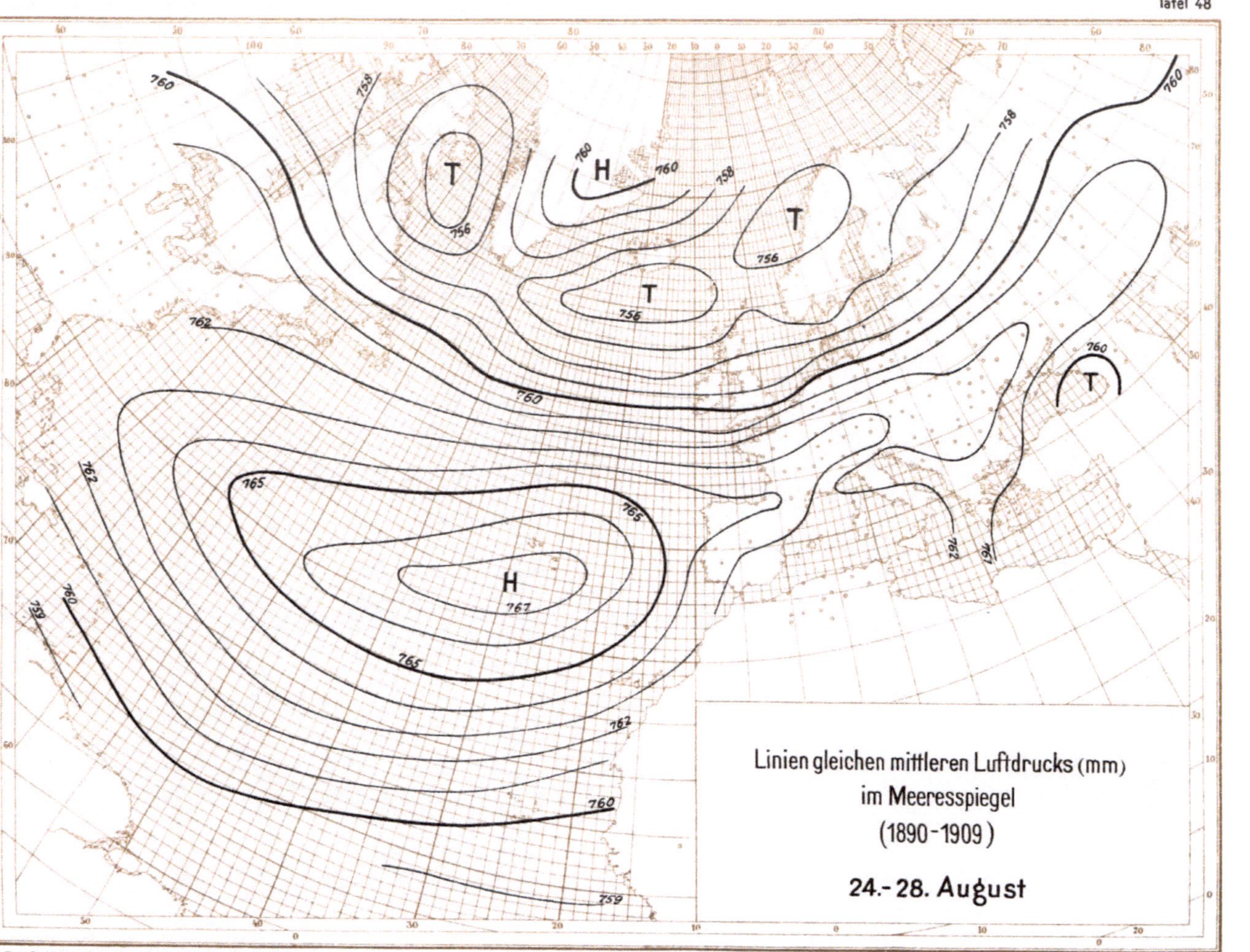

Tafel 48
Linien gleichen mittleren Luftdrucks (mm)
im Meeresspiegel
(1890-1909)
24.- 28. August

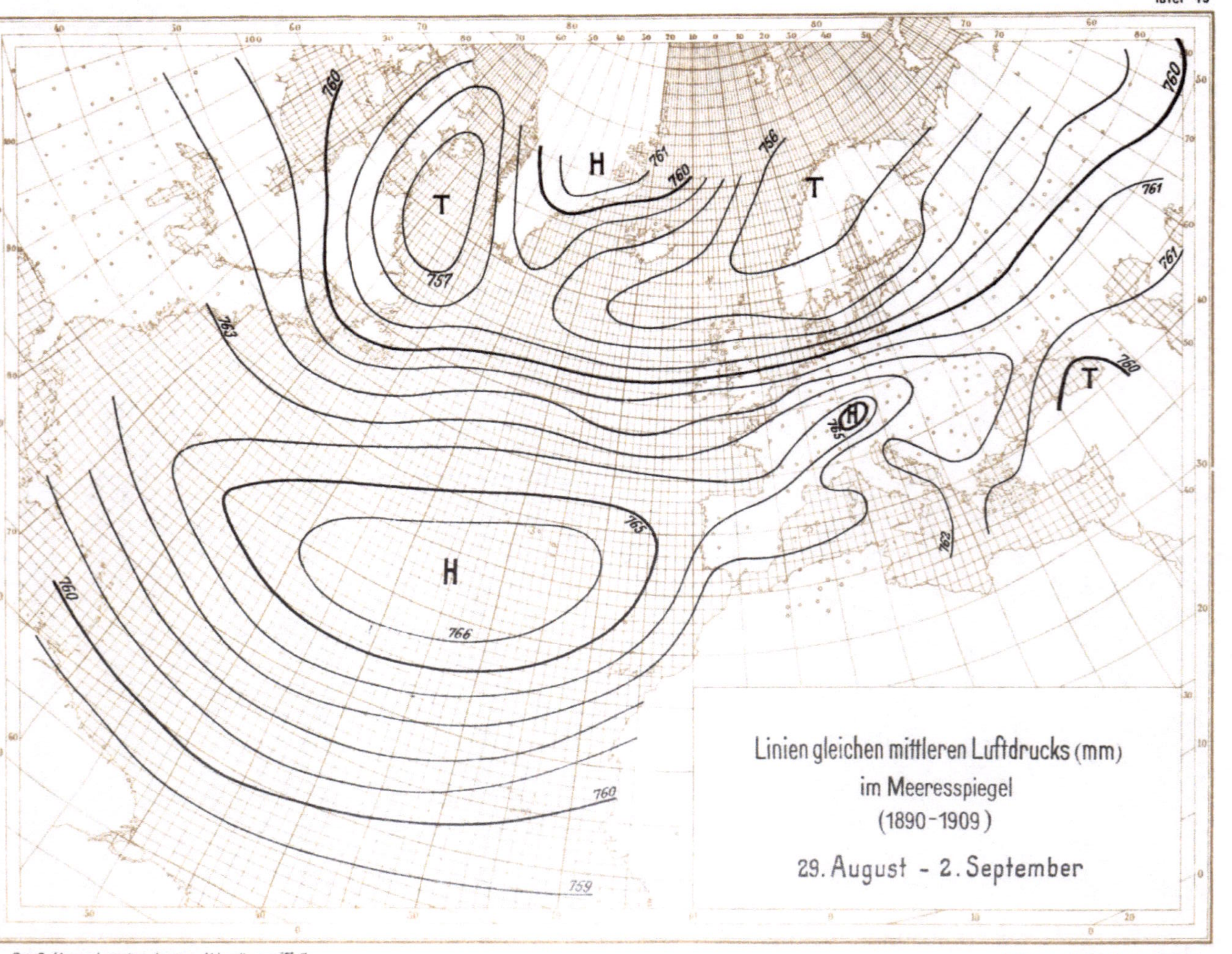

Linien gleichen mittleren Luftdrucks (mm)
im Meeresspiegel
(1890–1909)
29. August – 2. September
T
H
H
T
T
H

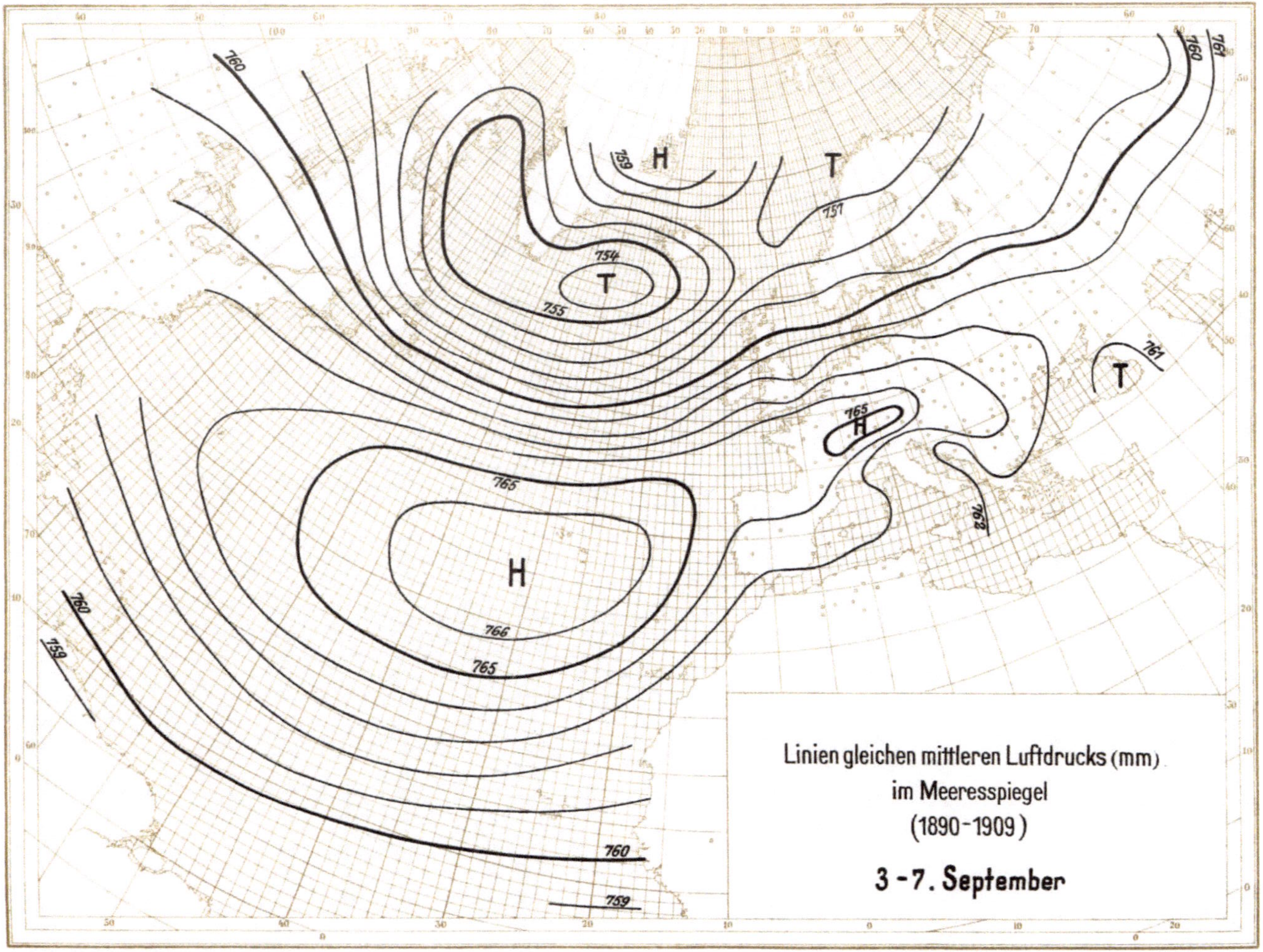
Linien gleichen mittleren Luftdrucks (mm)
im Meeresspiegel
(1890-1909)
3 - 7. September
760
761
759
754
755
757
765
766
762
H
T

Gisaldruck v. Bogdan Gisevius, Berlin W.

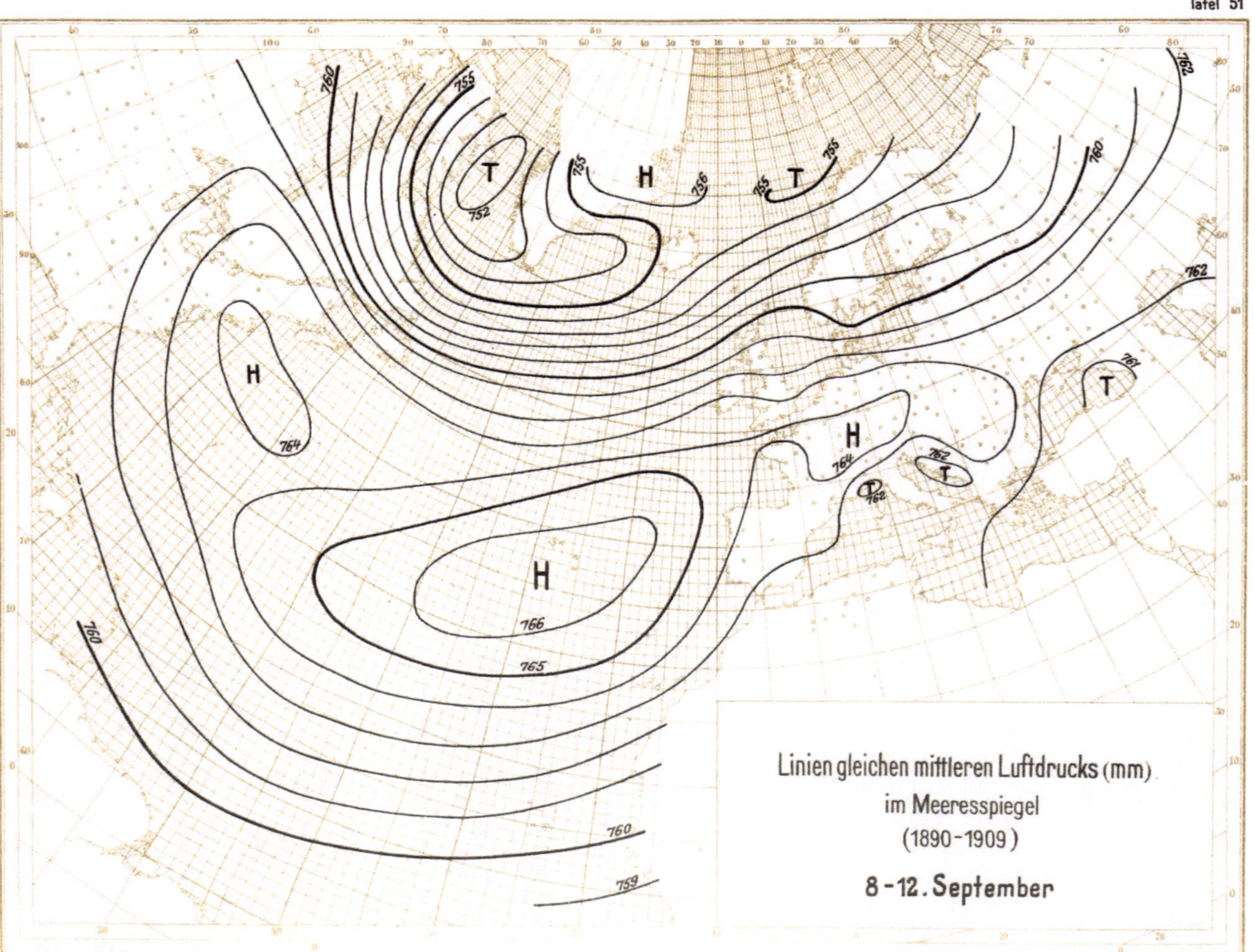

Preuß. Meteorologisches Institut. Abhandlungen VII, 7

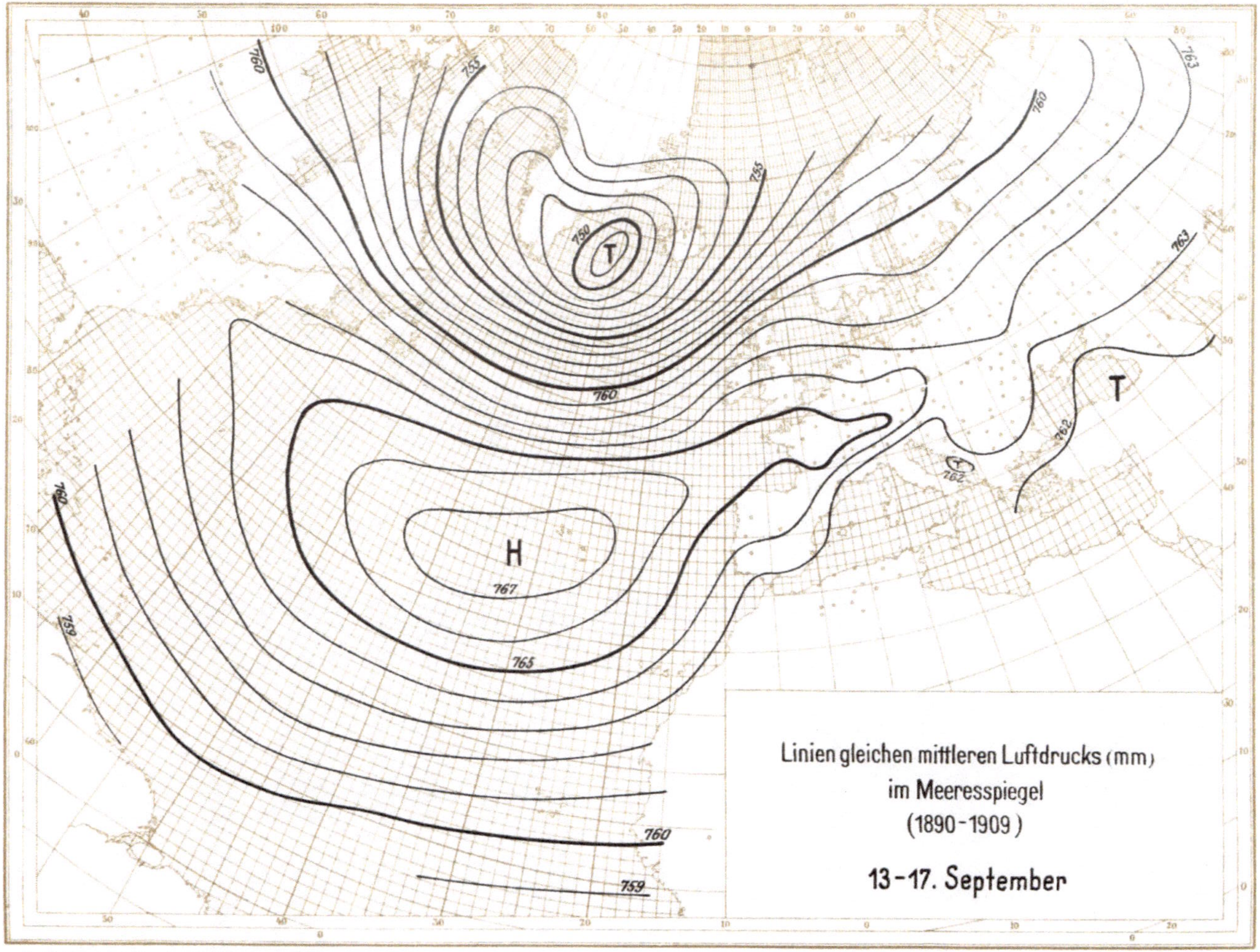
Linien gleichen mittleren Luftdrucks (mm)
im Meeresspiegel
(1890-1909)
13-17. September
T
H
T
750
755
760
762
763
765
767
759

Gisaldruck v. Bogdan Gisevius, Berlin W.

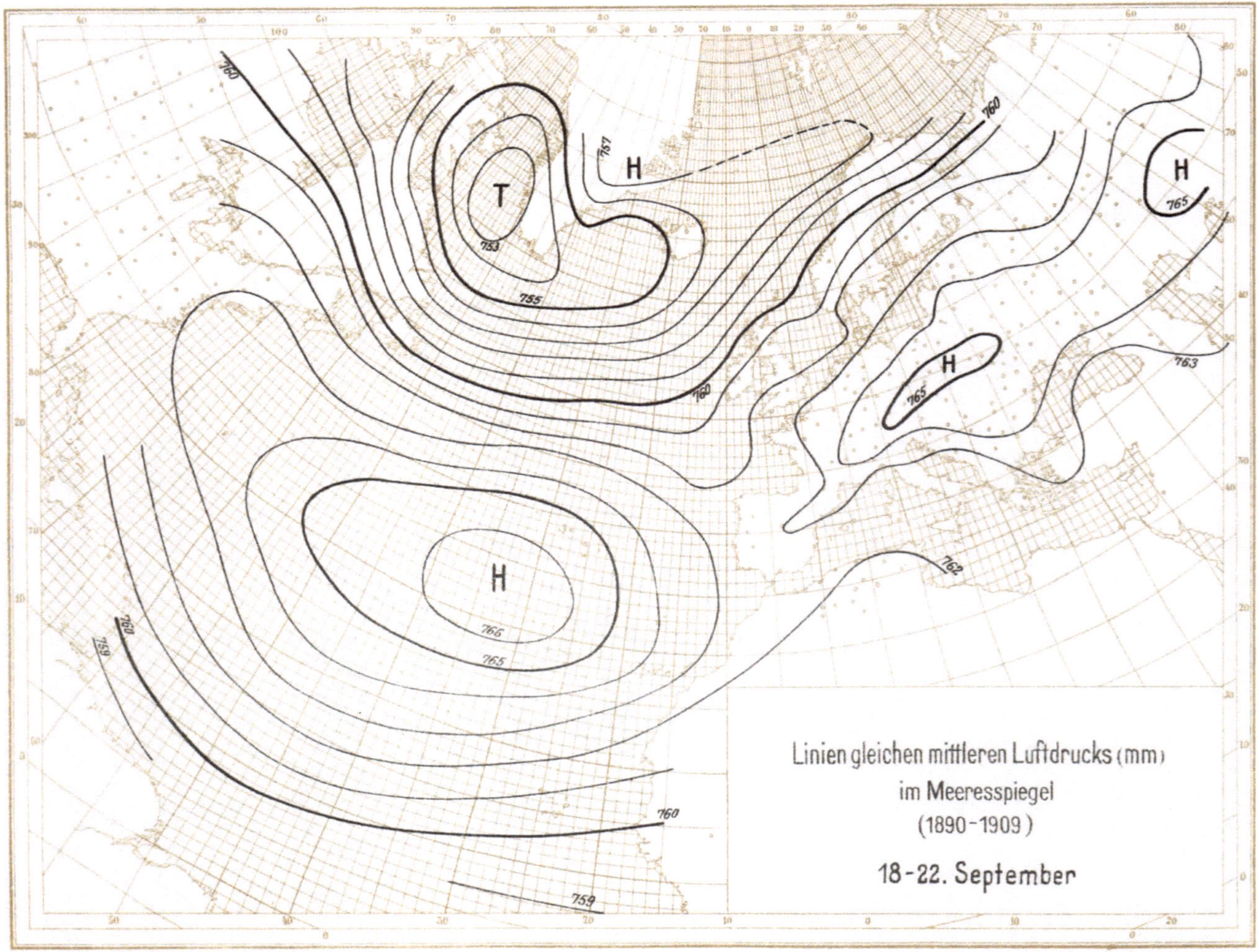

T
H
H
H
H
757
753
755
760
765
763
762
760
759
766
765
760
Linien gleichen mittleren Luftdrucks (mm)
im Meeresspiegel
(1890–1909)
18–22. September

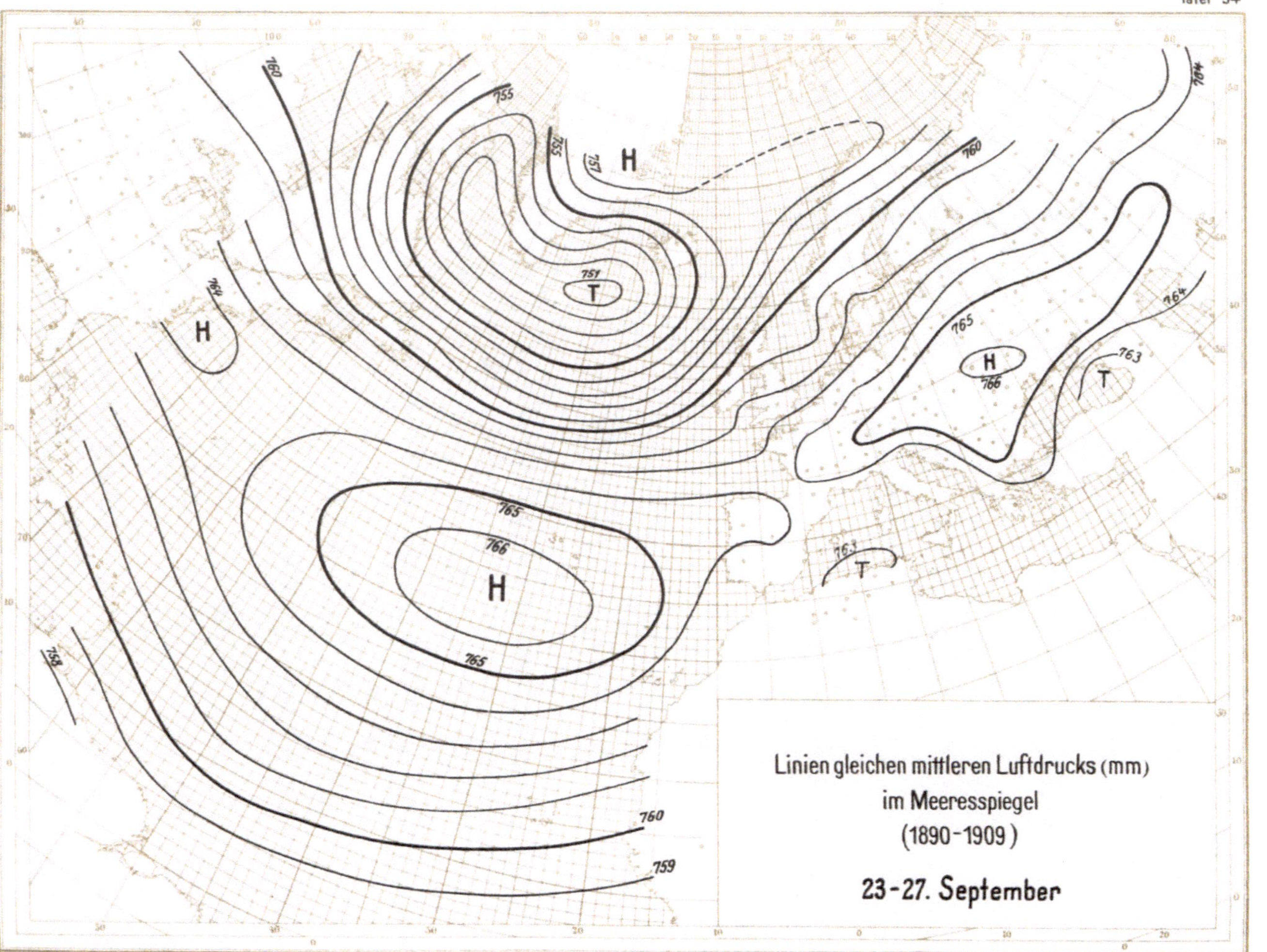

Linien gleichen mittleren Luftdrucks (mm)
im Meeresspiegel
(1890–1909)
23–27. September
H
T

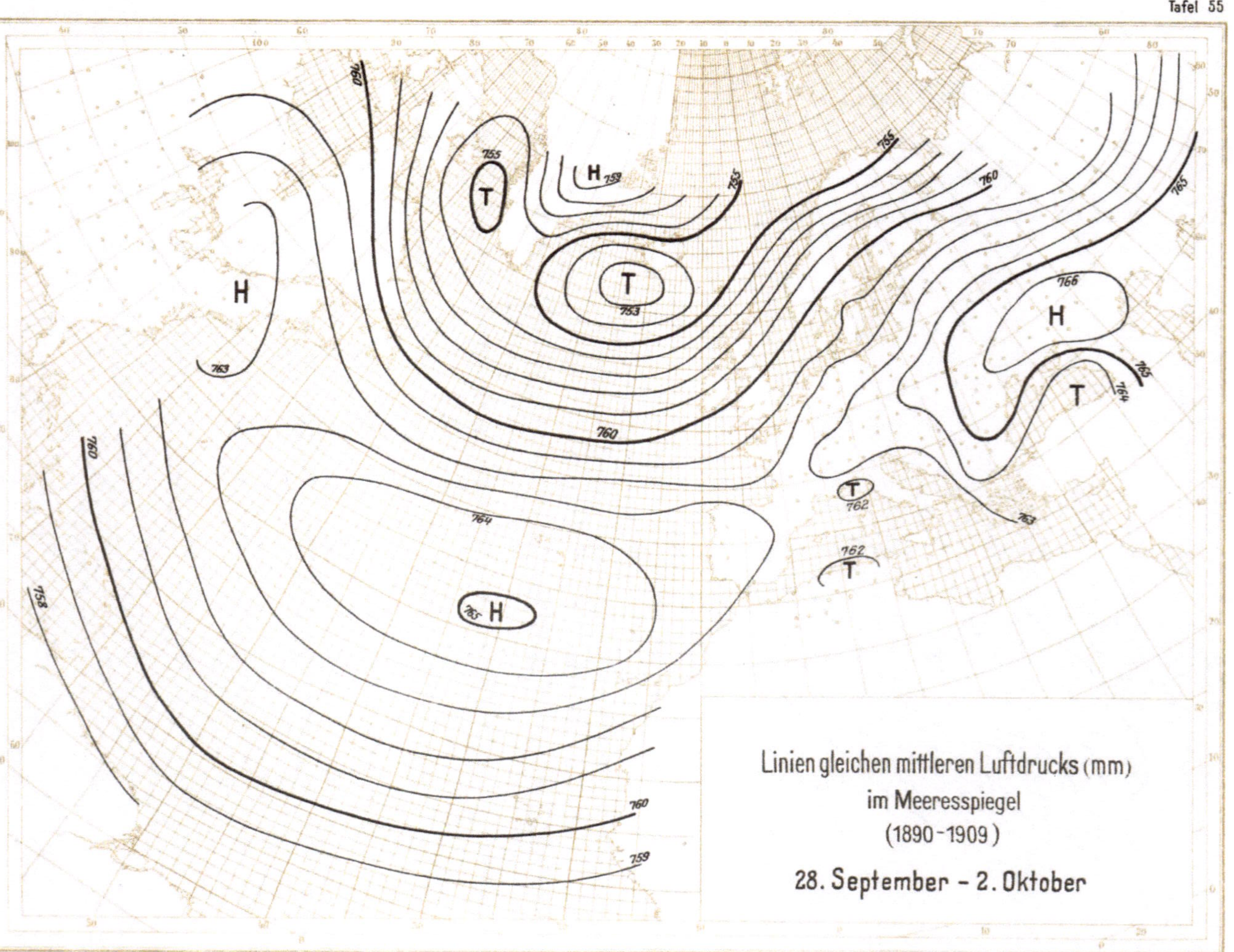
Linien gleichen mittleren Luftdrucks (mm)
im Meeresspiegel
(1890–1909)
28. September – 2. Oktober

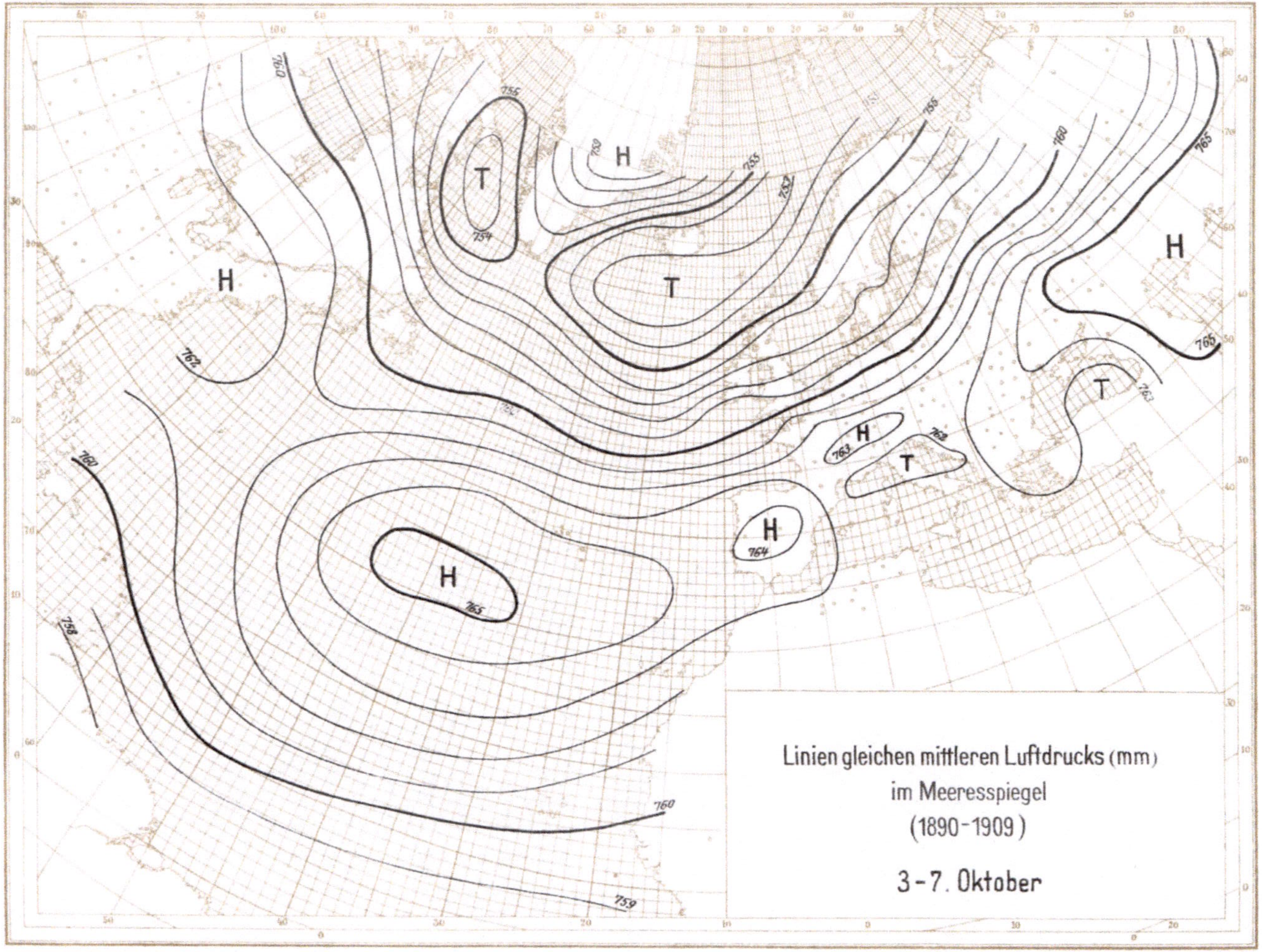
Linien gleichen mittleren Luftdrucks (mm)
im Meeresspiegel
(1890-1909)
3-7. Oktober
H
T
760
765
755
754
759
752
762
763
764
758

Gisaldruck v. Bogdan Gisevius, Berlin W.

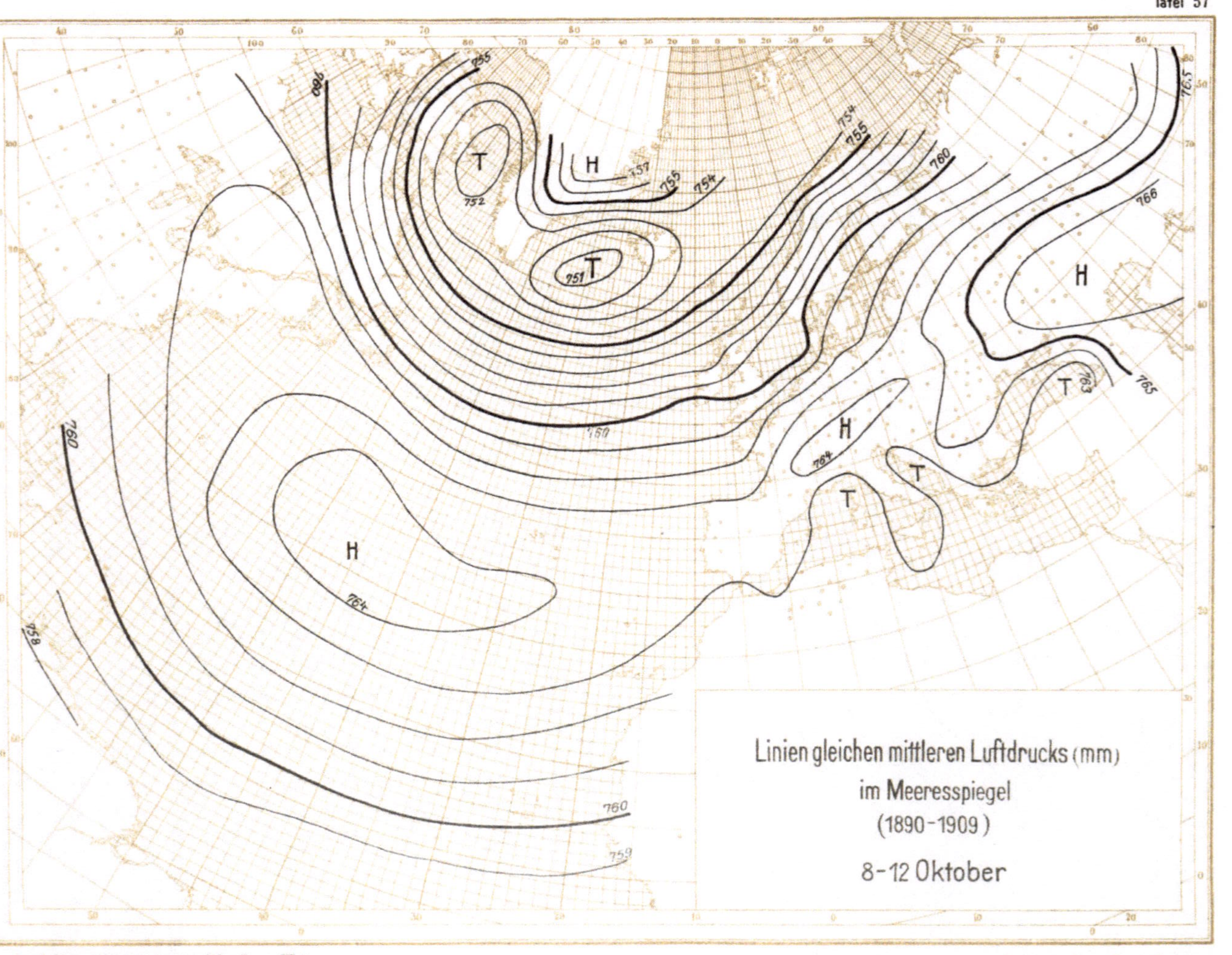

Preuß. Meteorologisches Institut. Abhandlungen VII,7

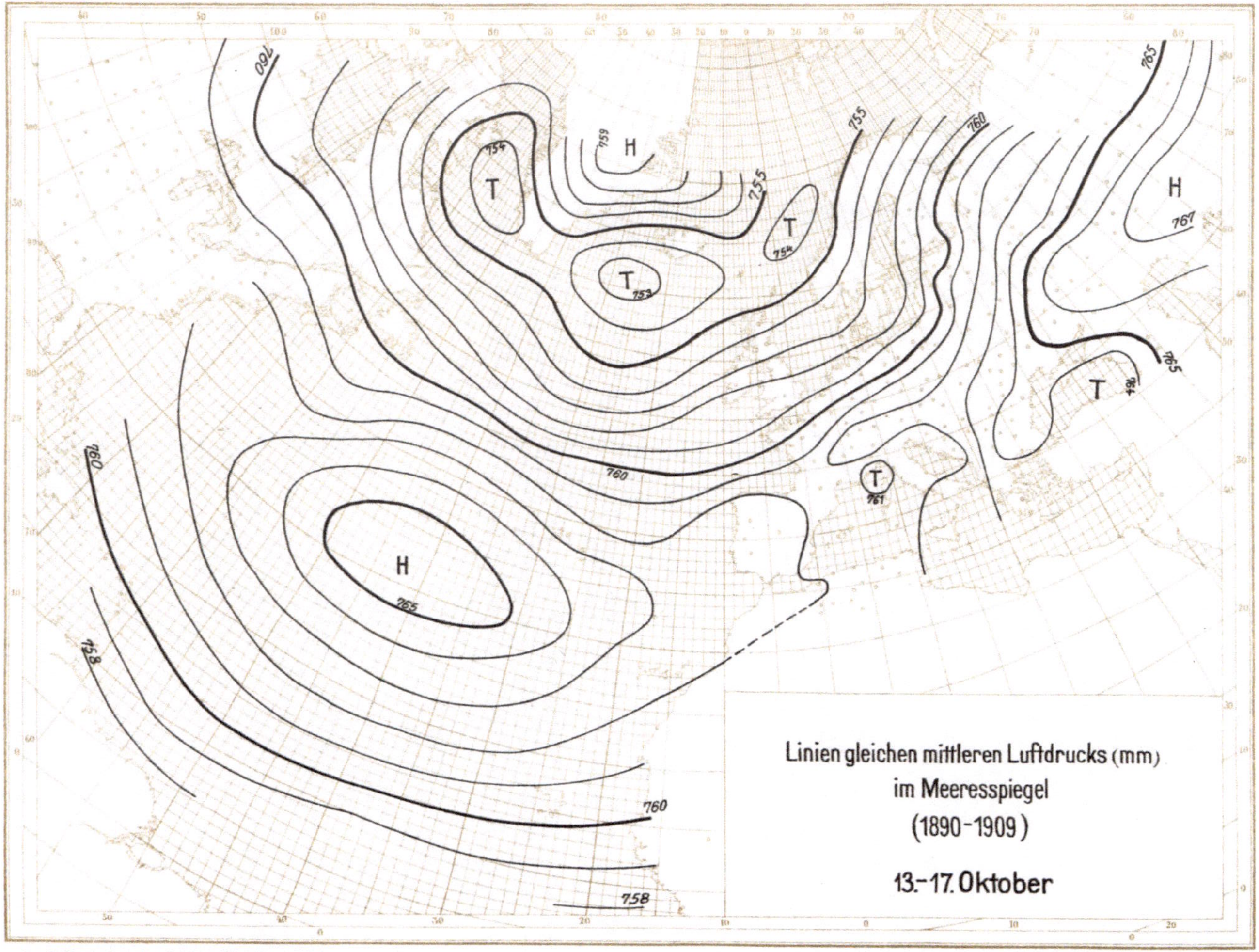

Tafel 58
Linien gleichen mittleren Luftdrucks (mm)
im Meeresspiegel
(1890–1909)
13.–17. Oktober
H
T
765
764
760
755
759
753
754
761
758
Preuß. Meteorologisches Institut. Abhandlungen VII, 7

Linien gleichen mittleren Luftdrucks (mm)
im Meeresspiegel
(1890–1909)
18.–22. Oktober

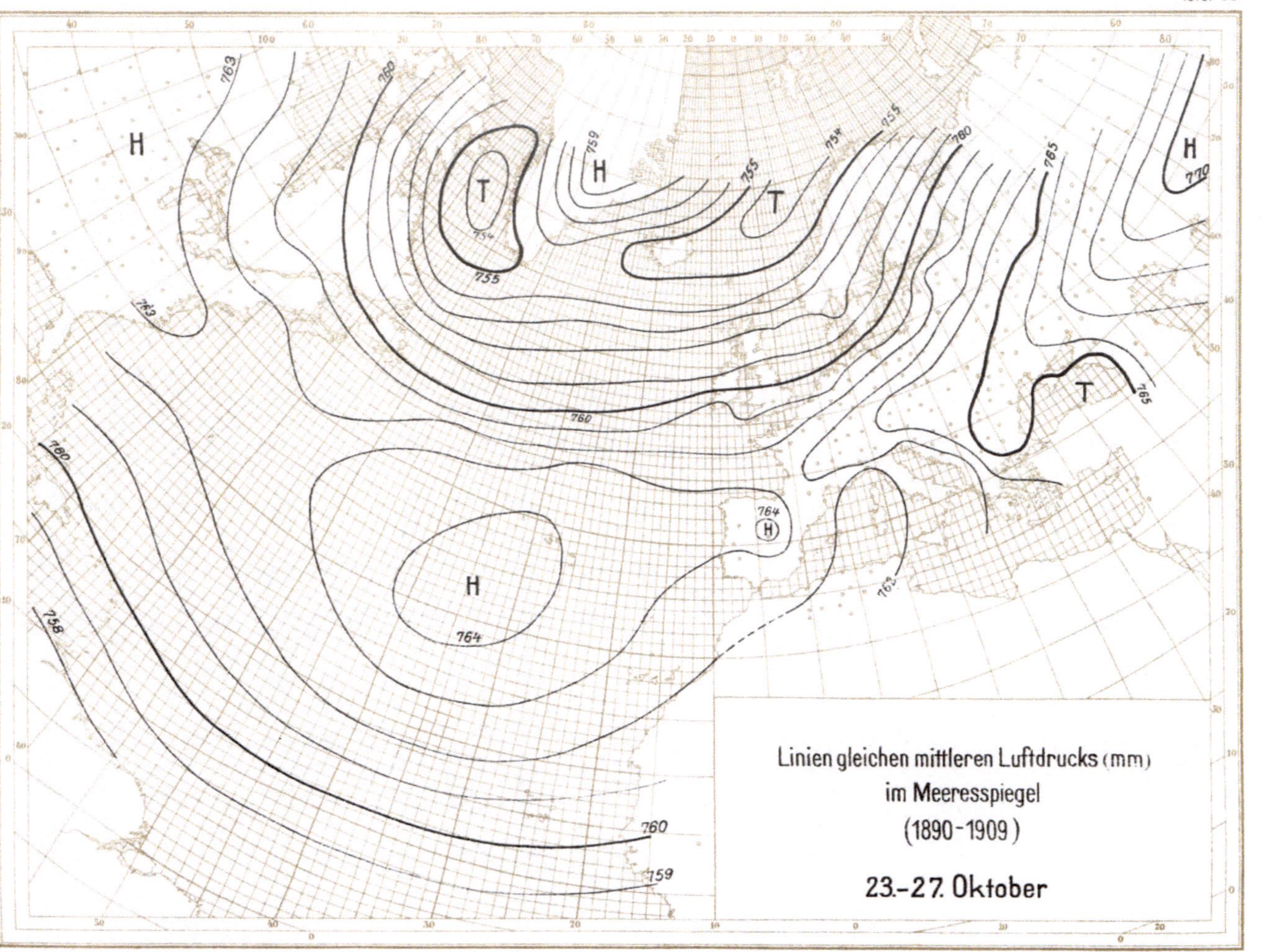

Gisaldruck v. Bogdan Gisevius, Berlin W.

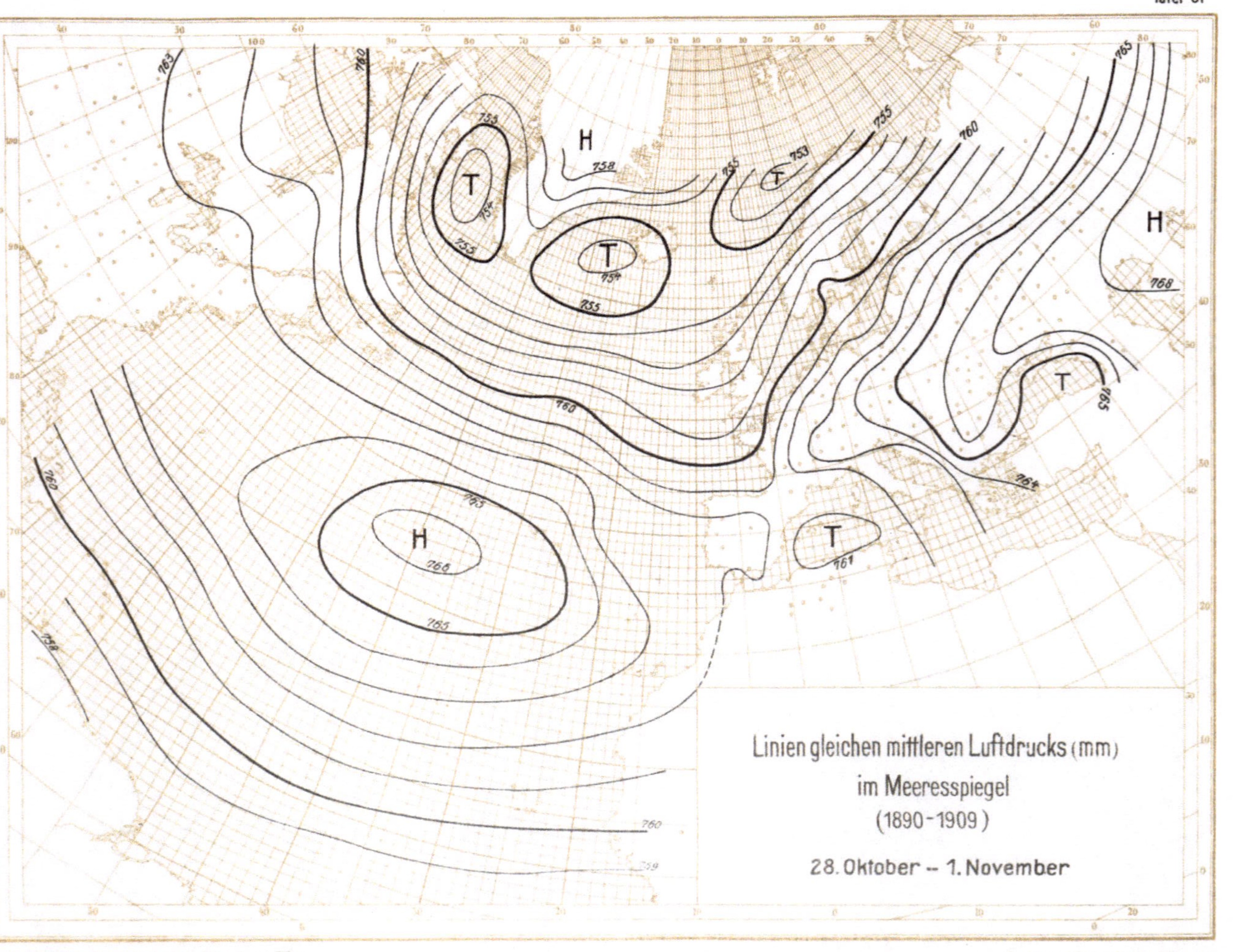

Preuß. Meteorologisches Institut. Abhandlungen VII, 7

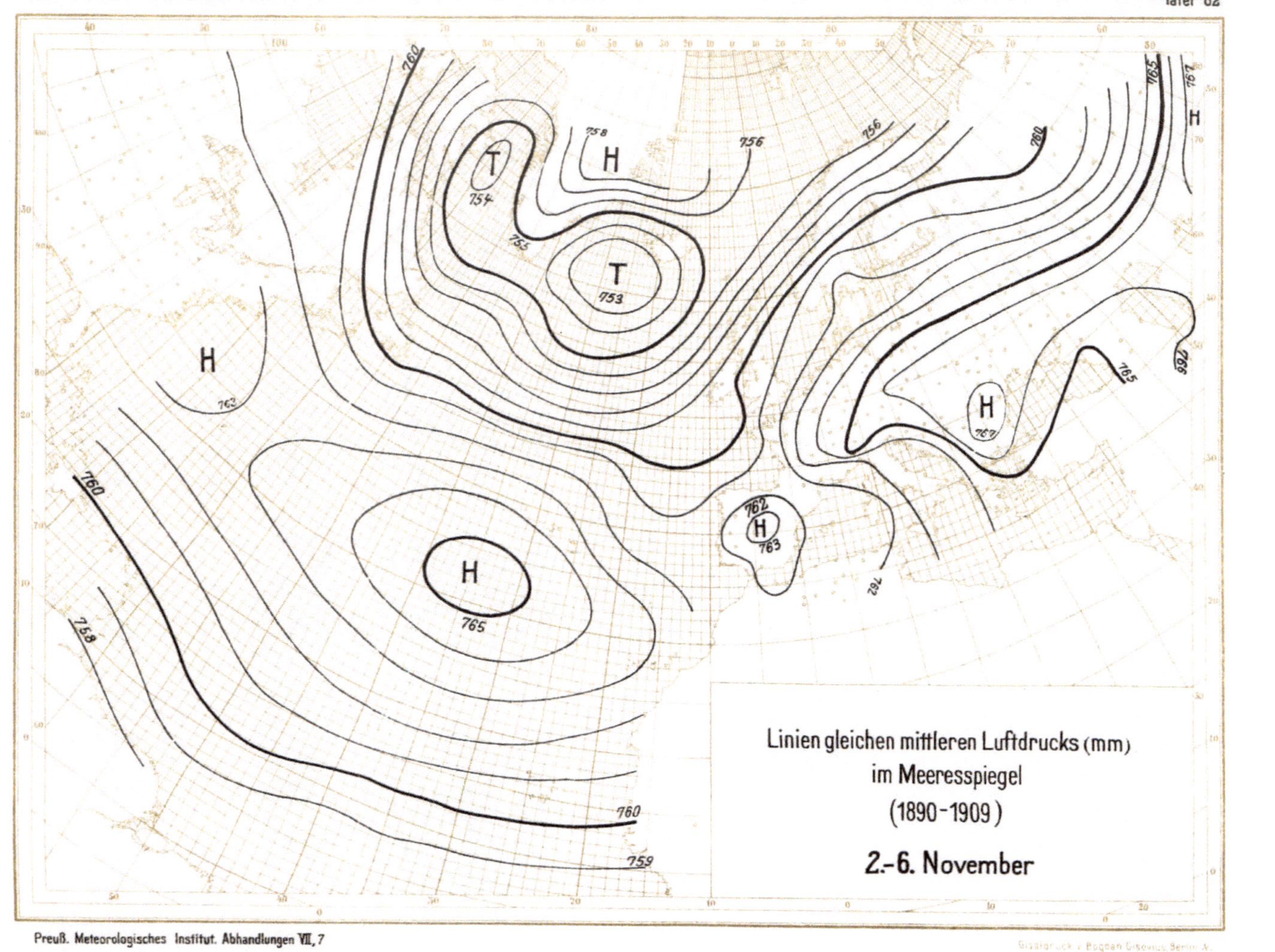

Preuß. Meteorologisches Institut. Abhandlungen VII, 7

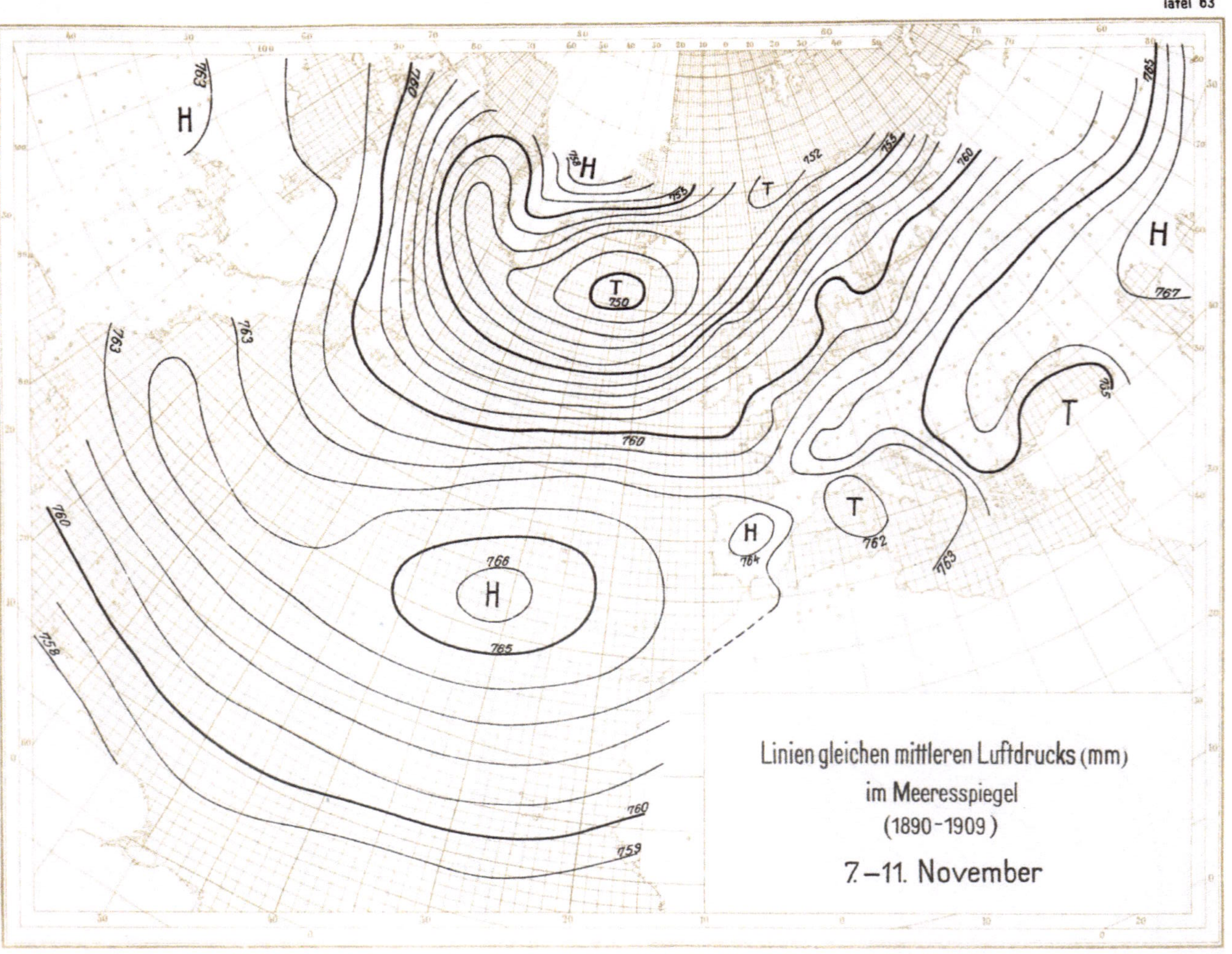

Linien gleichen mittleren Luftdrucks (mm)
im Meeresspiegel
(1890–1909)
7.–11. November
H
H
T
H
T
T
T
H
H
763
762
760
752
753
760
765
767
750
763
763
760
758
766
765
764
762
763
760
759

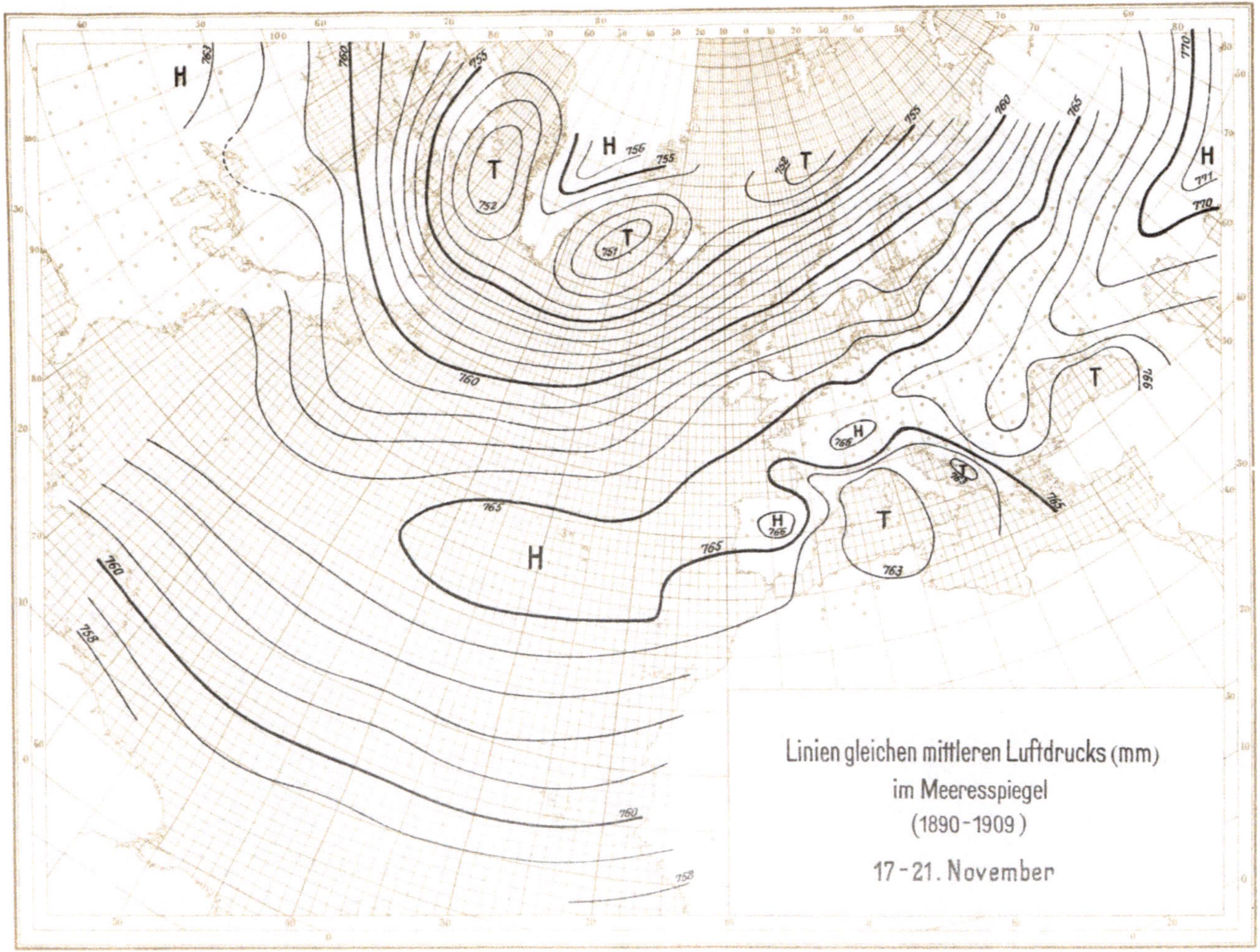
Linien gleichen mittleren Luftdrucks (mm)
im Meeresspiegel
(1890-1909)
17-21. November
H
T
763
760
755
752
756
751
765
770
771
766
763
758

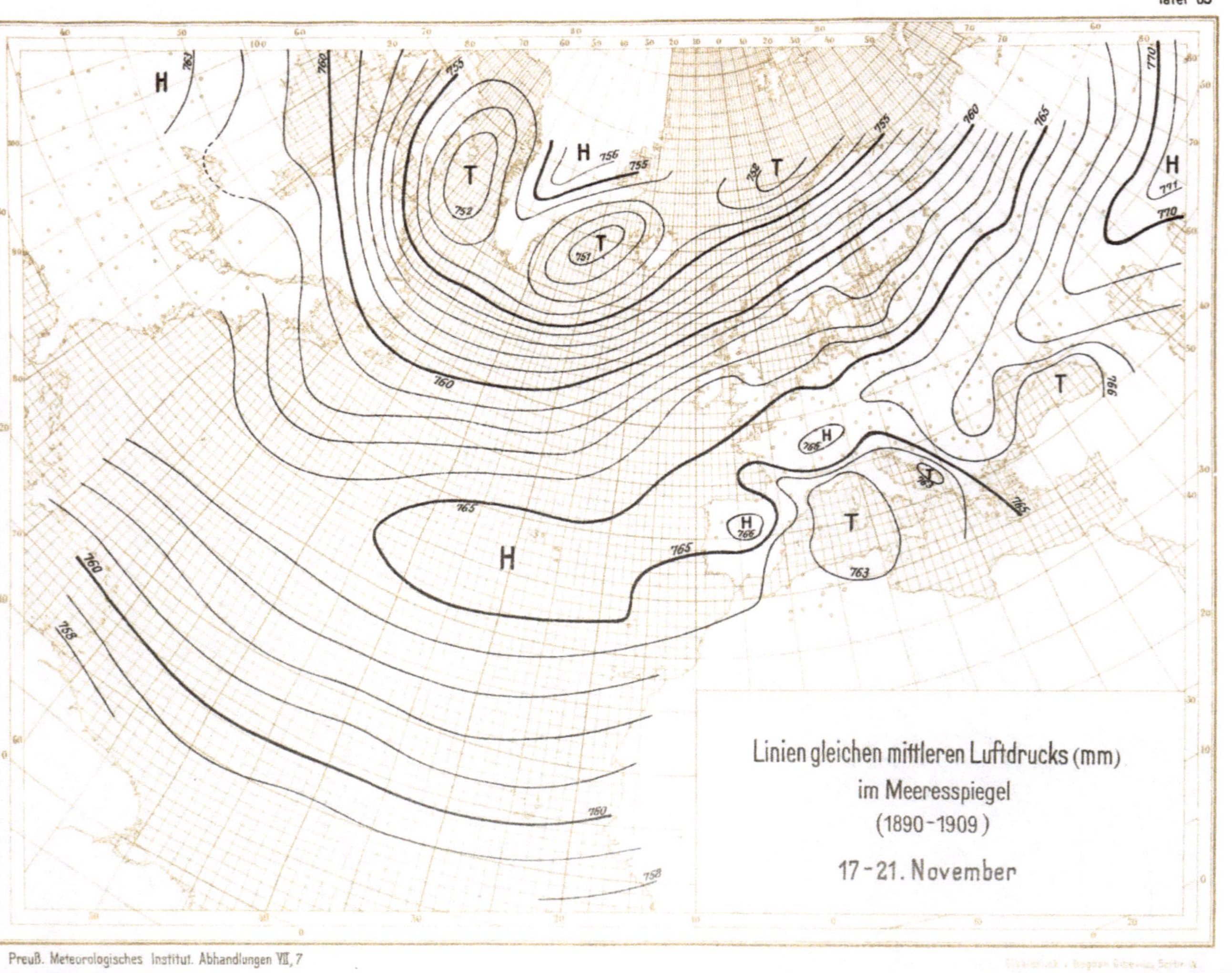

Linien gleichen mittleren Luftdrucks (mm)
im Meeresspiegel
(1890–1909)
17–21. November

Linien gleichen mittleren Luftdrucks (mm)
im Meeresspiegel
(1890–1909)

22–26. November

Preuß. Meteorologisches Institut. Abhandlungen VII, 7

Glasdruck v. Bogdan Gisevius, Berlin N.

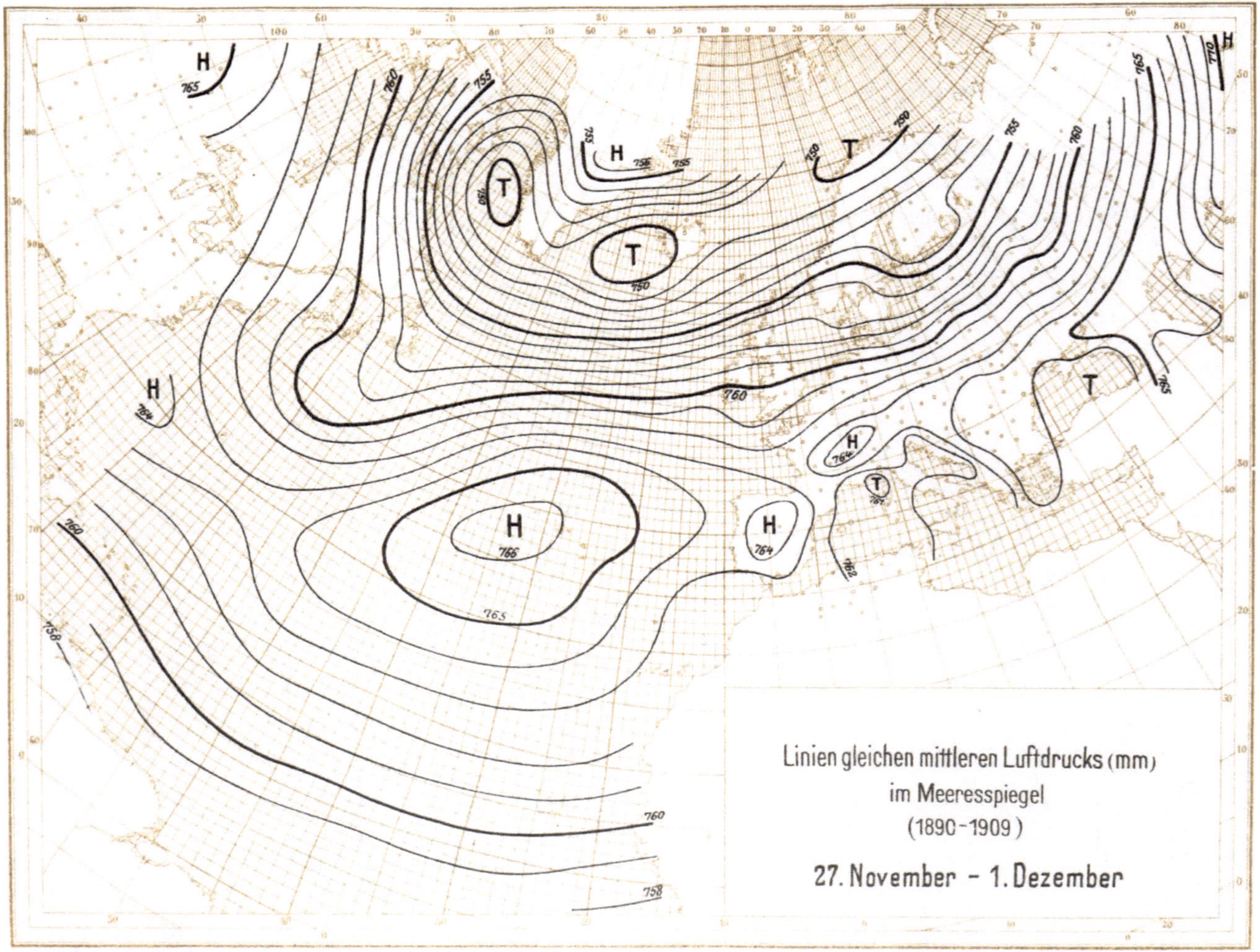

Linien gleichen mittleren Luftdrucks (mm)
im Meeresspiegel
(1890–1909)
27. November – 1. Dezember

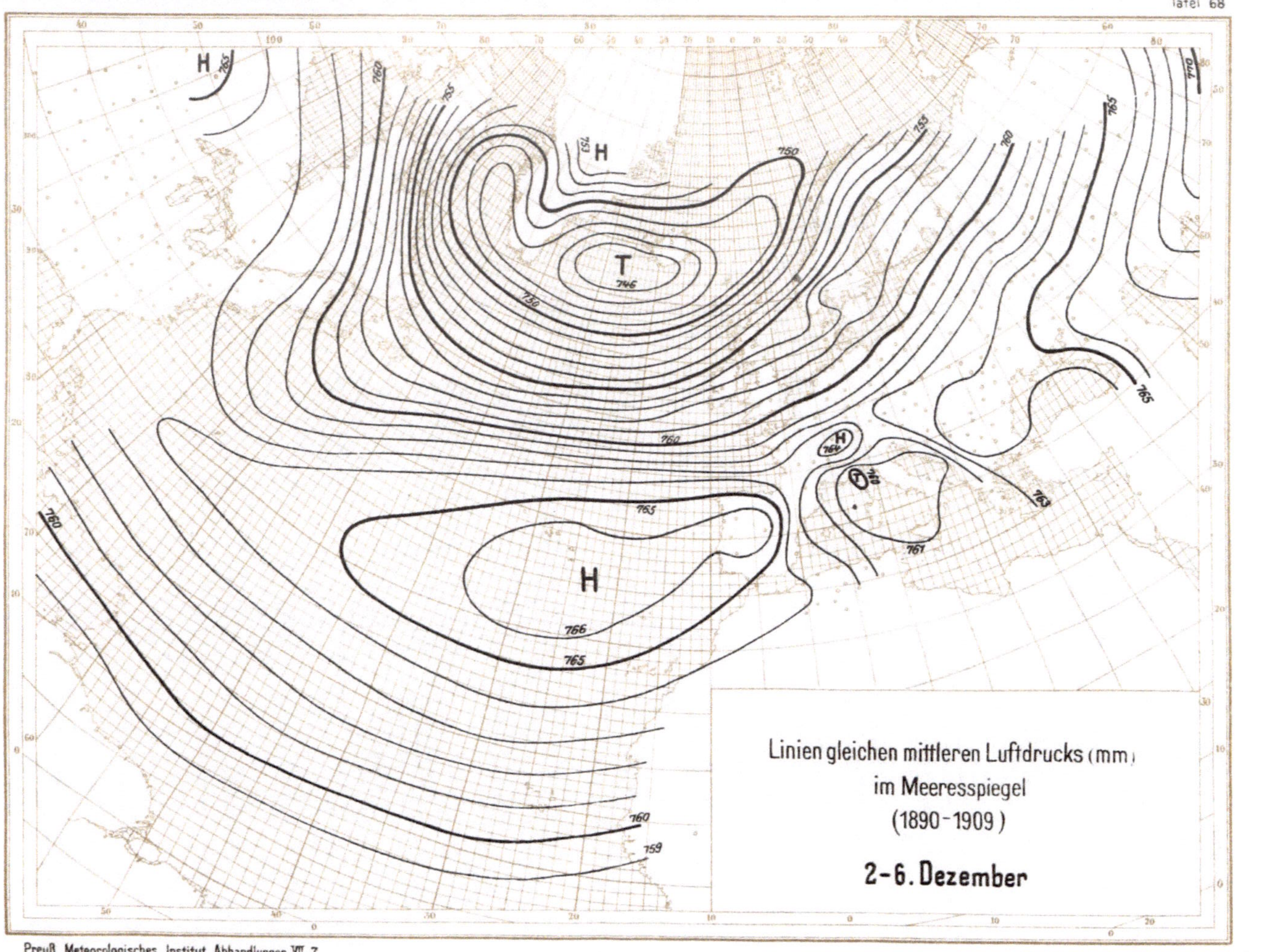

Preuß. Meteorologisches Institut. Abhandlungen VII, 7

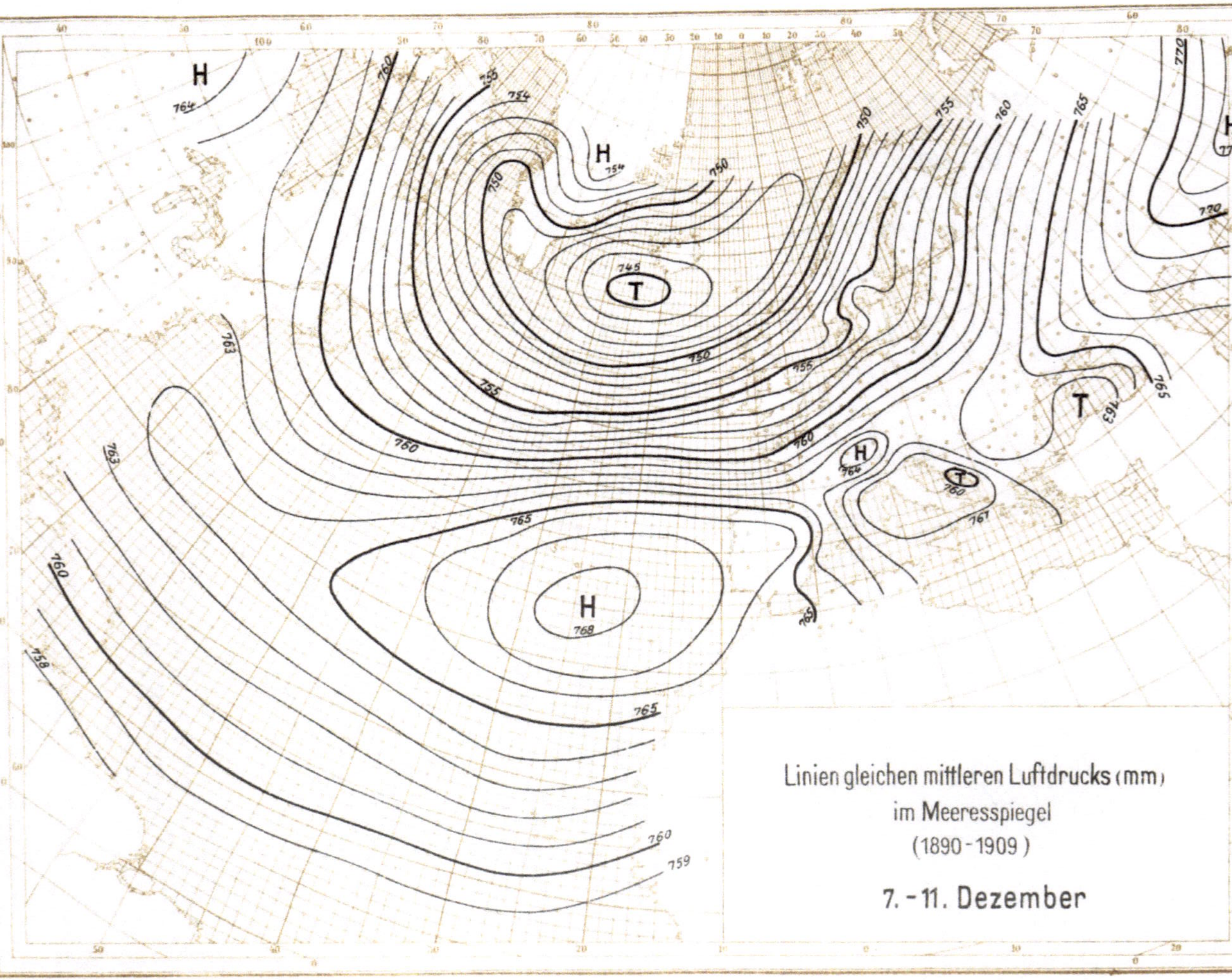

Linien gleichen mittleren Luftdrucks (mm)
im Meeresspiegel
(1890 - 1909)
7. - 11. Dezember

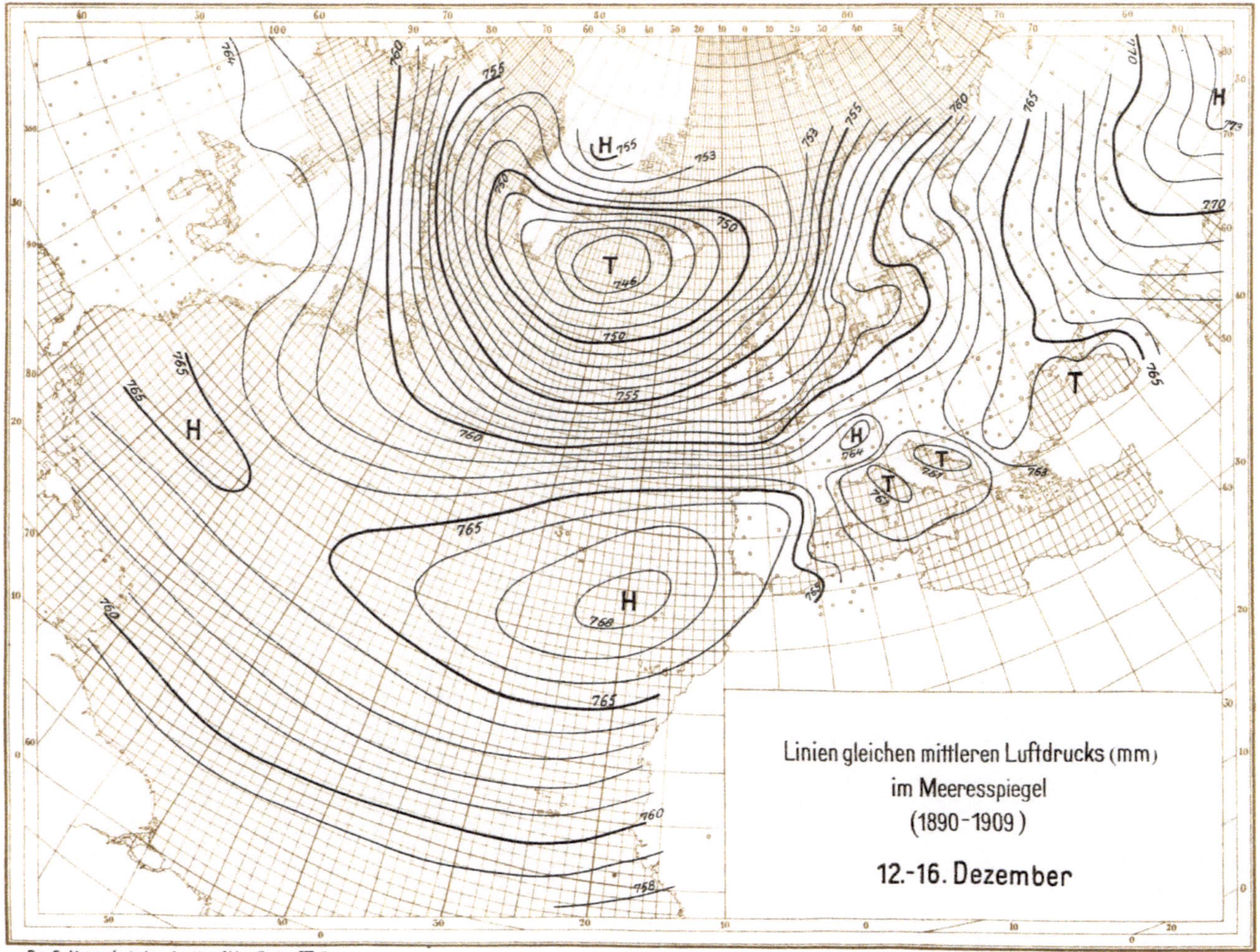
Linien gleichen mittleren Luftdrucks (mm)
im Meeresspiegel
(1890-1909)
12.-16. Dezember
T
H
746
750
753
755
760
765
768
770
773
764
758

Gisaldruck v. Bogdan Gisevius, Berlin W

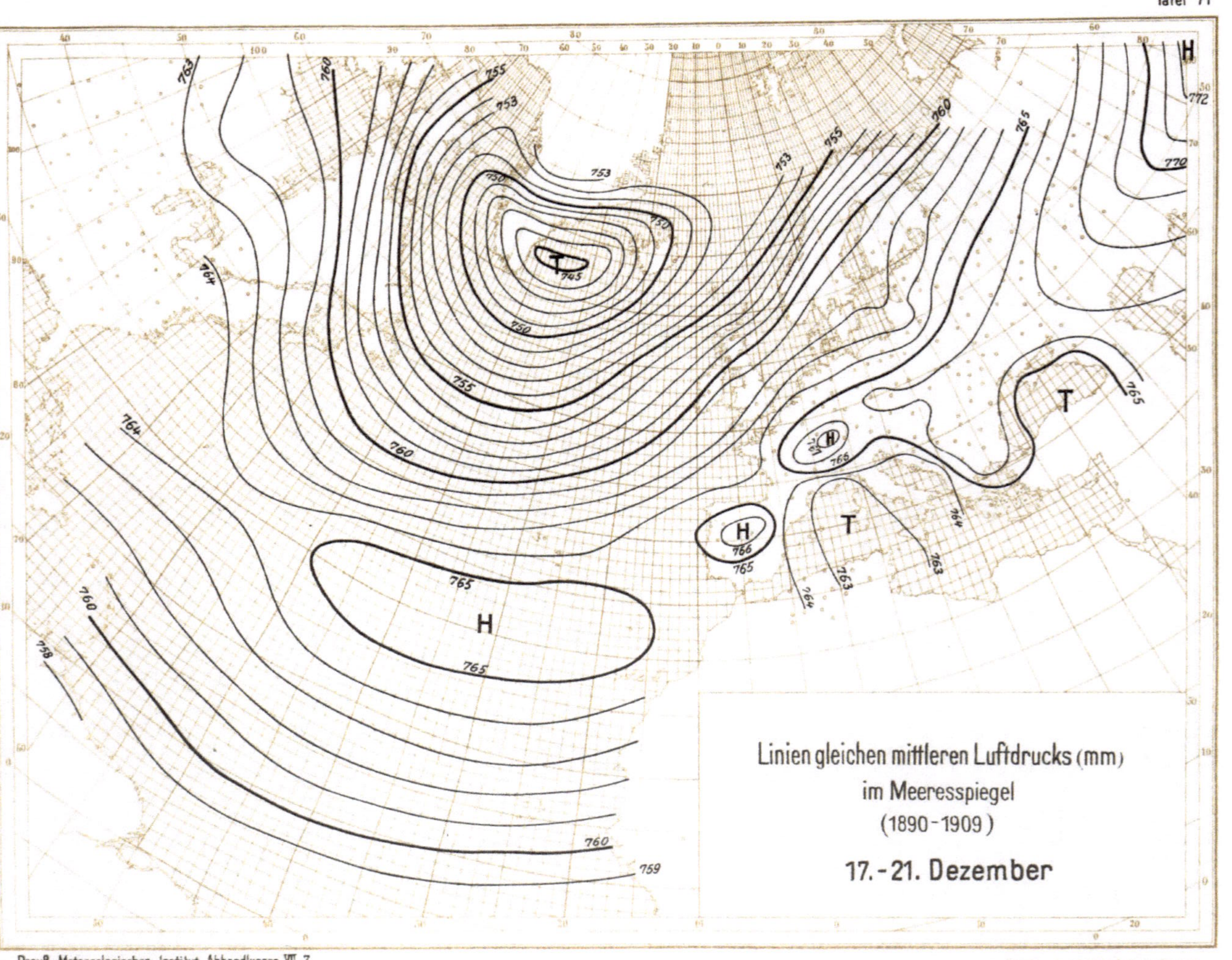
H
772
770
H
765
T
T
T
763
764
763
764
765
766
765
764
760
758
759
760
765
765
H
755
753
755
750
750
753
753
755
760
760
H
Linien gleichen mittleren Luftdrucks (mm)
im Meeresspiegel
(1890–1909)
17.–21. Dezember

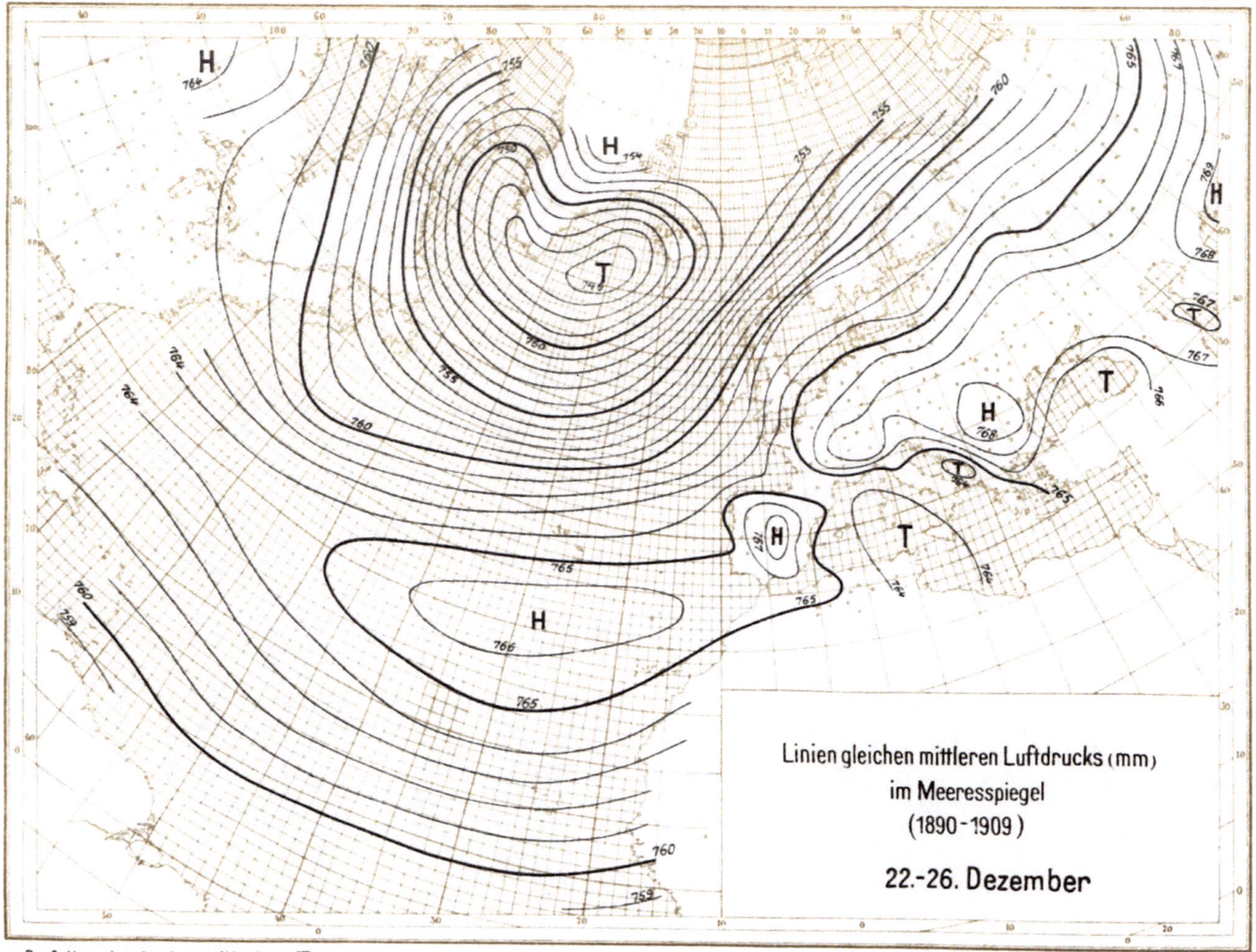

Linien gleichen mittleren Luftdrucks (mm) im Meeresspiegel (1890-1909)

22.-26. Dezember

Gisaldruck v. Bogdan Gisevius Berlin W.

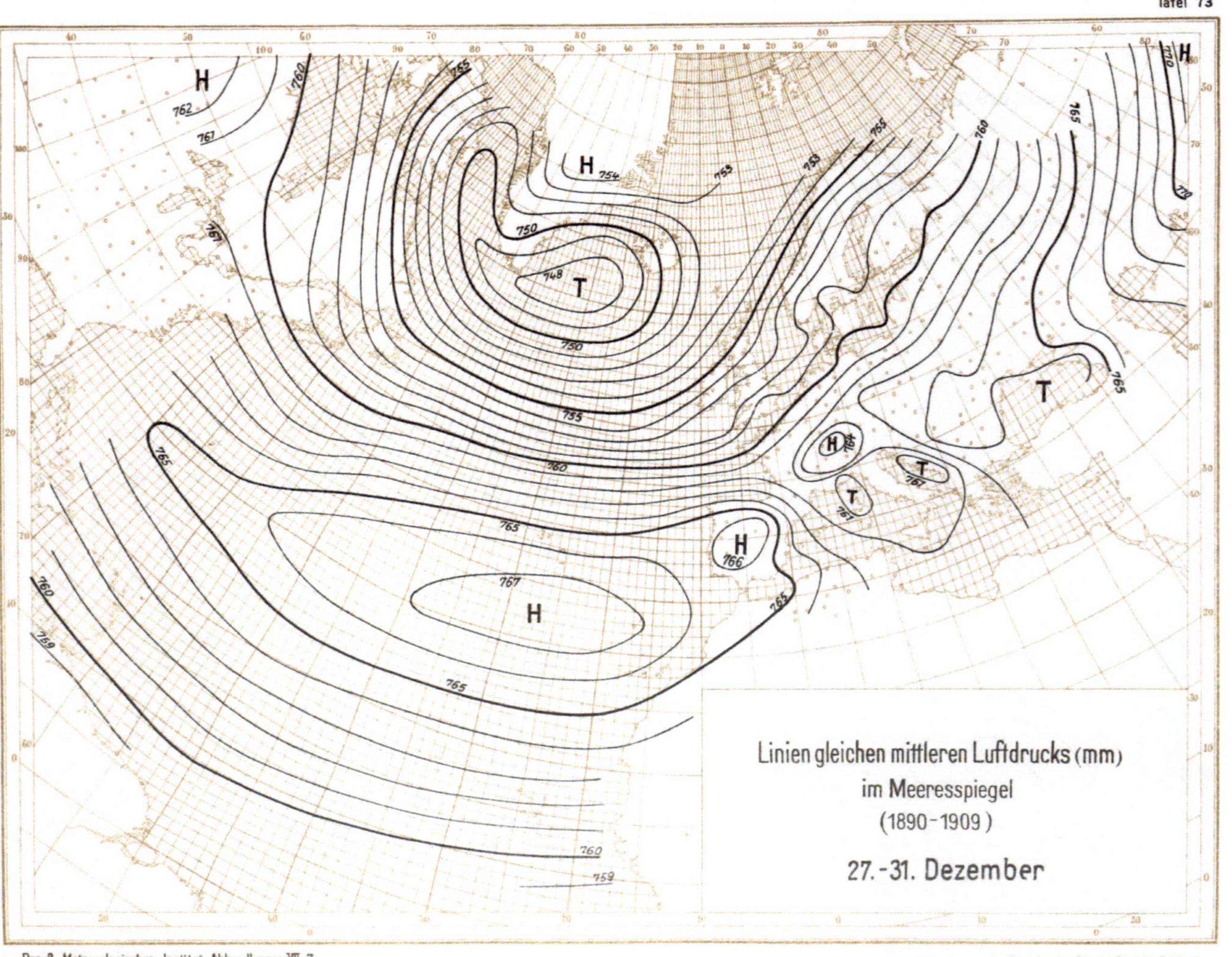

Linien gleichen mittleren Luftdrucks (mm)
im Meeresspiegel
(1890–1909)
27.–31. Dezember

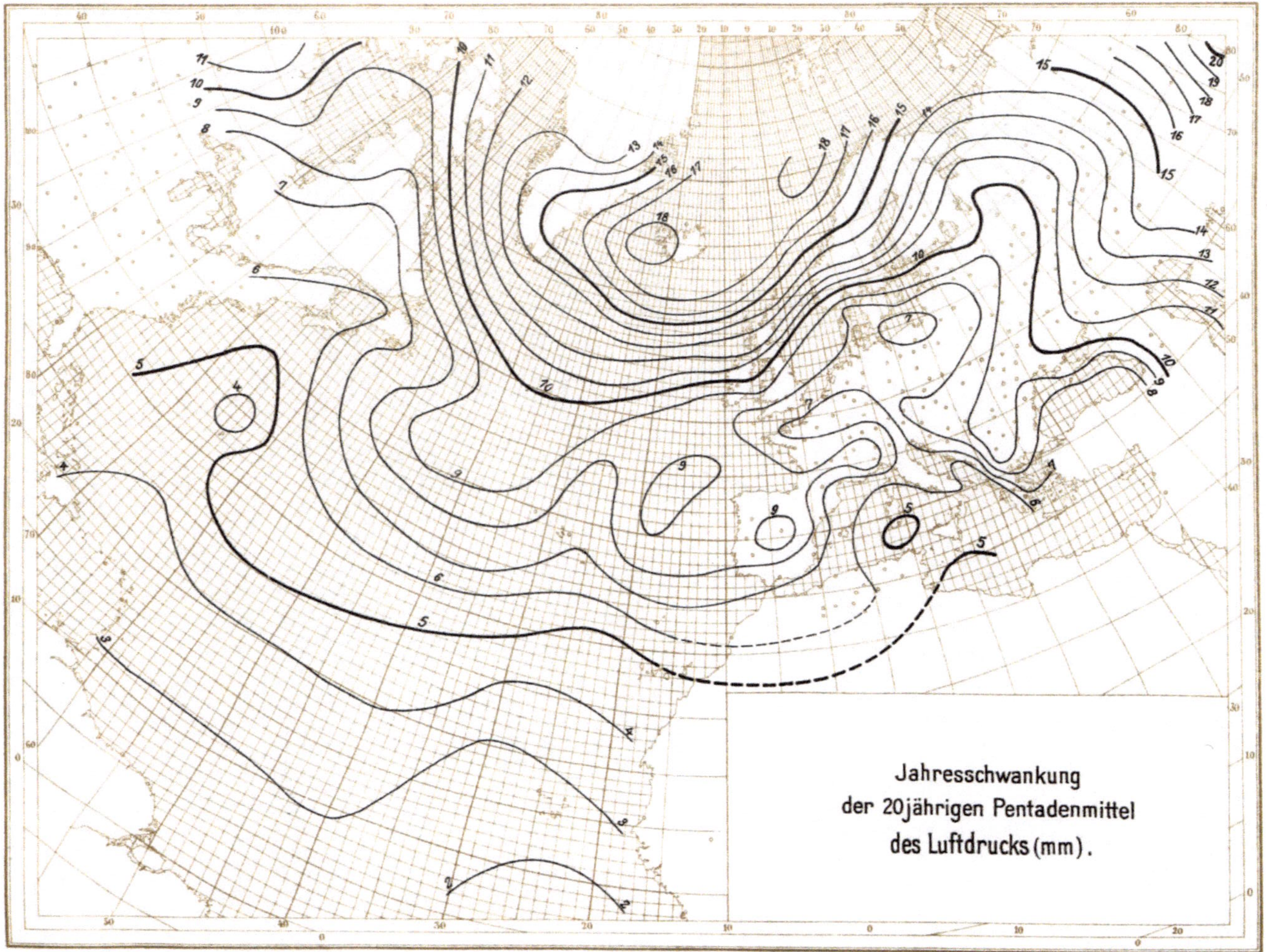

Jahresschwankung
der 20jährigen Pentadenmittel
des Luftdrucks (mm).

Gisaldruck v. Bogdan Gisevius, Berlin W.

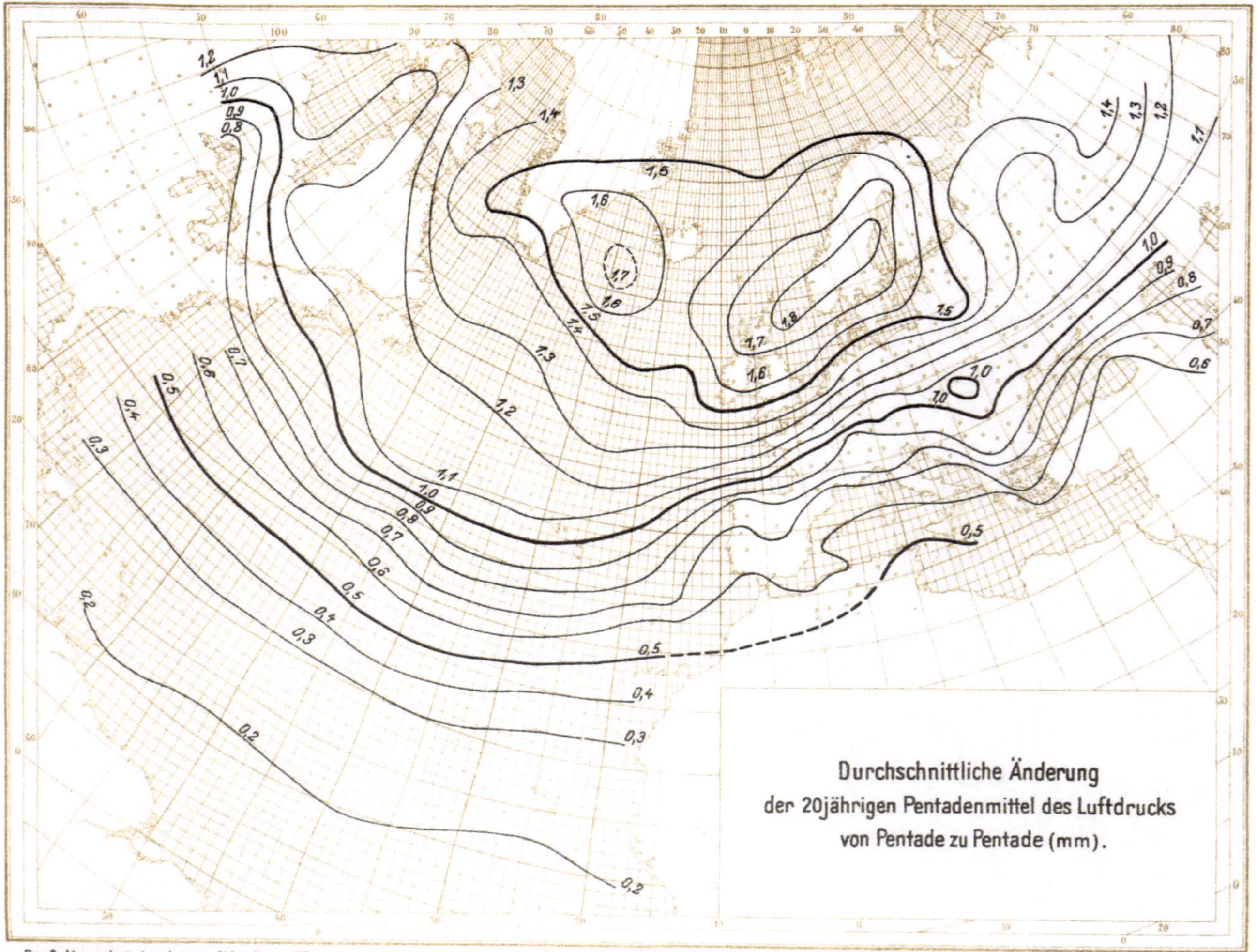

Durchschnittliche Änderung
der 20jährigen Pentadenmittel des Luftdrucks
von Pentade zu Pentade (mm).

Steindruck v. Bogdan Gisevius, Berlin W.

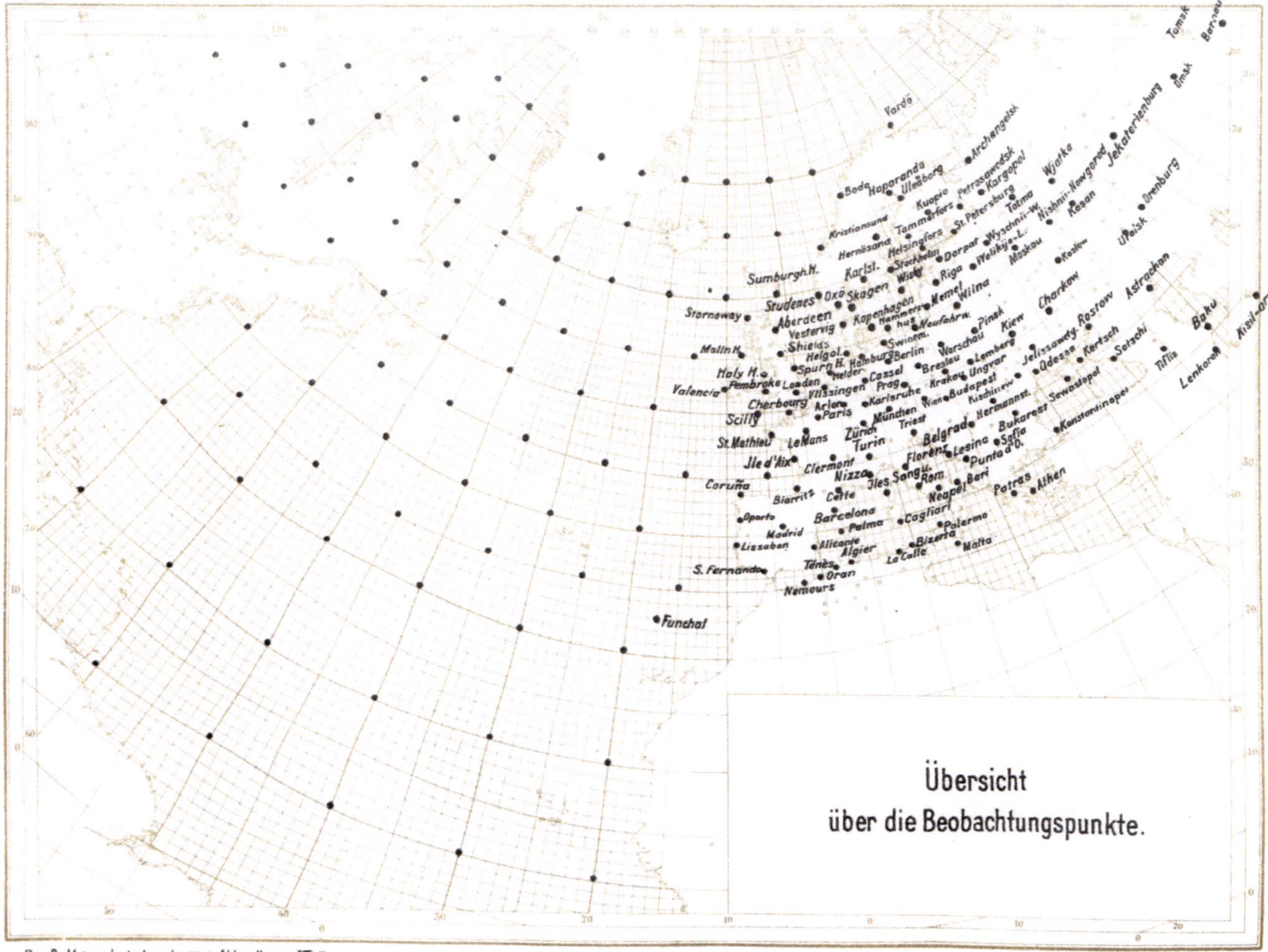

Übersicht
über die Beobachtungspunkte.
Tomsk
Barnaul
Omsk
Jekaterienburg
Wjatka
Nishni-Nowgorod
Orenburg
Archangelsk
Bodö
Haparanda
Uleåborg
Kuopio
Petrosawodsk
Kargopol
Totma
Uralsk
Vardö
Kristiansund
Hernösand
Tammerfors
Helsingfors
St. Petersburg
Kasan
Kisil-Arwat
Sumburgh H.
Karlst.
Stockholm
Dorpat
Wyschnii-W.
Moskau
Kosin
Studenes
Oxö
Skagen
Wisby
Riga
Welikija-L.
Charkow
Astrachan
Stornoway
Aberdeen
Kopenhagen
Memel
Wilna
Baku
Vestervig
Hammers-
hus
Neufahrw.
Pinsk
Kiew
Lenkoran
Tiflis
Malin H.
Shields
Swinem.
Jelissawetg.
Rostow
Helgol.
Warschau
Odessa
Kertsch
Sotschi
Haly H.
Spurn H.
Hamburg
Berlin
Breslau
Lemberg
Pembroke
Loudon
Helder
Cassel
Kuschinew
Sewastopol
Valencia
Vlissingen
Prag
Karlsruhe
Kraken
Ungvar
Konstantinopel
Cherbourg
Arion
Wien
Budapest
Scilly
Paris
München
Triest
Hermannst.
St. Mathieu
Le Mans
Zürich
Belgrad
Bukarest
Turin
Florenz
Lesina
Sofia
Jle d'Aix
Clermont
Punta d'O.
Nizza
Jles Sangu.
Rom
Neapel
Bari
Coruña
Cette
Patras
Athen
Biarritz
Oporto
Barcelona
Cagliari
Polermo
Madrid
Palma
Lissabon
Alicante
Bizerta
Algier
La Calle
Malta
Ténès
S. Fernando
Oran
Nemours
Funchal